アクセスノート生物　　もくじ

JN070875

1 生命の起源

1 原始地球と化学進化

地球が誕生した約46億年前(原始地球)の大気組成：
　二酸化炭素(CO_2)，窒素(N_2)，水蒸気(H_2O)

原始海水(**熱水噴出孔**付近)の組成：
　メタン(CH_4)，アンモニア(NH_3)，水素(H_2)，硫化水素(H_2S)など

化学進化…生命が誕生する以前の有機物の生成過程のこと。ミラーは当時考えられていた原始大気を模した混合気体に放電を行い，アミノ酸ができることを確かめた。

●化学進化

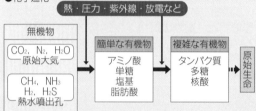

2 RNAワールド

　初期の生命体が遺伝情報と触媒の両方にRNAを使っていたとされる時代を**RNAワールド**という。

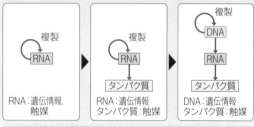

3 初期の生物進化

①生物(原核生物)の誕生：38億〜40億年前
　・初期の原核生物は嫌気性細菌。
②**シアノバクテリア**の出現
　・シアノバクテリアによって**ストロマトライト**が形成される。
　・海水中・大気中の酸素濃度が増す。
　　→オゾン層が形成されはじめる(約5億年前)
③呼吸を行う生物の出現
　・酸素を利用した呼吸によって，効率よくエネルギーを得ることができるようになる。
④真核生物の出現：約20億年前
　・好気性細菌やシアノバクテリアが他の生物の細胞内に共生してミトコンドリアや葉緑体が形成される(**細胞内共生説**)。

ポイントチェック

- □(1) 地球が誕生したのは約何億年前か。
- □(2) 原始地球の大気組成としておもなものを3つ答えよ。
- □(3) 生命が誕生したと考えられている，高温・高圧の熱水を噴き出す場所を何というか。
- □(4) (3)付近の海水に特徴的な組成を3つ答えよ。
- □(5) 原始地球には，現在の大気に含まれているある物質がほとんどなかった。その物質は何か。
- □(6) 原始地球の大気を模した混合気体からアミノ酸を初めて合成したのは誰か。
- □(7) 生命が誕生する以前の有機物の生成過程を何というか。
- □(8) 初期の生命体において，遺伝情報と触媒の両方を担ったと考えられている物質は何か。
- □(9) 初期の生命体の代謝が(8)によって支配されていたと考えられる時代を何というか。
- □(10) 38〜40億年前に誕生した最初の生物は原核生物か，真核生物か。
- □(11) 水を分解して光合成を行った最初の生物を何というか。
- □(12) (11)の働きによって形成された岩石を何というか。
- □(13) 好気性細菌やシアノバクテリアが他の生物の細胞内に共生して，ミトコンドリアや葉緑体が形成されたとする説を何というか。

アクセスノート
生物

Access Note
Biology

解 答 編

別冊解答の構成と使い方

別冊解答は，ポイントチェックの解答と，EXERCISE・演習問題の各問題の解答・解説から構成されています。

学習事項の理解と整理のために，解答・解説のほかにKeypointを掲載しています。

Keypoint：特に重要な事項や解法のポイントを簡潔にまとめました。

実教出版

1章　生物の進化

1　生命の起源

〈p.2 〜 3〉

EXERCISE

1
(1) ア　熱水噴出孔
　　イ　RNA
(2) 二酸化炭素(CO_2)，窒素(N_2)，水蒸気(H_2O)
(3) ミラー
(4) 化学進化
(5) RNA ワールド
(6) ③

2
(1) ア　原核
　　イ　ストロマトライト
　　ウ　酸素
　　エ　オゾン
(2) 細胞内共生説

3
⑧ → ② → ① →
④ → ⑤ → ⑥ →
⑦ → ③

EXERCISE　▶解説◀

1　(1)　ア　海底の熱水噴出孔付近は高温・高圧であり，また，有機物の材料となるメタン(CH_4)や硫化水素(H_2S)が豊富であることから，化学進化が起こった場所と考えられている。

イ　生物が自己複製する際，遺伝情報を複製しなければならないが，その過程には反応を促進させる触媒が必要となる。核酸の一種であるRNAには触媒作用をもつものがあることから，RNAが最初の生命体の遺伝物質として用いられていたとする説が有力となっている。

(2)(3)　ミラーは，原始大気を想定して，水素(H_2)，メタン(CH_4)，アンモニア(NH_3)，水(H_2O)を混合した気体を用い，放電を行ってアミノ酸などの有機物を合成することに成功した。現在，原始大気の組成は，水蒸気，二酸化炭素(CO_2)，窒素(N_2)であったと考えられている。

(4)　生命が誕生する以前の，無機物から有機物がつくられる過程を化学進化という。

(5)　現在の生物は，DNAが遺伝情報をもち，タンパク質が触媒として働いている。しかし，最初の生命体は，RNAが遺伝情報の保持と触媒作用の両方を担っていたと考えられており，この時代をRNAワールドとよぶ。

(6)　約38億年前の岩石から生命の痕跡と思われる物質が，約35億年前の岩石から最古の生物化石が発見されており，生物が誕生したのは約38億〜40億年前だと考えられている。

2　(1)　最古の生物化石から，最初の生物は原核生物と考えられている。シアノバクテリアの活動によってつくられた岩石はストロマトライトといい，層状の構造をしている。シアノバクテリアが生成した酸素は，大気中に蓄積し，成層圏ではオゾン層が形成された。

(2)　ミトコンドリアは好気性細菌が，葉緑体はシアノバクテリアが，他の生物に共生したことで生じたとする説を細胞内共生説という。

3　地球が誕生し原始海洋が形成(⑧)された後，海底の熱水噴出孔周辺で化学進化が起こったと考えられている。化学進化から生物の誕生に至る過程で，RNAワールド(②)が先に代謝と複製を実現し，その後，DNAワールド(①)が取って代わったとされる。続いて嫌気性の原核生物が出現し(④)，さらに酸素を放出する独立栄養の原核生物(シアノバクテリア)が出現すると，その活動によってストロマトライトが形成(⑤)された。真核生物の出現(⑥)は約20億年前，オゾン層の形成(⑦)は約5億年前と考えられている。オゾン層が形成され，地上に届く紫外線の量が減少すると，生物は陸上に進出(③)できるようになった。

ポイントチェック

(1) 突然変異
(2) 置換
(3) 欠失
(4) フレームシフト
(5) 一塩基多型（SNP）
(6) 相同染色体
(7) 性染色体
(8) 常染色体
(9) Y 染色体
(10) X 染色体
(11) XO 型，
　　 ZW 型，
　　 ZO 型，から 1 つ
(12) 遺伝子座
(13) 対立遺伝子
(14) 遺伝子型
(15) ホモ接合
(16) ヘテロ接合

E X E R C I S E

4
③
5
(1) d
(2) $n=4$
(3) b，e
(4) ホモ接合　①，②
　　ヘテロ接合　④

6
(1) ④
(2) 常染色体
(3) A＋X，A
(4) ③

E X E R C I S E ▶解説◀

4 ③フレームシフトとは，1 個の塩基が失われたり（欠失），差し込まれたり（挿入）して，コドンの読み枠がずれることである。塩基が置き換わること（置換）ではフレームシフトは起こらない。

　なお，①は塩基の置換により起こる個体間の違いで，一塩基多型（SNP）とよばれる。また，②の鎌状赤血球貧血症も塩基の置換によるものである。ヘモグロビン遺伝子の 1 つの塩基が別の塩基に置換することによって，ヘモグロビンタンパク質を構成するアミノ酸の 1 つが変わり，立体構造の異なるヘモグロビンが合成される。

5 (1) 相同染色体とは，体細胞に見られる同形・同大の対になる染色体のことである。よって，図の a と同形・同大の d が相同染色体となる。

(2) 図より，体細胞（2n）の染色体数は 8 である。生殖細胞（n）の染色体数は体細胞の半分であるから n＝4 となる。

(3) a と d，c と g，f と h はそれぞれ同形・同大であるから相同染色体と考えられる。したがって，残りの b と e が性染色体と考えられる。

(4) 相同染色体の対立遺伝子が A と A，a と a のように同じ場合をホモ接合，A と a のように異なる場合をヘテロ接合という。③の A と B は対立遺伝子ではないので誤り。

6 (1) 雌雄の染色体を数えると，雌が 8 本，雄が 7 本となっている。つまり，雄の染色体が 1 本少ない XO 型である。XO 型は XY 型と同じ雄ヘテロ型である。

(2)(3) 常染色体を A とすると，雄の体細胞の染色体構成は 2A＋X と表せる。精子は減数分裂を経てできるので，常染色体は半減し，X を含むもの（A＋X）と X を含まないもの（A）とに分けられる。

(4) 性決定様式が XO 型の生物にはトノサマバッタのほかにスズムシやキリギリスなどがいる。①ヒトと⑥キイロショウジョウバエは XY 型，②ニワトリと⑤カイコガは ZW 型，④ミノガは ZO 型である。

3 遺伝子の組合せの変化①〜減数分裂〜 ⟨p.6〜7⟩

ポイントチェック

(1) 無性生殖

(2) 減数分裂

(3) 有性生殖

(4) 第一分裂，第二分裂

(5) 第一分裂中期

(6) 第一分裂後期

(7) 4個

(8) 4

EXERCISE

7

(1) B → E → D
→ F → A → C

(2) $2n = 4$

(3) ③

(4) 図C　$2x$
図E　$4x$

8

(1) ③

(2) $2n = 8$

(3) 動原体

9

(1) $2n = 4$

(2) 4通り

図

EXERCISE ▶解説◀

7 (1) 図Aは2つの細胞において赤道面に染色体が並んでいるので第二分裂中期。

図Bは二価染色体が見られるので第一分裂前期。

図Cは2つの細胞のそれぞれでくびれが生じているので第二分裂終期。

図Dは1つの細胞でくびれが生じているので第一分裂終期。

図Eは相同染色体が紡錘糸に引かれて両極に分かれているので第一分裂後期。

図Fは2つの細胞で染色体が太く短くなっているので第二分裂前期。

(2) 図Cより配偶子の染色体が2本あるので$n = 2$である。母細胞では配偶子の2倍の染色体があるので$2n = 4$となる。

(3) 減数分裂において，DNA量は間期(S期)でDNAが複製され2倍となり，第一分裂終期で半減し，第二分裂終期でさらに半減し，最終的に母細胞(G_1期)の半分の量になる(右図)。

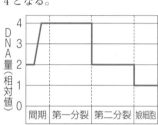

(4) 図Cは第二分裂終期であるが，図は細胞が完全に二分されていない。したがって，DNA量は配偶子の2倍($2x$)となる。

図Eは第一分裂後期の細胞なので，複製されたときのDNA量と変わらず$4x$となる。

8 (1) 二価染色体は相同染色体が対合してできたものである。つまり，二価染色体は，対合の起こる減数分裂の第一分裂前期から対合面が分離する前の第一分裂中期まで観察できる。

(2) 1つの二価染色体は，1対の相同染色体が平行に並んだ状態となっている。したがって，4つの二価染色体は，4対の相同染色体からなる。つまり，$n = 4$なので$2n = 8$となる。

(3) 紡錘糸が結合する染色体の部位を動原体という。

9 (1) 相同染色体が2対見られるので，$n = 2$　つまり，$2n = 4$である。

(2) 減数分裂によって，次のような染色体の組合せが生じる。

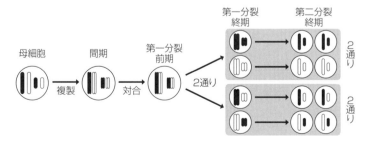

ポイントチェック

(1) 独立
(2) 連鎖
(3) D, d
(4) a
(5) 乗換え
(6) 組換え
(7) AbD, Abd, aBD, aBd
(8) 逆位
(9) 転座
(10) 異数体
(11) 遺伝子の重複

EXERCISE

10
(1) 背丈が高い
(2) Tt
(3) TT, Tt
(4) 背丈が高い：背丈が低い＝3：1
(5) Tt

11
(1) ア 独立
イ 連鎖
(2) AB：Ab：aB：ab ＝1：1：1：1
(3) Ab：aB＝1：1
(4) ②

12
YY：Yy＝1：2

EXERCISE ▶解説◀

10 (1) 対立形質をもつ純系どうしを交配して F₁ に現れる形質が顕性形質である。

(2) TT の親からつくられる配偶子は T，tt の親からつくられる配偶子は t である。したがって，子(F_1)の遺伝子型はすべて Tt となる。

(3)(4) F_1 の自家受精(Tt × Tt)で生じた F_2 の遺伝子型と分離比は，右表からもわかるように TT：Tt：tt＝1：2：1である。遺伝子型が TT と Tt の場合に背丈が高くなるので，表現型の分離比は，背丈が高い：背丈が低い＝3：1となる。

F_2

♂＼♀	T	t
T	TT	Tt
t	Tt	tt

(5) 背丈の高い系統の遺伝子型としては，TT と Tt の2つが考えられる。しかし，TT と tt を交配させると F_1 はすべて背丈が高くなったことから，ここで交配に用いた個体の遺伝子型は，Tt であることがわかる。Tt と tt を交配すると，背丈が高い個体と背丈が低い個体が1：1の割合で現れる。

11 (1) 2組以上の対立遺伝子が異なる染色体上にある場合を独立，同じ染色体上にある場合を連鎖という。

(2) 2組の対立遺伝子が異なる染色体上にある(独立している)ので，AaBb の個体の染色体と遺伝子の関係は右図の独立のようになる。減数分裂によって生じた配偶子の遺伝子型は AB，Ab，aB，ab の4通りとなる。

(3) 遺伝子 A と遺伝子 b，遺伝子 a と遺伝子 B が同じ染色体上にあり(連鎖)，組換えが起こらないので，AaBb の個体の染色体と遺伝子の関係は上図の連鎖のようになる。減数分裂において，A と b，a と B は一緒に動くので，配偶子に AB，ab の遺伝子型は生じない。

(4) 同じ染色体上に X(x)，Y(y)，Z(z)があるものを選ぶ。①と③は，1組の対立遺伝子が独立しているので誤り。④は2組の対立遺伝子 X と x，Y と y が同じ遺伝子座にないので誤り。

12 F_2 の子葉については黄：緑＝5953：2070≒3：1で生じている。F_1 の子葉の色(黄色)の遺伝子型は Yy，F_2 は Yy × Yy より YY：Yy：yy ＝1：2：1となる。したがって，YY：Yy＝1：2。

（独立） 配偶子

（連鎖） 配偶子

13

(1) AaDd

(2) ①

(3) ア ②

　　イ ③

　　ウ ①

(4) a ①

　　D ②

　　d ③

14

(1) ア　減数分裂

　　イ　組換え

　　ウ　染色体突然変異

　　エ　異数体

　　オ　倍数体

(2) Ⓐ　Ⓒ　Ⓓ　Ⓔ

(3) 逆位

(4) 現象　不等交叉

　　②

13 (1) 遺伝子型 AADD の個体がつくる配偶子の遺伝子型は AD，遺伝子型 aadd のつくる配偶子の遺伝子型は ad のみなので，F$_1$ の遺伝子型はすべて AaDd となる。

(2) 遺伝子型が AaDd の個体の遺伝子が独立の関係であれば，配偶子の分離比は必ず AD : Ad : aD : ad = 1 : 1 : 1 : 1 となり，aadd の個体との交雑の結果も AaDd : Aadd : aaDd : aadd = 1 : 1 : 1 : 1 となる。すなわち，これ以外の比となる遺伝子はすべて連鎖していることになる。F$_2$ に正常体色・痕跡翅，黒体色・正常翅の個体が生じていないことから，遺伝子 A と D，a と d が連鎖しており，組換えが起こっていないことがわかる。F$_1$ の配偶子は，AD : ad=1 : 1 の割合でつくられる。

(3) アは，F$_2$ の正常体色・痕跡翅，黒体色・正常翅の個体の割合が多いので，A と d，a と D が連鎖し，組換えが起こって正常体色・正常翅，黒体色・痕跡翅が生じたことがわかる。

イは，1 : 1 : 1 : 1 なので，独立の関係であることがわかる。

ウは，F$_2$ の正常体色・正常翅，黒体色・痕跡翅の個体の割合が多いので，A と D，a と d が連鎖し，組換えが起こって正常体色・痕跡翅，黒体色・正常翅が生じたことがわかる。

(4) ウは，A と D，a と d が同じ染色体上に存在（連鎖）している。

Keypoint
- 2つの遺伝子(A・aとB・b)が独立している場合，遺伝子型 AaBb の配偶子とその分離比は，AB : Ab : aB : ab = 1 : 1 : 1 : 1 となる。
- 2つの遺伝子(A・aとB・b)が連鎖している場合，遺伝子型 AaBb の配偶子とその分離比は，AB : Ab : aB : ab = 1 : 0 : 0 : 1 となる。

14 (1) 減数分裂では配偶子に 1 対の相同染色体のうちのどちらかが入るため，多様な組合せの配偶子が形成される。さらに，遺伝子の組換えや染色体突然変異が生じることにより，配偶子の多様度は増す。

異数体や倍数体のように染色体の数自体が変化する場合，その生物に重大な影響を及ぼすことが多いが，新しい種が生じる原動力になることもある。例えば，パンコムギ(六倍体)は，ヒトツブコムギ(二倍体)の倍数化を経て進化したと考えられている。

(2)(3) 染色体突然変異には以下のようなものがある。

正常	Ⓐ B C D E	
欠失	Ⓐ C D E	染色体の一部が欠ける
重複	Ⓐ B B C D E	染色体の一部が重複する
逆位	Ⓐ C B D E	遺伝子の順序が逆転する
転座	e f g C D E	染色体の一部が他の染色体とつながる

(4) ヒトの光受容に関わる赤色オプシン遺伝子と緑色オプシン遺伝子は，塩基配列が類似しているだけでなく，X染色体上に隣り合って存在している。減数分裂で染色体の乗換えが生じた際に，不等交叉によって赤色オプシン遺伝子や緑色オプシン遺伝子の重複，欠失が生じることがあり，このことが原因で赤緑色覚異常が生じることがわかっている。

E X E R C I S E

15
(1) ア　突然変異
　　イ　自然選択
　　ウ　遺伝的浮動
(2) ②，④
(3) A　0.7
　　a　0.3
16
①

E X E R C I S E ▶解説◀

15 (2)　①ラマルクの「用不用説」である。「生物がよく使用する器官は発達し，使用しない器官は退化する。個体が獲得した形質が遺伝して新しい種に進化する」という考え方であるが，現在は否定されている。

②　自然選択の例である。ダーウィンは食物や生活空間などをめぐる競争（生存競争）が起こると，環境に適した形質をもつ個体ほど多く生き残り（適者生存），多く子を残すと考えた。

③　創始者効果の例である。アメリカ大陸に移動した祖先集団に偶然 O 型が多く，その集団が小さかったことにより遺伝的浮動の影響が大きくなり，O 型の遺伝子頻度が大きくなったと考えられている。

④　自然選択の例である。鎌状赤血球内ではマラリア原虫が増殖できないため，マラリアが多発する地域では鎌状赤血球症の原因となる遺伝子をもつヒトが多い。

(3)　この植物の集団には 500 個体が生息し，それぞれが相同染色体をもつことから，この集団の遺伝子プールには 1000 個の遺伝子が含まれることになる。AA の個体が 250 個体であるから，AA の個体がもつ遺伝子 A は $250 \times 2 = 500$ 個。同様に Aa の個体がもつ遺伝子 A，a はそれぞれ 200 個，aa の個体がもつ遺伝子 a は $50 \times 2 = 100$ 個であることがわかる。

以上のことからそれぞれの遺伝子頻度は次のように求められる。

遺伝子 A　　$(500 + 200)/1000 = 0.7$
遺伝子 a　　$(200 + 100)/1000 = 0.3$

16　①正しい。遺伝的浮動は，偶然による遺伝子頻度の変動を指す。何らかの原因で集団が小さくなると，その集団はもとの集団と比べて遺伝子頻度が大きく変化することがある。
②誤り。創始者効果の例である。
③誤り。びん首効果の例である。
④誤り。複数の種が互いに影響を及ぼし合いながら進化することを共進化とよぶ。

E X E R C I S E ▶解説◀

17 (1) 遺伝子 A の頻度が 0.8，遺伝子 a の頻度が 0.2 なので，次の世代の遺伝子型の割合は，右表のように求められる。

	0.8A	0.2a
0.8A	0.64AA	0.16Aa
0.2a	0.16Aa	0.04aa

(2) ハーディ・ワインベルグの法則は，世代を重ねても集団内の対立遺伝子の遺伝子頻度は変わらないとする法則である。集団内に突然変異が生じると遺伝子頻度が変化してしまうので，この法則は成立しない。

(3) 対立遺伝子 A，a の遺伝子頻度をそれぞれ p，q $(p+q=1, p>0, q>0)$ とすると，$AA:Aa:aa=p^2:2pq:q^2$ となる。白色の個体の遺伝子型は aa であり，100匹中9匹の割合で存在するので，$q^2=\dfrac{9}{100}=0.09$ より $q=\pm0.3$，$q>0$ より $q=0.3$ となる。また，$p+q=1$ より $p=1-0.3=0.7$ となる。したがって，ヘテロ接合の個体 Aa の割合である $2pq$ は，$2pq=2\times0.7\times0.3=0.42$ となり，100匹中42匹の割合で存在すると推定される。

Keypoint

ハーディ・ワインベルグの法則
　次の①〜⑤の条件を満たす集団では，世代を重ねても遺伝子頻度は変化しない。
　① 個体数が十分に多い。　② 外部との間で個体の出入りがない。
　③ 突然変異が起こらない。　④ 自然選択がまったく働かない。
　⑤ 自由に交雑が行われている。
　これらの条件を一つでも満たさない場合，遺伝子頻度が変化し，それが進化につながる。

18 (1) 1つの集団において，生息地が地理的にいくつかに分断されることを地理的隔離という。

(2) 段階3の文中に「それぞれの山の環境に適応した」とあるので，遺伝的浮動や突然変異によって生じた個体のうち生存や生殖に有利な個体が集団内に増え，種分化につながったと考えられる。

(3) 段階4の文中に「交配ができなくなっていた」とあるので，2つの鳥の集団には生殖にかかわる突然変異が起こり，種が分化したと考えられる。このように，もとの集団と交配できなくなることを生殖的隔離という。

演 習 問 題　遺伝子の変化と進化のしくみ　〈p.16 〜 21〉

❶
①，②，③，⑤

❷
⑴　①
⑵　③
⑶　第一分裂中期 12 本
　　第二分裂中期 12 本
⑷　②

❸
⑴　④
⑵　1：2：1
⑶　50%
⑷　③
⑸　④

▶解説◀

❶④　ストロマトライトは，シアノバクテリアの働きにより形成されたものである。ストロマトライトは先カンブリア時代の 27 億年前〜 25 億年前の地層から発見されているが，現在でも形成されている。

❷⑴　②分裂が正しい。

③接合子（2n）は，減数分裂によって生じた配偶子（n）の接合（合体）でできるので，遺伝子の構成は両親の遺伝子を組み合わせたものになる。

④栄養生殖では，栄養器官（根・茎・葉）から新しい個体がつくられる。

⑤無性生殖によって生じる個体は，親とまったく同じ遺伝子をもつ。

⑵　③相同染色体が両極に移動するのは第一分裂後期である。

⑶　この問題では「染色体どうしが並んで接着したものは 1 つとみなす」とあるので，対合している染色体はすべて 1 本と数える。減数分裂の第一分裂中期では，相同染色体どうしが対合した二価染色体が 12 本観察される。第二分裂中期では，第一分裂で二分された細胞それぞれで染色体が赤道面に並ぶので，1 つの細胞で観察される染色体の数は 12 本となる。

⑷　配偶子は減数分裂によってつくられるので染色体構成はすべて n である。配偶子の染色体の組合せについては，ヒトの配偶子（XY 型）で考えてみるとわかりやすい。常染色体を A とおくと，雄の配偶子（精子）がもつ染色体は A＋X と A＋Y の 2 種類，雌の配偶子（卵）のもつ性染色体は A＋X の 1 種類である。

①ヒトでは，雄の配偶子の染色体の組合せは 2 種類あるので誤り。

③ヒトでは，雌の配偶子の染色体の組合せは 1 種類しかないので誤り。

④配偶子の染色体構成はすべて n なので誤り。

❸⑴　①②互いに純系である両親の交配で生じた雑種第一代では，顕性形質のみが現れ，雑種第二代では顕性形質と潜性形質の両方が現れる。

③2 組の対立遺伝子が連鎖している場合，連鎖している遺伝子間では独立の法則が成立しない。

(2)(3)　交配の結果を整理すると次のようになる。

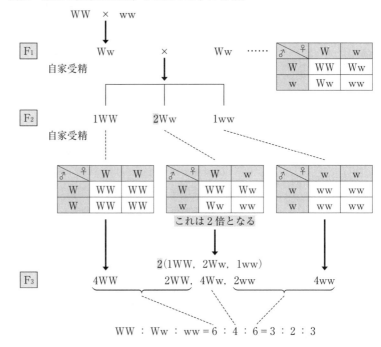

$$WW : Ww : ww = 6 : 4 : 6 = 3 : 2 : 3$$

❹
(1)　遺伝的浮動
(2)　③
(3)　中立
(4)　⑦

❹(2)　染色体の乗換えは配偶子形成時(減数分裂時)に起こる。したがって，乗換えで生じた変異は，子に受け継がれる遺伝的変異となる。

①遺伝子の突然変異は，放射線やある種の化学物質などの影響で起こる。化学進化とは，生命が誕生する以前の，無機物から有機物がつくられ複雑化していく過程のことである。

②潜性遺伝子による変異であっても，配偶子にその潜性遺伝子があれば次の世代に受け継がれるので，遺伝的変異となる。

④遺伝子の突然変異は体細胞でも起こる。

(3)　DNA の塩基配列に起こる突然変異は，多くの場合，個体の生存に有利でも不利でもない中立的なもので，遺伝的浮動とよばれる偶然的な遺伝子頻度の変化によって集団全体に広がる。このような考え方を中立説という。

(4)　訪花昆虫の口吻より花筒が短い場合，昆虫のからだは花に接することなく蜜を吸え，花粉は昆虫のからだに付着せず，繁殖において不利となる。結果的に花筒が短い個体は減少し，花筒の長い個体が残る。訪花昆虫の口吻と花筒の長さのように，いくつかの種が互いに影響を及ぼし合って進化することを共進化という。

なお，選択肢にある収束進化とは，異なる生物が似たような環境で別々に進化した結果，よく似た形質をもつようになる進化のことである。

❺

(1) ①

(2) ④

(3) ④

❻

(1) ④

(2) ア ①
　　イ ④
　　ウ ②
　　エ ②

❺(1) ア　生存や繁殖に有利な突然変異は自然選択により集団中に広まるが，有利でも不利でもない中立的な突然変異はランダムに集団中に広まる。このような偶然による遺伝子頻度の変化は，遺伝的浮動とよばれている。

イ　種間で見られる塩基配列の違いの多くは，生存や繁殖に有利でも不利でもなく，遺伝的浮動によって蓄積していったと考えられている。

ウ　中立的な突然変異は自然選択を受けずに一定の速度で蓄積することが知られており，2種間の塩基配列の違いは，共通祖先から分岐した後の時間に比例して多くなる傾向がある。

(2) 対立遺伝子Wとwの遺伝子頻度をそれぞれp，qとすると，$p = 0.8$より，$q = 1.0 - 0.8 = 0.2$である。ハーディ・ワインベルグの法則が成り立つ集団の遺伝子型の比は，WW：Ww：ww $= p^2 : 2pq : q^2$であることから，この動物集団では，WW：Ww：ww $= 0.64 : 0.32 : 0.04 = 16 : 8 : 1$となる。よって④が正しい。

(3) 非同義置換が生じる確率はどの遺伝子でも同じである。しかし，非同義置換の結果，アミノ酸配列に変化が起きて個体の生存や繁殖に有害な作用を起こす場合，そういった突然変異は集団内に広がらず排除される。そのため，非同義置換の率が低い遺伝子ほど，突然変異が起きた場合に生存や繁殖に有害な作用が起きる確率が高いと考えられる。したがって，④が正しい。なお，同義置換はアミノ酸配列に変化を起こさず，生存や繁殖に影響を及ぼさないため，同義置換のデータは無視してよい。

❻(1) ①②実験1において，種Aは水流でちぎれて失われた葉がほとんどないのに対し，照葉樹林の林床に生息する種Bでは65%程度の葉が失われている。このことから，種Aは流水にさらされる渓流の環境に適応しており，種Bは適応していないことがわかる。したがって，①も②も正しい記述である。

③④実験2の結果より，種Aは弱い光の下では強い光の下で栽培した場合に比べて生存率が減少しており，暗い環境に適応していないことがわかる。③は正しい。一方で，種Bは光の強弱で生存率に変化が見られず，明るい環境より暗い環境に適応しているとはいえない。したがって，④の記述は誤りである。

(2) 仮説では，「同所的分布域のマダラの雌では茶型雄を選ぶような好みが進化した」とあるので，この仮説を支持する結果が得られたのであれば，実験4では，茶型雄を選ぶ雌の方が多いはずである。また，同様に「同所的分布域のマダラの雌はシロエリの雄とマダラの黒型雄との区別ができない」とあるので，実験5の雌がマダラの黒型雄を選ぶ確率とシロエリの雄を選ぶ確率は同じであると考えられる。

ポイントチェック

(1) 分類
(2) 系統
(3) 系統分類
(4) 系統樹
(5) 分子系統樹
(6) 種
(7) 属
(8) 門
(9) 界
(10) ドメイン
(11) 五界説
(12) 3ドメイン説
(13) アーキア（古細菌），細菌（バクテリア）
(14) 学名
(15) 種小名
(16) 二名法

E X E R C I S E

19
(1) ア　属
　　イ　綱
　　ウ　界
　　エ　ドメイン
　　オ　五界説
(2) ホモ・サピエンス
20
ア　rRNA（リボソームRNA）
イ　塩基配列
ウ　真核生物（ユーカリア）
エ　アーキア（古細菌）
オ　細菌（バクテリア）
21
① C
② A
③ B

E X E R C I S E ▶解説◀

19 分類の体系は，属や科などの各階級に所属する生物を上位の階級の分類群にまとめていく方法でつくられている。ヒトの学名は，*Homo*（属名）*sapiens*（種小名）となり，*Homo* はヒトを，*sapiens* は賢いを意味するラテン語に由来する。

20 ウーズらは，rRNA の塩基配列の違いに基づいて原核生物を細菌（バクテリア）とアーキア（古細菌）に分け，細菌，アーキア，真核生物（ユーカリア）の3つのドメインからなる分類体系（3ドメイン説）を提唱した。

Keypoint

五界説と3ドメイン説の比較

21 塩基配列の違いが大きい（多い）ほど，類縁関係が遠いことを意味する。系統Dと共通点が多いのは，共通点2つの系統Bであり，これが③となる。残りの系統Aと系統Cであるが，系統Bと共通点が多いのは3つの系統Aで，これが②となる。

22 (1) 個体の生存や繁殖に有利となる突然変異は自然選択によって集団中に広がるが，多くの突然変異は個体の生存や繁殖に影響せず，偶発的で確率的な過程を経て集団中に広がる。このように，世代間で偶然に集団の遺伝子頻度が変化することを遺伝的浮動といい，このような過程による進化を中立進化という。また，突然変異によるDNAの塩基配列やタンパク質のアミノ酸配列の変化が集団中に広まることを分子進化といい，変化の速度を分子時計とよぶ。

突然変異によるDNAの塩基配列の変化速度が一定であると仮定すると，共通祖先から分岐したあとの時間が長いほど塩基配列の違いが大きくなると考えられ，これはアミノ酸配列でも同様に考えることができる。

ヘモグロビンやシトクロムc（電子伝達系のタンパク質の一種）を構成するアミノ酸の数は脊椎動物ですべて同じであり，生物の共通性の1つとなっている。ただし，これらを構成する個々のアミノ酸は，種によって違いが見られ，生物の多様性の1つとなっている。

(2) 表より，異なるアミノ酸の数が最も少ないヒトとウマは，分岐してからの時間が最も短いと考えられるので，A はウマとなる。また，異なるアミノ酸数が最も多いヒトと酵母は，分岐してからの時間が最も長いと考えられるので，C は酵母，残りの B がマグロとなる。

22

(1) ア ⑥
  イ ④
  ウ ②

(2) A ウマ
  B マグロ
  C 酵母

(3) エ 6
  オ 24
  カ 37
  キ 18
  ク 13

(4) 1333 万年

(5) ②

(3) ヒトとウマでは，異なるアミノ酸の数は12個なので，ヒトとウマの共通祖先から分岐して(12 ÷ 2)個ずつアミノ酸が置換したと考えられる。したがって，エ = 12 ÷ 2 = 6 個となる。

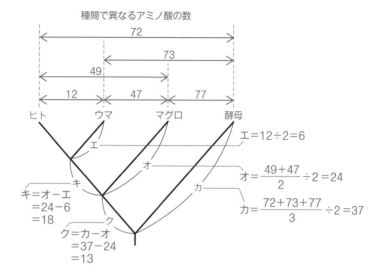

種間で異なるアミノ酸の数

エ = 12 ÷ 2 = 6

$$オ = \frac{49 + 47}{2} ÷ 2 = 24$$

$$カ = \frac{72 + 73 + 77}{3} ÷ 2 = 37$$

キ = オ − エ
  = 24 − 6
  = 18

ク = カ − オ
  = 37 − 24
  = 13

オは，ヒトとマグロで異なるアミノ酸の数が49個，ウマとマグロで異なるアミノ酸の数が47個なので，その平均は(49 + 47) ÷ 2 = 48 個となり，ヒトとウマの共通祖先とマグロが分岐して，48 ÷ 2 = 24 個ずつアミノ酸が置換したと考えられる。

カは，ヒトと酵母で異なるアミノ酸の数が72個，ウマと酵母で異なるアミノ酸の数が73個，マグロと酵母で異なるアミノ酸の数が77個なので，これらの平均は(72 + 73 + 77) ÷ 3 = 74 個となり，ヒトとウマとマグロの共通祖先と酵母が分岐して，74 ÷ 2 = 37 個ずつアミノ酸が置換したと考えられる。

キは，キ = オ − エ = 24 − 6 = 18，クは，ク = カ − オ = 37 − 24 = 13 となる。

(4) (3)より，ヒトとウマの共通祖先から分岐して6個のアミノ酸が置換している。この6個のアミノ酸が置換するのに8000万年を要したことになるので，アミノ酸が1個置換するのに要する年数をx年とすると，8000万年 : 6 個 = x 年 : 1 個 x = 1333.33… なので，およそ1333万年となる。

(5) (3)より，ヒトとマグロの共通祖先から分岐して24個のアミノ酸が置換している。(4)より，アミノ酸1個の置換に要する時間は約1333万年なので，アミノ酸24個の置換に要する時間は 24 個 × 1333 万年 = 3 億1992万年 ほどとなる。そのため，②が適当といえる。

(1) 霊長類（サル目）
(2) 前方を向く立体視できる範囲が広い眼，ものを握るのに適した手と平爪
(3) 類人猿
(4) 脳が大きい，尾がない
(5) 猿人
(6) アフリカ
(7) 原人
(8) ホモ・ハビリス，ホモ・エレクトス
(9) 旧人
(10) ホモ・ネアンデルタレンシス（ネアンデルタール人）
(11) 新人
(12) ホモ・サピエンス
(13) 眼窩上隆起がない，額が広くなった，あごにおとがいがある，などからから2つ
(14) 急速に絶滅させた

EXERCISE
23
(1) ア ② イ ④
ウ ①
(2) 大後頭孔の位置が後方から中央に移動している（脊柱が頭骨の真下に位置する），骨盤の幅が広くて上下に短い
(3) 足の拇指対向性がなくなる，上肢が短く下肢が長い
24
(1) A ① B ⑤
C ④ D ②
E ⑥ F ③
G ⑧ H ⑦
(2) ③，⑧

EXERCISE ▶解説◀

23(1) 初期の人類は猿人と総称され，その化石はすべてサハラ砂漠以南のアフリカで見つかっている。猿人の一部がアフリカで原人に進化した。原人はやがてアフリカを出てヨーロッパの一部やアジア全域へ広がった。

(2) 脊柱は頭骨の真下に位置すると，頭の重さを支えやすくなる。
　　骨盤が幅広く，上下に短いと，直立しても腹部の内臓を下から支えながら，バランスよく歩くことができる。

(3) 足の拇指対向性がなくなるのは，地上生活を示すとともに直立二足歩行に都合がよい。

24 猿人と原人，旧人と新人の違いについて，確認しておこう。初期の人類を総称して猿人といい，約700万年前の化石が発掘されている。約220万年前頃，猿人の一部からホモ属が現れた。初期のホモ属は原人の仲間である。約80万年前，アフリカで原人の中から旧人が誕生した。旧人のうち，約30万年前からホモ・ネアンデルタレンシス（ネアンデルタール人）がヨーロッパで発展した。なお，ホモ・ネアンデルタレンシスは，現生人類との混血した証拠が残されているが，約4万年前に絶滅した。

　　現生の人類である新人は，ホモ・サピエンス一種しかおらず，約20万年前にアフリカで出現し，10万年ほど前から世界各地に広がった。

▶解説◀

❶
(1) アーキア
(2) 種小名
(3) ①
(4) DNA の配列
　同じアミノ酸配列で
　も，もととなる DNA
　配列が異なる場合が
　あるから。
(5) (a) D
　(b) D/K（K/D）
　(c) D/E（E/D）
　(d) D

❷
ア　アフリカゾウ
イ　イヌ
ウ　ハツカネズミ

❸
③

❶(1)　アーキア（古細菌）は，細菌（バクテリア）よりも真核生物（ユーカリア）に近縁と考えられている。

(2)　学名は世界共通で，1つの種の名前は，属名と種小名を並べて表す。この命名法を二名法といい，リンネにより確立された。

(3)　界の上の分類階級であるドメインは，rRNA の塩基配列の分析により提唱された（1990 年）。核膜，細胞小器官の存在は真核生物ドメインに特有である。アーキアは極限環境に多く見られるが，極限環境のみで生息するわけではない。極限環境には細菌も多く存在する。

(4)　遺伝暗号表を見ると，同じアミノ酸でも，複数のコドンが指定する場合があることがわかる。

(5)　(a)は図1の③を見ると，片方がどちらでもよく，片方の祖先系アミノ酸が決まっていると，どちらかに選択できることからDとなる。(b)はD/K(K/D)となり，(c)は同様にE/D(D/E)である。(d)は祖先(d)からD/EグループとDが分岐しているので，Dとなる。

❷(1)　ⓐより，ハツカネズミは　イ　か　ウ　のどちらかに入ることがわかる。
　ⓑより，キリンはハツカネズミよりイヌと近縁であるということなので，イにイヌ，ウにハツカネズミが入る。アには残りのアフリカゾウが入る。

❸　系統的に近いほど，塩基の相違数は少ないので，類縁関係は次のように推定できる。

種 B	5			
種 C	13	12		
種 D	9	8	12	
種 E	17	16	16	16
	種 A	種 B	種 C	種 D

→種Aに最も近いのは種B…選択肢②，③，⑤
→種Aと種Bの両方に近いのは種D
→これらを満たす選択肢③の系統樹が推定される

❹

(1) ④

(2) A　アーキア
　　　（古細菌）
　　 B　真核生物

(3) エ　②
　　 オ　⑨

❺

(1) ②，④

(2) ③

(3) ⑤

❹(1)　分類の階級は，次のようになる。近縁な種をまとめたものが属で，近縁な属どうしをまとめて科，以下同様にして，順に，目，綱，門，界のように上位の分類階級を設けている。

(2)　細菌の祖先は，のちにアーキア（古細菌）と真核生物の共通祖先が分岐する前に分岐しているので，真核生物はアーキアと近縁であると考えられている。また2本の破線から，下の破線が先にのちに真核生物となる細胞に共生したと考えられる好気性細菌を意味し，上の破線は葉緑体となったシアノバクテリアを意味するので，ドメインBが真核生物ドメインとなる。

(3)　ミトコンドリアと葉緑体の両方をもつ生物は，この選択肢の中ではゼニゴケのみである。

❺(1)　①の拇指（母指）対向性は，樹上生活に適した特徴である。
③の眼が側面ではなく前方につく特徴は，立体視により対象物までの距離が比較的正確に測れる範囲が広いため，樹上生活者や肉食動物によく見られる特徴である。
④は，このことにより直立しても腹部の内臓を下から支えながらバランスよく歩くことができる。

(2)　互いに異なっているアミノ酸の割合が小さいほど，共通祖先からの分岐がより近年であることを意味する。数値から，チンパンジーとゴリラは近縁であることがわかる。したがって②と④と⑤は誤り。チンパンジーおよびゴリラとオランウータンとの間の数値がニホンザルとの数値よりも小さく，ニホンザルとゴリラおよびチンパンジーとオランウータンの間が最も大きい（類縁関係が遠い）ので，①も誤り。

(3)　比例計算を行う。1.93%で1300万年だから，600万年では何%になるかである。計算すると，$1.93 \times 600万 \div 1300万 = 0.89\%$となる。
　　実際に調べた値が，予想値（0.89%）よりも小さいということは，ヒトとチンパンジーが分岐したあとに，遺伝子Aに生じた変化の速度が小さかったことを意味する。
　　Ⅰであるが，チンパンジーとの分岐後の遺伝子Aに生じた新たな対立遺伝子の頻度が上がると遺伝子Aに生じる変化の速度は大きくなると考えられるので，誤り。Ⅱは，生存のためのタンパク質Aの重要度が上がると，生じた突然変異は生存にとって不利に働く可能性が高く，その結果，突然変異が生じた個体は淘汰される可能性が高くなる，変異が取り除かれることになるので，数値は下がると考えられる。Ⅲは，タンパク質Aの機能を損なっても生存に影響しにくくなるということは，突然変異が起きても生存との関係性が低くなり，突然変異がそのまま伝えられる可能性が高くなる。Ⅱとは逆に値が上昇すると考えられるので誤り。

2章 生命現象と物質

9 生体を構成する物質と細胞①　〈p.32〜33〉

〈p.32〜33〉

ポイントチェック

(1) 水
(2) 真核細胞
(3) 原核細胞
(4) 葉緑体，細胞壁
(5) リン脂質
(6) 核，ミトコンドリア，葉緑体
(7) ゴルジ体
(8) 小胞体
(9) 粗面小胞体

EXERCISE

25
(1) a ④　b ②
　　c ⑤　d ③
　　e ①
(2) 動物細胞 ②
　　植物細胞 ③
(3) ①

26
(1) ア　中心体
　　イ　ゴルジ体
　　ウ　ミトコンドリア
　　エ　核
　　オ　核膜
　　カ　核小体
　　キ　リボソーム
　　ク　細胞膜
　　ケ　粗面小胞体
　　コ　滑面小胞体
　　サ　液胞
　　シ　葉緑体
　　ス　細胞壁
(2) a　ウ，エ，シ
　　b　ス
　　c　ウ
　　d　シ
　　e　イ
　　f　ウ，エ，オ，シ
　　g　イ，ケ
(3) ②，③

EXERCISE ▶解説◀

25 (1)(2) a　生体内で液体の状態で存在し，化学反応（代謝）の仲立ちをしている水は，すべての生物の細胞において最も多い構成成分である。

b　タンパク質は，細胞骨格や筋肉，酵素，ホルモンなど，働きに応じたさまざまなものを構成し，動物細胞で2番目に多い構成成分である。

c　おもなエネルギー源となる物質は脂質，炭水化物，タンパク質で，細胞膜の主成分はリン脂質である。

d　植物の細胞壁の主成分であるセルロースは，グルコースが連なった構造で炭水化物である。グルコースなどの炭水化物は呼吸基質としてエネルギー源になる。植物細胞では2番目に多い構成成分となっている。

e　遺伝情報を担うDNAやRNAは核酸である。

(3) ②細胞膜を構成するリン脂質やタンパク質には流動性がある。

③ペプチド結合は2つのアミノ酸から1分子の水が取れてできる。

④タンパク質の変性とは，立体構造が変化することでタンパク質本来の性質が変わることであり，一次構造（アミノ酸配列）は変化しない。

26 (2)　ゴルジ体は一重の生体膜からなる扁平な袋状構造で，小胞体から輸送されてきたタンパク質の分泌に関与する。小胞体も一重の生体膜からなり，リボソームが付着した粗面小胞体と，リボソームが付着していない滑面小胞体がある。粗面小胞体には，リボソームで合成されたタンパク質をゴルジ体へ輸送する働きがある。

核は核膜（二重の生体膜）に核小体と染色体などが包まれた構造をしている。ミトコンドリアと葉緑体も二重の生体膜からなり，核とは別の独自のDNAをもっている。

細胞壁は，細胞膜の外側にある丈夫な構造で，植物細胞ではセルロースが主成分になっている。細胞の保護と形態維持の役割がある。

(3)　細胞小器官をもたない生物とは，原核生物を指しているので，ネンジュモと大腸菌が当てはまる。

Keypoint

細胞小器官
・二重の生体膜からなる…核，ミトコンドリア，葉緑体
・DNAをもつ…核，ミトコンドリア，葉緑体
・植物細胞にのみ存在する…葉緑体，細胞壁

ポイントチェック
(1) エンドサイトーシス
(2) エキソサイトーシス
(3) 微小管，中間径フィ
　　ラメント，アクチン
　　フィラメント
(4) 微小管
(5) 細胞接着
(6) 密着結合
(7) ギャップ結合
(8) 接着結合

EXERCISE
27
(1) Ⅰ　アクチンフィ
　　ラメント
Ⅱ　微小管
Ⅲ　中間径フィラメント
(2) Ⅰ　③，⑤
　　Ⅱ　②，⑥
　　Ⅲ　①，④
(3) Ⅰ　①
　　Ⅱ　③
　　Ⅲ　②
(4) Ⅱ，Ⅲ，Ⅰ
(5) チューブリン
28
(1) a　密着結合
　　b　接着結合
　　c　デスモソーム
　　d　ギャップ結合
　　e　ヘミデスモソー
　　　　ム
(2) a　③
　　b　⑤
　　c　④
　　d　②
　　e　①
(3) カドヘリン
(4) インテグリン

EXERCISE ▶解説◀

27 細胞骨格に関わるタンパク質は，太さと構成するタンパク質の違い
から，微小管，中間径フィラメント，アクチンフィラメントに分けられ
る。それぞれの特徴は，次の通りである。

タンパク質	構造とおもな働き
微小管　チューブリン　25 nm	チューブリンという球状のタンパク質が多数結合した管状構造。中心体を構成，細胞内の小胞や細胞小器官を輸送，細胞分裂時に紡錘糸を形成，鞭毛や繊毛の運動などに関与。
中間径フィラメント　8～12 nm	アクチンフィラメントと微小管の中間の太さで，ケラチンなどからなる強固な繊維状構造。細胞内に網目状に分布。細胞構造を保持する。
アクチンフィラメント　7 nm　アクチン	アクチンという球状のタンパク質が連なった繊維状構造。細胞膜の直下に分布。細胞の収縮と伸展，アメーバ運動，筋収縮などに関与。

Keypoint

微小管	＞	中間径フィラメント	＞	アクチンフィラメント
（直径約 25 nm）		（直径 8～12 nm）		（直径約 7 nm）

28 (1)(2) 細胞接着のおもな種類と特徴は，次の通りである。

種類	特徴
密着結合	細胞膜の接着タンパク質どうしが結合し，小さい分子も通さないほど細胞間が密着する。
接着結合	細胞膜のカドヘリンどうしが結合することで細胞どうしが接着する。カドヘリンは細胞内で細胞骨格のアクチンフィラメントと結合する。
ギャップ結合	細胞膜を貫通する管状タンパク質がつながり細胞どうしが結合する。イオンや低分子の糖などを通す。
デスモソーム	細胞膜の接着結合とは異なる種類のカドヘリンどうしが結合することで細胞どうしが結合する。カドヘリンは細胞内で細胞骨格の中間径フィラメントと結合し，ボタン状に固定される。
ヘミデスモソーム	細胞膜と細胞外基質の結合。細胞膜のインテグリンが細胞外基質からなる基底膜などに結合し固定される。

(3)(4) カドヘリンは細胞どうしの接着に関与する。いろいろな種類があり，
同種のカドヘリンどうしが細胞外で結合する。その結合には Ca^{2+} が必
要となる。

　細胞と細胞外基質を固定する結合（ヘミデスモソーム）には，インテグ
リンというタンパク質が関与する。インテグリンは，細胞外でコラーゲ
ンなどの細胞外基質と結合し，細胞内で細胞骨格と結合している。

11 タンパク質の構造と機能 〈p.36～37〉

ポイントチェック

(1) アミノ酸
(2) C, H, O, N, S
(3) カルボキシ基
(4) 20 種類
(5) 水 (H₂O)
(6) ポリペプチド
(7) 一次構造
(8) αヘリックス
(9) βシート
(10) 二次構造
(11) S-S 結合
　（ジスルフィド結合）
(12) 四次構造
(13) 変性
(14) 失活

E X E R C I S E
29
(1) ア　側鎖
　　イ　20
　　ウ　アミノ
　　エ　カルボキシ
　　オ　水（H₂O）
　　カ　ペプチド
　　キ　ポリペプチド
(2) →解説参照
(3) 必須アミノ酸
30
(1) ア　一次
　　イ　水素
　　ウ　αヘリックス
　　エ　βシート
　　オ　二次
　　カ　三次
　　キ　四次
(2) S-S（ジスルフィド）
　　結合
31
(1) ア　変性
　　イ　失活
(2) 水素結合，S-S（ジ
　　スルフィド）結合

E X E R C I S E ▶解説◀

29 (1)　アミノ酸の構造は右図の通りである。生体のタンパク質を構成するアミノ酸は 20 種類あり，それぞれ異なる側鎖(R)をもつ。アミノ酸どうしは，水分子(H₂O)がとれて結合するペプチド結合によって連なり，ポリペプチド鎖を形成する。

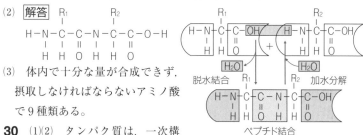

(2) 解答

(3)　体内で十分な量が合成できず，摂取しなければならないアミノ酸で9種類ある。

30 (1)(2)　タンパク質は，一次構造が折りたたまれた立体構造をとる。ポリペプチドの分子中に水素結合ができ，らせん状になった構造をαヘリックスといい，じぐざぐに折れ曲がりシート状になった構造をβシートという。これらは二次構造とよばれ，さらにシステインの側鎖どうしが結合するS－S結合によって立体的な三次構造を形成する。三次構造をとるいくつかのポリペプチド鎖が立体的に組み合わさった構造を四次構造という。

31 (1)(2)　水素結合やS－S結合が切れて立体構造が変化し，性質が変わることを変性という。変性によってタンパク質の働きが失われることを失活という。変性してもアミノ酸配列は変化しない。毛髪の主成分であるケラチンというタンパク質にはシステインが多く，S－S結合が数多く含まれている。パーマはそのS－S結合を還元剤で切断し，毛髪の形を整えた後に酸化剤で再結合させ，形状を固め直したものである。

(1) 活性化エネルギー

(2) 触媒

(3) 酵素

(4) 基質

(5) 活性部位

(6) 酵素—基質複合体

(7) 基質特異性

(8) 最適温度

(9) 最適 pH

(10) ペプシン

(11) pH8

(12) pH7

(13) 失活

(14) 最大反応速度

(15) 2 倍になる

(16) 競争的阻害

(17) 高いとき

(18) 非競争的阻害

(19) アロステリック部位

(20) フィードバック阻害

(21) 補酵素

(22) NAD⁺, NADP⁺, FAD などから 1 つ

E X E R C I S E

32

(1) ア 活性化エネル
    ギー

   イ 基質

   ウ 無機

   エ 失活

   オ 最適 pH

   カ タンパク質

(2) 基質特異性

(3) ②

(4) A ③

   B ②

   C ④

(5) ②

E X E R C I S E ▶解説◀

32 (1)(2)(3) 酵素が作用する物質を基質といい，酵素は決まった基質にしか作用しない。これは，基質が酵素の特定の部位(活性部位)とだけ結合できるようになっているためである。このような酵素の性質を基質特異性という。

　無機触媒は温度の上昇に伴って反応速度も増すが，酵素はタンパク質からなるので，タンパク質が変性する高温(60℃以上)では活性を失う(失活)。反応速度が最大となる温度は最適温度とよばれ，ヒトの一般的な酵素では，体温とほぼ同じ温度(30〜40℃)である。また，反応速度が最大となる pH は最適 pH よばれ，酵素によって異なっている。

(4)(5) グラフ X では，生成物の量が時間の経過とともに増加し，酵素とすべての基質との反応が終了したところで一定となっている。A〜C の条件にすると，グラフは次のようになる。

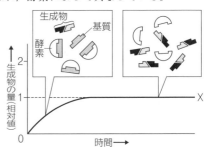

A 酵素濃度が 2 倍になると酵素と結合する基質が増加し，反応速度も 2 倍となる。したがって，生成物の量が一定になるまでの時間は半分になる。基質濃度は変わらないので，生成物の量は 1 のまま変わらない。

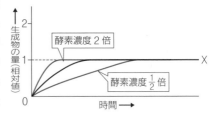

B 基質濃度が 2 倍になると，最終的な生成物の量も 2 倍となる。酵素濃度は変わらないので，基質と反応し終えて生成物の量が一定となるまでの時間も 2 倍となる。

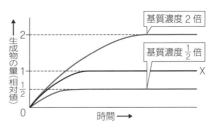

C 温度を低下させると，酵素の活性(反応速度)も低下し，生成物の量が一定となるまでの時間が長くなる。基質濃度は変わらないので，最終的な生成物の量は 1 のままである。

Keypoint

・酵素は生体内の代謝を促進する有機触媒(生体触媒)である。

・酵素の主成分はタンパク質で，それぞれの酵素反応の速度が最大になる最適温度，最適 pH がある。

・酵素が作用する相手は決まっている(基質特異性)。

33
(1) ア　アミラーゼ
　　イ　ペプシン
　　ウ　トリプシン
(2) ア　③
　　イ　①
　　ウ　④

34
(1) ①，④，⑤，⑥
(2) 酸素(O_2)

35
②

36
(1) ②，③
(2) 補酵素

33　アミラーゼは，デンプン(アミロース)を基質とし，pH7付近(だ液のpH)で最もよく作用する。ペプシンは，タンパク質を基質とし，pH2(胃液のpH)で最もよく作用する。また，胃液中で酸性になった分解産物を中和しつつ分解するトリプシンは，pH8(すい液のpH)で最もよく作用する。

34　カタラーゼと酸化マンガン(IV)は，過酸化水素(H_2O_2)を水(H_2O)と酸素(O_2)に分解する反応($2H_2O_2 \rightarrow 2H_2O + O_2$)を促進する触媒で，カタラーゼはタンパク質からなる酵素，酸化マンガン(IV)は無機触媒である。無機触媒は一般にpHの影響を受けず，高温下で反応速度が増す。

試験管	試験管内の混合液	反応
①	カタラーゼ ＋ 水 ＋ 過酸化水素水	カタラーゼが過酸化水素を分解する→酸素発生
②	加熱したカタラーゼ ＋ 水 ＋ 過酸化水素水　加熱で変性	カタラーゼが失活→過酸化水素は分解されない
③	カタラーゼ ＋ 10％水酸化ナトリウム水溶液 ＋ 過酸化水素水　強アルカリ性	カタラーゼが失活→過酸化水素は分解されない
④	酸化マンガン(IV) ＋ 水 ＋ 過酸化水素水	酸化マンガン(IV)が過酸化水素を分解する→酸素発生
⑤	加熱した酸化マンガン(IV) ＋ 水 ＋ 過酸化水素水　加熱しても変性しない	酸化マンガン(IV)が過酸化水素を分解する→酸素発生
⑥	酸化マンガン(IV) ＋ 水 ＋ 10％水酸化ナトリウム水溶液 ＋ 過酸化水素水　強アルカリ性	酸化マンガン(IV)が過酸化水素を分解する→酸素発生

35　①酵素の働きが，その酵素の基質によく似た物質によって阻害される場合を競争的阻害という。アロステリック効果とは，酵素の活性部位とは別の部位(アロステリック部位)に基質以外の物質が結合し，酵素の立体構造が変化して，酵素反応が調節されることである。

③競争的阻害は，阻害物質が酵素の活性部位に結合することで起こる。

④基質濃度が高いと，酵素が基質に結合する割合が，阻害物質と結合する割合より高くなるので，阻害物質の影響は小さくなる。

36　酵母をすりつぶした抽出液には，アルコール発酵で働く酵素と補酵素が含まれている。補酵素は酵素と弱く結合して酵素反応を補助するタンパク質以外の低分子の有機物で，セロハンなどの半透膜を用いた透析により酵素から分離できる。補酵素は熱に強い。

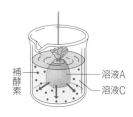

溶液A：抽出液から補酵素がセロハン袋を通り抜け蒸留水中へ出ているので，タンパク質からなる酵素だけが含まれている。

溶液B：溶液Aを煮沸しているので，失活した酵素が含まれている。

溶液C：セロハン袋の外に出た補酵素が含まれている。

溶液D：補酵素は熱に強く，煮沸しても変化しないので，溶液Cと同じ補酵素が含まれている。

　この酵素が作用するためには，酵素と補酵素の両方が必要となる。すなわち，酵素が含まれている溶液Aと補酵素が含まれている溶液Cまたは溶液Dを混合したときに触媒作用を示す。

E X E R C I S E ▶解説◀

37 (1) イオンや糖，アミノ酸などはリン脂質を通過しにくく，輸送タンパク質の働きによって輸送される。輸送タンパク質には，チャネル，輸送体，ポンプがある。チャネルと輸送体は濃度勾配にしたがって輸送する受動輸送を行い，ポンプはATPのエネルギーを用いて濃度勾配に逆らって輸送する能動輸送を行う。

(2) 水分子だけを通過させるチャネルをアクアポリンという。

(3) ナトリウムポンプは，ATPのエネルギーを使ってNa^+を細胞外へ運び出し，K^+を細胞内に取り込んで，細胞内外の濃度差を維持している。

Keypoint

輸送タンパク質	チャネル，輸送体…受動輸送 ポンプ…能動輸送

38 (1) ニューロン（神経細胞）は細胞体，樹状突起，軸索からなり，受け取った刺激の情報を伝える働きをする。軸索末端とほかのニューロンまたは効果器の細胞との隣接部をシナプスという。

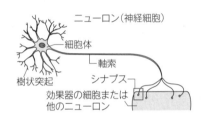

細胞体で受け取った情報が軸索の末端まで伝えられると，軸索末端部にあるカルシウムチャネルが開き，Ca^{2+}が細胞内に流入する。このCa^{2+}の働きでシナプス小胞からシナプス間隙に神経伝達物質が放出される。

シナプス間隙に放出された神経伝達物質は，隣接する細胞の細胞膜上の受容体に結合する。受容体はイオンチャネルとして働き，チャネルを開いてNa^+を流入させ活動電位を発生させる。

(2) シナプス小胞はニューロンの軸索末端に蓄積する分泌小胞の総称である。分泌小胞が細胞膜と融合し，細胞外へ物質を分泌することをエキソサイトーシスという。これに対し，細胞膜の包み込みで小胞をつくり，物質を取り込むことをエンドサイトーシスという。エキソサイトーシスによってシナプス間隙に放出された神経伝達物質は，直ちに酵素によって分解されたり，軸索末端側の細胞膜にエンドサイトーシスによって取り込まれたりする。

39 ペプチドホルモンは親水性のため，リン脂質からなる細胞膜を通過できない。細胞膜上の受容体と結合したホルモンは，細胞内の情報伝達を仲介する分子を活性化して情報を伝える。

ステロイドホルモンは疎水性で脂質に溶けやすく，細胞膜を通過することができる。細胞内に入ったホルモンは，細胞内の受容体と結合し，核内の遺伝子の発現を調節する。

▶解説◀

❶
(1) ①, ④
(2) ③
(3) ①

❷
(1) ⑤
(2) ア　リボソーム
　　イ　ゴルジ体
(3) ③

❸
(1) ④
(2) ③
(3) 基質がすべて分解
　　されてしまったから。
(4)(i) ③
　(ii) ②
(5) ①

❶(1)　核，葉緑体，ミトコンドリアは内外2枚の生体膜で囲まれた細胞小器官である。細胞膜や液胞，ゴルジ体，小胞体，リソソームなどの細胞小器官は1枚の生体膜で囲まれた細胞小器官である。

(2)　①チャネルは，物質の濃度勾配にしたがった受動輸送を行う。
　②ナトリウムポンプは，ナトリウムイオンを細胞外へ放出し，カルシウムイオンではなくカリウムイオンを細胞内に取り込む。
　④ナトリウムポンプはADPではなくATPのエネルギーを利用する。
　⑤アクアポリンは水チャネルともよばれ，チャネルの一種である。

(3)　問題文に「この細胞の細胞膜は，流動性が高いことがわかった」とあることから，脂質二重層やそこにモザイク状に含まれるタンパク質が移動しやすい(混ざりやすい)状態であることがわかる。したがって，強いレーザー光を短時間照射して一部の領域の色素を退色させても，時間経過とともに周囲と混ざり合って，ほとんどもとの染色の強さに戻ると考えられる(一部退色させたので，全体的に少しだけ弱くなる)。③④のグラフは染色の強さの回復が見られないので誤りである。また，領域A内の染色の強さがもとの染色の強さ(相対値1)より大きくなることはないので②も誤りである。

❷(1)　①タンパク質は高温の条件下でジスルフィド結合(S−S結合)や水素結合が切れ，立体構造が壊れる。これを変性という。変性しても，一次構造のポリペプチド鎖(アミノ酸配列)は変わらない。
　②2つのアミノ酸におけるペプチド結合では1分子の水が取れる。
　③ジスルフィド結合は，異なる2本のポリペプチド間でも形成される。
　④タンパク質の立体構造が変化すると，その性質が変わり本来の機能が失われる。

(2)　タンパク質を合成する場はリボソームである。また，リボソームで合成されたタンパク質は小胞体を通ってゴルジ体に移動し，濃縮される。

(3)　小胞が細胞膜と融合し，小胞内の物質を細胞外に放出する現象をエキソサイトーシス(開口分泌)という。
　　図2より，培養液中にCa^{2+}がない条件でも標識された点が見られており，また，小胞体膜を介したCa^{2+}の移動を妨げる試薬Yがある条件では標識された点がほとんど見られなかったことから，小胞体が供給源となっていると考えられる。さらに，培養液中にCa^{2+}がある条件で，試薬Yがあっても細胞膜を介したCa^{2+}の移動を妨げる試薬Xがない条件では，標識された点が見られたことから，細胞外も供給源となっていると考えられる。

❸(1)　タンパク質は1本または複数のポリペプチドからできており，ポリペプチド中に水素結合ができることでαヘリックスやβシートのような部分的な立体構造である二次構造がつくられる。二次構造をとったポリペプチドが，S−S結合などで折りたたまれて形成する立体構造を三次

構造という。

(2) タンパク質の立体構造が壊れ，その性質も変化することをタンパク質の変性といい，変性によってタンパク質の働きが失われることを失活という。③は塩酸を加えたことでカタラーゼの活性が低下したことから，カタラーゼ(酵素)が塩酸により変性し，失活したと考えられる。

(3) 酵素は反応の前後で変化しないため，30分以降に反応生成物量が変化しないのは，基質がすべて分解されたためだと考えられる。ただし，実際には，基質と反応生成物が平衡に達した状態になっている。したがって，基質がすべて消費されたのではなく，見かけ上，反応が起こっていないように見えている状態である。

(4) (i)酵素量を2倍にすると，単位時間あたりに分解される基質量も2倍となり，それだけ速く基質が分解される。基質量は変わっていないため，最終的な反応生成物量は同じになる。

(ii)基質量を2倍にしても酵素量は変わっていないため，反応速度は変わらないが，最終的な反応生成物量は2倍になる。

(5) ②反応速度が低下するのは基質と阻害物質で競合するためで，酵素が失活してしまうためではない。

③阻害物質が結合した後，離れなくなる不可逆的な阻害もある。

④基質が多量にある場合は，阻害物質の影響はほとんど受けないが，まったく受けないわけではない。

❹(1) (i)(ii)酵素量を増やすと反応速度が増加し，酵素量を減らすと反応速度が低下する。基質に対する酵素量に応じて反応速度も変化する。

(iii)温度を40℃から30℃に下げると反応速度は低下する。

(iv)70℃では酵素が失活するため反応速度は0となる。

(v)競争的阻害では，基質濃度が低いときは阻害物質が結合する確率が高くなり，反応速度は低下する。基質濃度が高くなるほど酵素が阻害物質と結合する確率が低下するため，基質濃度が十分高いときは阻害物質の影響はほとんど見られない。

(vi)非競争的阻害では，阻害物質が基質と無関係に一定の確率で酵素に結合するため，反応速度は低下する。

(2) (i)酵素量を減らすと，単位時間あたりに分解される基質量も少なくなり，それだけ遅く基質が分解される。基質量は変わっていないため，最終的な反応生成物量は同じになる。

(ii)酵素量を増やすと，単位時間あたりに分解される基質量も増えて，それだけ速く基質が分解される。基質量は変わっていないため，最終的な反応生成物量は同じになる。

(iii)(iv)基質量の増減に応じて，生成物量も増減する。したがって，生成物量に着目すると，基質を減らすと⑦，基質を増やすと⑤のグラフとなる。しかし，基質量を変えても酵素量は変わっていないため反応速度は変わらないとも考えられる。⑦と⑤は反応速度が変わっていることから，適切なグラフがない。

(vi)70℃では酵素が失活し基質が分解されず生成物量は0となる。

❹
(1) (i) ③
(ii) ①
(iii) ③
(iv) ④
(v) ②
(vi) ③
(2) (i) ⑥
(ii) なし
(iii) ⑦またはなし
(iv) ⑤またはなし
(v) ⑥
(vi) ⑧

❺
(1) ④
(2) 水素結合
(3) ③
(4) ①

❻
(1) ①, ⑤
(2) ④
(3) ②

❺(1) ア 細胞骨格とは，細胞質基質内に分布している繊維状の構造で，太さと構成するタンパク質の違いから，アクチンフィラメント，中間径フィラメント，微小管に大別される。

　イ 細胞膜を貫通する輸送タンパク質のうち，水分子だけを通すものをアクアポリンという。

　ウ 細胞どうしの接着にはカドヘリンというタンパク質が関与している。なお，インテグリンは細胞と細胞外基質の結合に関与するタンパク質である。

(2) βシートは，平行に並んだポリペプチドが水素結合によってじぐざぐに折れ曲がったシート状の構造である。

(3) ①②ペプチドホルモンはアミノ酸が連結してできたホルモンで，親水性であるため細胞膜を通過できない。

　④ホルモンと受容体タンパク質の複合体が調節タンパク質として働き，遺伝子発現の調節に関与するのはステロイドホルモンである。

(4) ②アクチンフィラメントは細胞の収縮や伸展，アメーバ運動にかかわる。繊毛の運動は，繊毛を構成する微小管上をモータータンパク質のダイニンが移動することで起こる。

　③④微小管は細胞質基質中にある。

❻(1) ②③実験1より，Ca^{2+}を除去すると上皮細胞は解離するので誤りである。

　④⑥実験2より，Ca^{2+}が存在する状態でトリプシンで処理しても，上皮細胞は接着したままであるので誤りである。

(2) ①フィブリノーゲンは血液凝固に関わる血しょう中のタンパク質で，血清中には含まれない。また，フィブリノーゲンに細胞接着の働きはない。

②赤血球は酸素を運搬する血球であり，細胞接着を促進する働きはない。

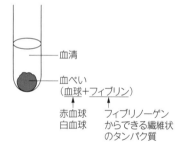

血清

血ぺい
(血球＋フィブリン)

赤血球
白血球

フィブリノーゲンからできる繊維状のタンパク質

③血清は，採取した血液を放置したときにできる血ぺい以外の液体部分である。血球は血ぺいとなり沈殿するので，血清には血球成分はほとんど含まれない。

⑤パラトルモンは血液中のCa^{2+}濃度を上昇させるホルモンである。ウサギにマウスのタンパク質Xを注射しても，ウサギの体内にパラトルモンはつくられない。

(3) ①インテグリンは細胞と細胞外基質の接着に関与するタンパク質である。

③チューブリンは微小管を構成するタンパク質である。

④グロブリンは血しょうに含まれるタンパク質で，細胞接着には関わっていない。免疫に関わる免疫グロブリンなどがある。

ポイントチェック

(1) 代謝
(2) 異化
(3) エネルギー代謝
(4) ATP
　（アデノシン三リン酸）
(5) 呼吸
(6) 呼吸基質
(7) 解糖系
(8) 細胞質基質
(9) クエン酸回路
(10) マトリックス
(11) 電子伝達系
(12) 内膜
(13) 38分子

EXERCISE

40
(1) ア　代謝
　　イ　異化
　　ウ　同化
　　エ　ATP
　　　（アデノシン三リン酸）
(2) a　②, ③
　　b　①
(3) a
(4) エネルギー代謝

41
(1) ア　アデニン
　　イ　リボース
　　ウ　リン酸
(2) A　アデノシン
　　B　ADP
　　　（アデノシン二リン酸）
(3) 高エネルギーリン酸
　　結合
(4) ①, ②, ⑤

42
(1) ミトコンドリア
(2) a　④
　　b　②
　　c　⑦
(3) a　④
　　b　②

EXERCISE ▶解説◀

40 (1)(3)(4)　体内における化学反応の過程全体を代謝といい，異化と同化に大別される。異化と同化にはエネルギーの出入りや変換が伴い，エネルギーに注目した代謝をエネルギー代謝という。代謝におけるエネルギーの吸収や放出はATPが仲立ちする。

異化：分子量の大きい複雑な物質を分子量の小さい簡単な物質に分解する過程。反応の結果エネルギーが放出される。

同化：分子量の小さい簡単な物質から分子量の大きい複雑な物質を合成する過程。合成にはエネルギーを必要とする。

(2)　①光合成は，光エネルギーを用いて，分子量の小さいCO_2とH_2Oから分子量の大きい有機物（$C_6H_{12}O_6$など）を合成する反応なので，同化である。
②呼吸は，分子量の大きい有機物（$C_6H_{12}O_6$など）を分子量の小さいCO_2とH_2Oに分解しエネルギーを放出する反応なので，異化である。
③発酵も分子量の大きい有機物（$C_6H_{12}O_6$など）を分子量の小さい物質（$C_3H_6O_3$やC_2H_5OHとCO_2など）に分解しエネルギーを放出する反応なので，異化である。

41 (1)(2)　ATPの構造は右図の通りである。リン酸どうしの結合が切れ，リン酸が1つとれるとADP（アデノシン二リン酸）となる。

(3)　ATPの3つのリン酸どうしは，それぞれ化学エネルギーが蓄えられた高エネルギーリン酸結合によってつながっている。

(4)　③受動輸送は，濃度勾配にしたがった拡散によって起こる物質の輸送であり，エネルギーを必要としない。
④有機物の分解では，分子量の大きいものが小さいものになるので，エネルギーが放出される。

ATP（アデノシン三リン酸）

アデノシン
アデニン
リボース

高エネルギーリン酸結合
リン酸　リン酸　リン酸
Ⓟ　Ⓟ　Ⓟ

42　呼吸の場となる細胞小器官はミトコンドリアである。ミトコンドリアの構造と呼吸の各反応が行われる場所は，右図の通りである。なお，解糖系の反応は細胞質基質で行われる。

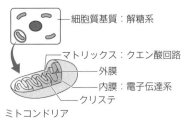

細胞質基質：解糖系
マトリックス：クエン酸回路
外膜
内膜：電子伝達系
クリステ
ミトコンドリア

43 (1)　呼吸の反応は，次の3つの過程に分けられる。

解糖系：細胞質基質で行われる反応で，1分子のグルコースが2分子のピルビン酸に分解される。このとき，2分子のNADHと2つのH^+が生じる。また，2分

Ⓒ₆グルコース
2ATP
2ADP
2Ⓒ₃グリセルアルデヒドリン酸（GAP）
4ADP　　2NAD$^+$
4ATP　　2NADH＋2H$^+$
2Ⓒ₃ピルビン酸

43

(1)
ア 細胞質基質
イ クエン酸
ウ 電子伝達系
エ ピルビン酸
オ 2
カ 4
キ マトリックス
ク 二酸化炭素(CO_2)
ケ 2
コ 内膜
サ 酸素(O_2)
シ 34

(2) 酸化的リン酸化

44

(1)
ア ピルビン酸
イ アセチル CoA
ウ オキサロ酢酸
エ クエン酸
オ NAD^+
カ NADH
キ H_2O

(2)
ⓐ 2
ⓑ 2
ⓒ 34
ⓓ 6
ⓔ 12

(3)

	過程	場所
A	解糖系	④
B	クエン酸回路	③
C	電子伝達系	①

(4) ウ 4個
　　エ 6個

(5) 外膜と内膜の間（膜間腔）からマトリックスへ輸送される

(6) 酸素　48 g
　　二酸化炭素　66 g

子の ATP が使われ，4分子の ATP を合成するので，解糖系の反応全体としては2分子の ATP が生じることになる。

クエン酸回路：ミトコンドリアのマトリックスで行われる反応で，2分子のピルビン酸（$C_3H_4O_3$）が6分子の二酸化炭素（CO_2）に分解される。この過程では，2分子の ATP が生じ，また，8分子の NADH と8つの H^+，2分子の $FADH_2$ が生じる。

電子伝達系：

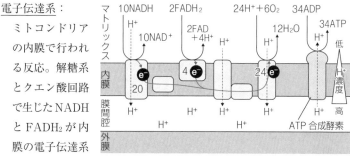

ミトコンドリアの内膜で行われる反応。解糖系とクエン酸回路で生じた NADH と $FADH_2$ が内膜の電子伝達系を構成するタンパク質に次々と受け渡される。このとき，H^+ は膜間腔に放出され，e^- は最終的に酸素に受容され H^+ と結合して水（H_2O）を生じる。また，この過程で，内膜を境に膜間腔とマトリックスで H^+ の濃度勾配が生じる。この濃度勾配にしたがって，H^+ が ATP 合成酵素を通ってマトリックスに拡散するので，ATP が合成される。ATP はグルコース1分子あたり最大34分子合成される。

(2) 電子伝達系において，NADH や $FADH_2$ が酸化される過程で生じたエネルギーを用いて ATP を合成する反応を酸化的リン酸化という。

44 (1)(2)(3) →解説 **43**(1)参照。

(4) ウは，クエン酸回路において $\textcircled{C_4}$ が酸化されてできる。CO_2 の出入りはないので，炭素原子の数は4つのままである。

エは，クエン酸回路において CO_2 を放出して $\textcircled{C_5}$（α-ケトグルタル酸）となっているので，炭素原子の数が $\textcircled{C_5}$ より1つ多い6つとなる。

(5) 電子伝達系の過程で H^+ は膜間腔に放出され，ミトコンドリアの内膜を境に膜間腔とマトリックスで H^+ の濃度勾配が生じる。H^+ はこの濃度勾配にしたがって ATP 合成酵素を通ってマトリックスに拡散し，ATP が合成される（→解説 **43**(1)の図参照）。

(6) グルコース（$C_6H_{12}O_6$）が呼吸により完全に分解されたときの反応式をもとに，比例計算で求める。

$\underline{C_6H_{12}O_6}$ ＋ $\underline{6H_2O}$ ＋ $\underline{6O_2}$ → $\underline{6CO_2}$ ＋ $12H_2O$ ＋ エネルギー
$12×6＋1×12＋16×6$　　$6×16×2$　　$6×(12＋16×2)$

反応式より，グルコース180 g が完全に分解されるとき，酸素（O_2）は192 g 使われ，二酸化炭素（CO_2）は264 g 発生する。グルコース45 g が完全に分解されるときに使用される酸素量を x g，発生する二酸化炭素量を y g とおくと

$C_6H_{12}O_6 : O_2 = 180 : 192 = 45 : x$　　$180x = 192 × 45$　　$x = 48$
$C_6H_{12}O_6 : CO_2 = 180 : 264 = 45 : y$　　$180y = 264 × 45$　　$y = 66$

ポイントチェック

(1) β酸化

(2) 脱アミノ反応

(3) 糖新生

(4) 発酵

(5) アルコール発酵

(6) ア　C_2H_5OH
　　イ　CO_2
　　（順不同）

(7) 酵母

(8) 乳酸発酵

(9) ア　$C_3H_6O_3$

(10) 乳酸菌

(11) 解糖

E X E R C I S E

45

(1) a　二酸化炭素(CO_2)
　　b　水(H_2O)

(2) ア　解糖系
　　イ　クエン酸回路

(3) 糖新生

46

(1) a, d

(2) a, b

(3) ア　a, c
　　イ　a, b
　　ウ　a, d
　　エ　a

(4) d

47

(1) グルコース溶液中の
　　酸素を取り除くため。

(2) 二酸化炭素(CO_2)

E X E R C I S E ▶解説◀

45 (1)(2) 脂肪は，モノグリセリドと脂肪酸に加水分解された後，さらにグリセリンと脂肪酸に加水分解され，グリセリンは解糖系（ア）へ，脂肪酸はC_2化合物（アセチルCoA）となってクエン酸回路（イ）へ入り，呼吸に利用される。

炭水化物が加水分解されて生じるグルコースは，解糖系を経てC_3化合物（ピルビン酸）となり，さらにC_2化合物（アセチルCoA）となってクエン酸回路へ入る。クエン酸回路では，脱炭酸反応により二酸化炭素（a）が放出され，また，脱水素反応により生じたH^+とe^-が電子伝達系へ運ばれる。電子伝達系では，運ばれてきたH^+とe^-を酸素が受容し，水（b）が生成される。

タンパク質が加水分解されて生じたアミノ酸は，脱アミノ反応によって有機酸とNH_3に分解され，有機酸はクエン酸回路に入り呼吸に利用される。

46 (1) 呼吸の過程は，グルコースが解糖系（a）を経て，さらにクエン酸回路と電子伝達系（d）を経て最終的にCO_2とH_2Oに分解される反応である。

(2) アルコール発酵は，グルコースが解糖系（a）を経て，さらにピルビン酸から二酸化炭素が奪われる過程（b）を経てエタノールができる反応である。

(3) ア　1分子のグルコース（$C_6H_{12}O_6$）が2分子の乳酸（$C_3H_6O_3$）に分解される乳酸発酵の反応を表している。したがって，aとcの過程である。

イ　1分子のグルコース（$C_6H_{12}O_6$）が2分子のエタノール（C_2H_5OH）と2分子のCO_2に分解されるアルコール発酵の反応を表している。したがって，aとbの過程である。

ウ　呼吸の反応式なので，aとdの過程を表している。

エ　1分子のグルコース（$C_6H_{12}O_6$）が2分子のピルビン酸（$C_3H_4O_3$）に分解される解糖系の反応を表している。したがって，アルコール発酵，乳酸発酵，呼吸のすべてに共通するaの過程である。

(4) aの解糖系では，2分子のATPが消費され4分子のATPが合成されるので，差し引き2分子のATPが合成される。bとcの過程ではATPは合成されない。dの過程では，クエン酸回路で2分子のATPが合成され，電子伝達系で最大34分子のATPが合成されるので，合計最大36分子のATPが合成される。

47 (1) 酵母は，酸素のない条件下ではアルコール発酵を行うが，酸素のある条件下では呼吸も行う。したがって，グルコース溶液に酸素が含まれていると，実験結果がアルコール発酵のみによるものとはいえなくなってしまう。アルコール発酵のみの実験結果を正確にとるためには，グルコース溶液中の酸素をあらかじめ取り除いておく必要がある。酸素を取り除く最も簡便な方法は溶液を沸騰させることである。

(2) 酵母によるアルコール発酵では，グルコースがエタノールと二酸化炭素に分解される。よって，発生した気体は二酸化炭素である。

16 光合成

〈p.57〜59〉

ポイントチェック

(1) 光合成色素
(2) 吸収スペクトル
(3) 作用スペクトル
(4) 光化学系Ⅱ
(5) クロロフィル
(6) 電子伝達系
(7) H⁺
(8) 光リン酸化
(9) カルビン回路
(10) ストロマ
(11) C₄植物
(12) バクテリオクロロフィル

EXERCISE
48
(1) ア チラコイド
　 イ グラナ
　 ウ ストロマ
(2) ア c
　 イ d
　 ウ b
(3) c, d
(4) A c
　 B c
　 C b
　 D c

49
(1) ア 吸収スペクトル
　 イ 作用スペクトル
(2) B ②
　 C ③
　 D ①
(3) ①
(4) ②, ④

50
(1) ア チラコイド
　 イ クロロフィル
　 ウ NADP⁺
　 エ NADPH
　 オ H₂O
　 カ ATP合成酵素
　 キ 光リン酸化
(2) B

E X E R C I S E ▶解説◀

48 (1)(2) 葉緑体の構造は右図の通りである。内部に見られる扁平な袋状の構造をチラコイド(c)といい，それが層状に積み重なった構造をグラナ(d)という。また，チラコイドを満たしている液状部分をストロマ(b)という。

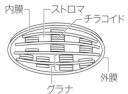

(3) 光合成色素はチラコイド(c)の膜に存在するので，チラコイドが積み重なったグラナ(d)にも含まれる。葉緑体の内膜や外膜(a)，液状部分のストロマ(b)には存在しない。

(4) A ATPはチラコイド(c)の膜にあるATP合成酵素によって合成される。
B 水はチラコイド(c)の膜にある光化学系Ⅱで分解される。
C 二酸化炭素はストロマ(b)の部分でカルビン回路に取り込まれて固定される。
D 光合成色素はチラコイド(c)の膜にあり，光エネルギーによって活性化する。

49 (1) 光合成色素が光のどの波長をどれくらい吸収するかを示したグラフを吸収スペクトル(B〜D)といい，光の波長と光合成速度の関係を示したグラフを作用スペクトル(A)という。吸収スペクトルと作用スペクトルの特徴が似ていることから，光合成色素に吸収された光は光合成に使われているといえる。

(2)(3) クロロフィルaは青紫色（波長400〜450 nm）と赤色（波長650〜700 nm）の光を特によく吸収し，クロロフィルbは青色光（波長440〜460 nm）と赤色光（波長630〜680 nm）を特によく吸収する。また，クロロフィルaはクロロフィルbより赤色光を多く吸収し，クロロフィルbはクロロフィルaより青色光を多く吸収する。したがって，グラフBがクロロフィルa，グラフCがクロロフィルbである。グラフDは青〜緑色光（波長430〜550 nm）をよく吸収するカロテンである。

(4) 緑色光の波長550 nm付近の吸収スペクトルを見ると，光はほとんど吸収されていないので，緑色光は反射されているか透過されていると考えられる。ただし，作用スペクトル(A)を見ると，光合成速度は低下しているが光合成は行われているので，少しは緑色光も光合成に利用されていると考えられる。430 nm付近と670 nm付近では，吸収スペクトルと作用スペクトルのピークが見られるので，これらの波長の光は光合成によく利用されることがわかる。

50 光エネルギーを利用してNADPHとATPを合成する反応はチラコイドで行われる。チラコイドでの反応過程は次の通りである。
① 光化学系ⅠとⅡのクロロフィルaが光エネルギーを受けて活性化し，e⁻を放出する。

(1) A チラコイド
   B ストロマ
(2) a 電子伝達系
   b カルビン回路
(3) ア NADPH
   イ NADP$^+$
   ウ ADP
   エ ATP
   オ CO_2
(4) ルビスコ
   (RubisCO)

52

(1) ア カルビン
   イ 葉肉
   ウ 維管束鞘
   エ CAM
   オ 液胞
(2) C_4 植物
   トウモロコシ, サ
   トウキビなどから
   1つ
   (エ)植物
   パイナップル, ベ
   ンケイソウなどか
   ら1つ

②　e$^-$ を放出したクロロフィルは還元されやすい状態となっており, 光化学系Ⅱでは H_2O を分解し e$^-$ を奪う。その結果, O_2 と H^+ が生じる。

③　光化学系Ⅱから放出された e$^-$ は電子伝達系を経て光化学系Ⅰに移動する。電子伝達系では, e$^-$ が移動するときに H^+ がストロマ側からチラコイド内に輸送される。

④　光化学系Ⅰに移動した e$^-$ は, ①で e$^-$ を失ったクロロフィルに渡され, クロロフィルは元の状態に戻る。

⑤　①で放出された e$^-$ は H^+ とともに NADP$^+$ に渡され, NADPH を生じる。

⑥　②と③で生じた H^+ が蓄積し, チラコイド内で濃度が高くなる。この濃度勾配にしたがって, H^+ が ATP 合成酵素を通ってストロマ側に移動し, ATP が合成される。

①～⑥の反応は光エネルギーがもとになって起こるので, 光リン酸化とよばれる。

51 (1)(2)　A　光化学系Ⅰ, 光化学系Ⅱ, 電子伝達系はチラコイド膜にある反応系である。

B　チラコイド膜でつくられた ATP や NADPH を用い, 二酸化炭素を固定するカルビン回路は, ストロマで行われる反応である。

(3)　光化学系Ⅰで放出された e$^-$ は H^+ とともに NADP$^+$(イ)に渡され, NADPH(ア)を生じる。

気孔から取り込まれた CO_2(オ)は, C_5 化合物である RuBP(リブロースビスリン酸)と結合し, C_3 化合物の PGA(ホスホグリセリン酸)となる。PGA は, チラコイド膜で合成された ATP(エ)によってリン酸化され, さらに, NADPH(ア)によって還元され, C_3 化合物の GAP(グリセルアルデヒドリン酸)となる。GAP の一部はさまざまな酵素の働きで有機物となり, 残りは ATP のエネルギーによって再び RuBP に戻る。

(4)　CO_2 が C_5 化合物である RuBP(リブロースビスリン酸)と反応するときに関与する酵素を RuBP カルボキシラーゼ / オキシゲナーゼ(RubisCO, ルビスコ)という。この反応の結果, PGA(ホスホグリセリン酸)が生じる。

52　C_3 植物, C_4 植物, CAM 植物の特徴は, 次の通りである。

C_3 植物	CO_2 がカルビン回路で C_3 化合物として固定される。	
C_4 植物 例トウモロコシ, サトウキビ	CO_2 は葉肉細胞で C_4 化合物として固定され, 維管束鞘細胞に移動してカルビン回路で再固定される。	
CAM 植物 例サボテンなどの多肉植物, パイナップル, ベンケイソウ	CO_2 は夜に C_4 化合物として固定され液胞に蓄えられる。蓄えられた C_4 化合物は昼にカルビン回路で再固定される。	

❶
(1) ⑤
(2) ②
(3) ③
(4) ④

❷
(1) ⑤
(2) CO_2 4分子
O_2 3分子
(3) ②

▶解説◀

❶(1) ア 呼吸は，有機物を CO_2 と H_2O に分解し ATP を合成する異化の過程である。

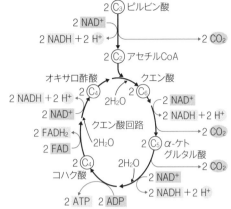

イ・ウ クエン酸回路で生じた H^+ と e^- は，補酵素 NAD^+ や FAD と結合し，還元型補酵素の $NADH$ や $FADH_2$ となって電子伝達系へ運ばれる。なお，$NADPH$ は，光合成の過程で働く補酵素 $NADP^+$ に e^- と H^+ が結合した還元型補酵素である。

(2) クエン酸回路において，ピルビン酸，クエン酸，α－ケトグルタル酸に脱炭酸酵素が働くことで CO_2 が発生する。

(3) O_2 は，電子伝達系において e^- と H^+ が結合し H_2O を生じる際に消費される。

(4) ATP 合成酵素はミトコンドリアの内膜にあり，ATP を合成する部位はマトリックス側にある。電子伝達系に運ばれた $NADH$ や $FADH_2$ は，e^- を放出しながら次々と内膜の分子に受け渡され，H^+ を遊離する。H^+ はミトコンドリアの内膜と外膜の間(膜間腔)で高濃度となり，濃度勾配にしたがって ATP 合成酵素を通ってマトリックス側へ移動する。このとき生じるエネルギーによって ATP が合成される。

❷(1) 解糖系の反応をまとめると，下の式で表される。O_2 は使われず，CO_2 やクエン酸が生じることもない。

$$C_6H_{12}O_6 + 2NAD^+ \rightarrow 2C_3H_4O_3 + 2NADH + 2H^+ + エネルギー$$

グルコース　　　　　ピルビン酸　　　　　　（2ATP）

なお，解糖系の反応では，1分子のグルコースが分解されるとき，2分子の ATP が消費され，4分子の ATP が合成される。

(2) アルコール発酵のみが行われた場合，グルコース1分子あたり2分子のエタノールと2分子の CO_2 が生成する。しかし，この問題ではグルコース1分子あたり1分子のエタノールしか生成されていないので，アルコール発酵のほかに呼吸も行われたと考えられる。

〈アルコール発酵の反応式〉

$$C_6H_{12}O_6 \rightarrow 2C_2H_5OH + 2CO_2 + エネルギー$$

グルコース　　　エタノール　　二酸化炭素　　（2ATP）

	グルコース	エタノール	二酸化炭素
発酵のみ	1分子	2分子	2分子
発酵＋呼吸	$\frac{1}{2}$分子	1分子	1分子

アルコール発酵でエタノールが1分子生成されるとき, $\frac{1}{2}$分子のグルコースが使われ, CO_2が1分子生成される。残りの$\frac{1}{2}$分子のグルコースは呼吸によって消費されたことになる。

呼吸では, グルコース1分子が分解されるのに6分子のO_2が消費され, 6分子のCO_2が生成される。

〈呼吸の反応式〉

$$C_6H_{12}O_6 + 6O_2 + 6H_2O \rightarrow 6CO_2 + 12H_2O + エネルギー$$

	グルコース	酸素	水	二酸化炭素	水	(最大38ATP)
発酵のみ	1分子	6分子		6分子		
発酵+呼吸	$\frac{1}{2}$分子	3分子		3分子		

$\frac{1}{2}$分子のグルコースが呼吸によって分解されるとき, 3分子のO_2が消費され, その結果3分子のCO_2が生成される。

したがって, グルコース1分子あたり, CO_2はアルコール発酵で1分子, 呼吸で3分子の合計4分子生成され, O_2は呼吸で3分子消費される。

(3) 容器ⅠにはCO_2の吸収剤が入っているので, 呼吸によって発生したCO_2はすべて吸収される。すなわち, 着色液の移動は, 消費したO_2の量を示している。また, 容器ⅡにはCO_2の吸収剤が入っていないので, 着色液の移動は, 消費したO_2の量から発生したCO_2の量を引いた値を示している。よって, CO_2の放出量は(Ⅰ－Ⅱ)で求められる。

呼吸商は, 呼吸商 $= \dfrac{呼吸で発生したCO_2の体積}{呼吸で消費したO_2の体積}$ の式で求める。

[植物A] 呼吸商 $= \dfrac{833-18}{833} = 0.97\cdots \rightarrow$ 約1.0なので呼吸基質は炭水化物

[植物B] 呼吸商 $= \dfrac{986-286}{986} = 0.70\cdots \rightarrow$ 約0.7なので呼吸基質は脂肪

[植物C] 呼吸商 $= \dfrac{1476-28}{1476} = 0.98\cdots \rightarrow$ 約1.0なので呼吸基質は炭水化物

問題文より, 呼吸商が1.0のときの呼吸基質は炭水化物, 呼吸商が0.7のときの呼吸基質は脂肪となる。

❸

(1)　②

(2)　a 水素　b 奪う

(3)　還元型のメチレン
　　ブルーが酸素と反応
　　し，メチレンブルー
　　に戻らないようにす
　　るため。

(4)　反応式1　コハク酸
　　反応式2　FADH₂

(5)　①

(6)　酸化的リン酸化

❹

(1)　②

(2)　⑦

(3)　③・⑧

❸　動植物の組織をすりつぶした酵素液に，無酸素条件下で青色のメチレンブルーと，基質としてコハク酸ナトリウムを加える。メチレンブルーの青色が無色に変わることにより，コハク酸脱水素酵素の働きでコハク酸から水素が奪われたことがわかる。

　　ツンベルク管は，空気を除いた状態で酵素の反応実験を行うことができる。

(1)(2)　コハク酸は脱水素酵素の働きにより水素を奪われ，酸化されることでフマル酸となる。

(3)　下図のように，空気中の酸素と反応して還元型メチレンブルーがメチレンブルーに戻り，色の変化が起こらなくなってしまうため，空気を取り除く必要がある。

(4)　酸化とは，1.酸素が付加される，2.水素が取り除かれる，3.電子が取り除かれる反応のことである。**反応式1**において，コハク酸は水素が取り除かれて（酸化されて）フマル酸となる。取り除かれた水素がFADに渡されて（還元されて）$FADH_2$になる。また，$FADH_2$の水素がメチレンブルーに渡され，$FADH_2$はFADに，メチレンブルーは還元型メチレンブルーになる。

(5)　基質の構造と似た構造をもつ物質（＝阻害物質）が，酵素の活性部位に結合することで，酵素の作用が阻害されることがある。マロン酸はコハク酸と構造がよく似ているということから，コハク酸脱水素酵素の活性部位に結合して反応を阻害していると考えることができる。

❹(1)　筋肉中で行われる，乳酸発酵と同じ反応過程のことを解糖という。
①グルコースがピルビン酸に分解される過程を解糖系といい，呼吸及び乳酸発酵で共通の反応である。
④呼吸ではグルコース1分子につき最大38ATPが合成される。一方，アルコール発酵ではグルコース1分子につき2ATPが合成される。

(2)　乳酸発酵の反応過程は以下の通りである。

・$C_6H_{12}O_6$ + 2NAD + 2ADP + リン酸
　→ $2C_3H_4O_3$（ピルビン酸）+ 2(NADH + H⁺) + 2ATP

・$2C_3H_4O_3$ + 2(NADH + H⁺)→ $2C_3H_6O_3$（乳酸）+ 2NAD

(3)　**実験3**より，ショートニングが除かれても，**実験1**と同程度に生地が膨らむことから，ショートニングは基質として利用されていないことが分かる。また，**実験2**より，砂糖を除いても生地が膨らむことから，小麦粉が基質として働くことがわかる。さらに，**実験1**よりも膨らみが小さかったことから，砂糖も基質として利用されているといえる。

　　実験1・4・5より，温度変化で30℃にしたときが，生地が膨らむ時間が一番速い（＝発酵が速く進む）ことがわかる。

❺

(1) (ii) ②
　　(iii) ①
　　(iv) ③
　　(v) ①

(2) C_5 化合物を C_3 化合物に反応させるときに二酸化炭素を必要とするため、二酸化炭素濃度を著しく低下させると、C_5 化合物から C_3 化合物への反応が進まなくなるから。

(3) ア　6
　　イ　5
　　ウ　12
　　エ　3

(4) 0.99 (mg)

(5) 1.69 (mg)

❻

(1) c
(2) b

❺〔A〕(1)　光合成において、C_3 化合物から C_5 化合物へ反応を進めるためには、光化学系の反応による $NADPH+H^+$ 及び ATP が必要である。また、C_5 化合物から C_3 化合物へ反応を進めるためには、CO_2 が必要である。

(ii)は C_3 化合物が増加し、C_5 化合物が減少しているので、二酸化炭素は十分にあるが、光が足りない状態である。

(iii)、(v)は(i)と同様の条件にすることで、(ii)で増加した C_3 化合物が減少し、C_5 化合物が増加した状態であると考えられる。

(iv)は C_3 化合物が減少し、C_5 化合物が増加しているため二酸化炭素濃度が減少し、光照射を受けている状態である。

(3)　化学反応において、反応前後で原子の種類も数も変化しない。また、二酸化炭素と反応するのは C_5 化合物である。

〔B〕(4)　1時間ごとの見かけの光合成量は、培養ビン A と B の酸素量の値より、

(11.9 − 7.6)(mg)/5(時間) = 0.86(mg) …Ⅰ

見かけの光合成量に呼吸量を足したものが真の光合成量となるため、B と C の値から1時間あたりの呼吸量を求める。

(11.9 − 9.4)(mg)/19(時間) ≒ 0.132(mg) …Ⅱ

Ⅰ + Ⅱより 0.99(mg) となる。

(5)　原子量が C=12　H=1　O=16 であることから、CO_2 の分子量 = 12+(16 × 2)=44、同様に O_2 は 32、$C_6H_{12}O_6$ は 180 となる。

また、光合成の反応式は以下の通りである。

$6CO_2 + 12H_2O → C_6H_{12}O_6 + 6O_2 + 6H_2O$

1mol の $C_6H_{12}O_6$(180g)が発生するとき、6mol の O_2(6 × 32=192g)が発生することがわかる。培養ビン A と C の酸素量の差は(9.4 − 7.6)=1.8(mg)であるから、培養ビン A と C の光合成産物(グルコース)の量の差を X とすると、

180 : 192 = X : 1.8(mg)

X = 1.6875

以上から、乾燥重量の差は、1.69(mg)となる。

❻　色素は上から、カロテン、クロロフィル a、クロロフィル b、キサントフィルの順番に分離する。

	Rf 値	色素
a	0.90	カロテン
b	0.45	クロロフィル a
c	0.40	クロロフィル b
d	0.30	ビオラキサンチン
e	0.15	ネオキサンチン

(1)　原点から展開液上端まで20目盛りである。求める目盛りを X とすると、X(目盛り)/20 = 0.4 なので、X = 8 目盛りとなる。よって、c が正解となる。

(2)　薄層クロマトグラフィーによる光合成色素の Rf 値の計算結果は、表の通りである。よって、クロロフィル a の値に最も近いのは b となる。

3章　遺伝情報の発現と発生

17 DNAの構造と複製のしくみ

⟨p.66〜67⟩

ポイントチェック

(1) 水素結合
(2) 5′末端
(3) ヒストン
(4) ヌクレオソーム
(5) クロマチン
(6) 環状
(7) プライマー
(8) DNA合成酵素
　　（DNAポリメラーゼ）
(9) 5′末端→3′末端
(10) リーディング鎖
(11) 岡崎フラグメント
(12) ラギング鎖
(13) 半保存的複製
(14) メセルソン, スタール

EXERCISE
53
(1) 糖　デオキシリボース
　　塩基　A, T, G, C
(2) 糖
(3) ア　ヌクレオソーム
　　イ　ヒストン
　　ウ　クロマチン
(4) ③
(5) ③, ④, ⑤
54
(1) 複製起点
(2) リーディング鎖
(3) ラギング鎖
(4) 岡崎フラグメント
(5) ア　プライマー
　　イ　DNA合成酵素
　　　　（DNAポリメラーゼ）
(6) 半保存的複製

EXERCISE ▶解説◀

53 (1)(2) DNAの構成単位であるヌクレオチドは，リン酸，糖（デオキシリボース），塩基（A, T, G, C）からなり，デオキシリボースの5つの炭素のうち，1番目の炭素(1′)に塩基が結合し，5番目の炭素(5′)にリン酸が結合した構造となっている。リン酸が別のヌクレオチドの3番目の炭素(3′)と結合し，ヌクレオチド鎖が形成されている。

(3)(4) 真核生物のDNAは，タンパク質の一種であるヒストンに巻き付いてヌクレオソームとよばれる構造を形成している。ヌクレオソームは折りたたまれてクロマチンとよばれる繊維状の構造を形成し，核内に分散している。細胞分裂中期に観察される太い棒状の染色体は，クロマチンがさらに凝縮したものである。

(5) 原核生物には核膜がなく，DNAは細胞質基質中にある。DNAそのものは原核生物も真核生物と同じで，2本のヌクレオチド鎖からなる二重らせん構造であるが，形状は環状となっている。

54 (1) DNAの複製は，複製起点とよばれるDNA上の特定の場所から始まる。

(2)(3)(4) 連続的に合成されるヌクレオチド鎖をリーディング鎖という。一方，岡崎フラグメントとよばれる短いヌクレオチド鎖の断片が合成され，それがつながれてできる鎖をラギング鎖という。

(5) リーディング鎖とラギング鎖はいずれも，はじめにプライマーとよばれる短いヌクレオチド鎖が合成され，そこを起点にDNAポリメラーゼによってヌクレオチド鎖が合成されていく。

(6) DNAの複製は，DNAの一方の鎖が鋳型となり，それがそのまま新しいDNA鎖に受け継がれることから，半保存的複製とよばれている。

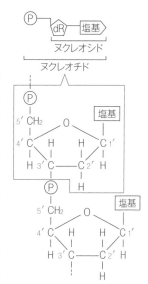

Keypoint

・DNAポリメラーゼは5′→3′の方向にしかヌクレオチド鎖を合成することができない。
・リーディング鎖は連続的に合成されたヌクレオチド鎖，ラギング鎖は断続的に合成されたヌクレオチド鎖である。

E X E R C I S E

55

(1) ア　RNA 合成酵素（RNA ポリメラーゼ）
　　イ　リボソーム
　　ウ　ペプチド
　　エ　セントラルドグマ
(2) 転写
(3) プロモーター
(4) 翻訳
(5) コドン

E X E R C I S E ▶解説◀

55　DNA の遺伝情報が RNA 合成酵素（RNA ポリメラーゼ）の働きによって RNA に写し取られることを転写という。転写は，DNA のプロモーターとよばれる領域に RNA 合成酵素が結合することで開始される。転写されてできた RNA（mRNA）はリボソームと結合する。リボソームでは，3つの塩基の並び（コドン）に応じたアミノ酸がペプチド結合でつなげられてタンパク質（ポリペプチド）となる。

56　真核生物の DNA には，タンパク質へ翻訳される領域と翻訳されない領域があり，翻訳される領域をエキソン，翻訳されない領域をイントロンという。

　核内で行われる転写では，まず，RNA 合成酵素（RNA ポリメラーゼ）が DNA の特定の領域（プロモーター）に結合し，DNA の2本鎖を開く。そして，一方のヌクレオチド鎖を鋳型として相補的なヌクレオチドを結合し RNA（mRNA 前駆体）を合成する。このとき，エキソンとイントロンはつながった状態でまとめて転写される。その後，イントロンが取り除かれてエキソンのみが連結し（スプライシング），mRNA となって核膜孔から細胞質基質へ出る。

　mRNA は細胞質でリボソームと結合し，開始コドンから順にコドンの遺伝暗号に対応したアミノ酸を指定していく。コドンに対応するアンチコドンをもった tRNA によって運ばれてきた各アミノ酸は，ペプチド結合でつなげられ，ポリペプチドとなる。

Keypoint

・真核生物の転写は核内，翻訳は細胞質基質で行われる。
・真核生物では，スプライシングを経て mRNA となる。

57　(1)　コドンに対応したアミノ酸を運ぶ tRNA には，右図のようにコドンに対応する部位（アンチコドン）とアミノ酸に結合する部位がある。

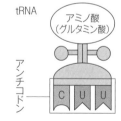

(2)　DNA どうしの塩基の相補関係は，A と T，C と G である。

　DNA　センス鎖　……A C T C C T G A G……
　　　　アンチセンス鎖　……T G A G G A C T C……

(3)　DNA と RNA の塩基の相補関係は，A と U，T と A，C と G，G と C である。

　DNA　アンチセンス鎖　……T G A G G A C T C……
　mRNA　　　　　　　　　……A C U C C U G A G……

(4)　コドンの塩基の並びを遺伝暗号表に照らし合わせて，該当するアミノ酸を見つける。

　c（ACU）…1番目の塩基：A，2番目の塩基：C，3番目の塩基：U
　　　→トレオニン

56

(1) ア　核(核内)
　　イ　プロモーター
　　ウ　核膜孔
　　エ　tRNA
　　　　(転移RNA)

(2) RNA合成酵素
　　(RNAポリメラーゼ)

(3) (b) エキソン
　　(c) イントロン

(4) スプライシング

57

(1) ア　tRNA
　　　　(転移RNA)
　　イ　アンチコドン

(2) ACTCCTGAG

(3) ACUCCUGAG

(4) c　トレオニン
　　d　プロリン
　　e　グルタミン酸

(5) アラニン

(6) 左から2番目の塩
　　基GがTに置換した

58

(1) a　RNA合成酵素
　　　　(RNAポリメラーゼ)
　　b　mRNA(伝令RNA)
　　c　リボソーム

(2) a　①
　　c　③

(3) ①

d(CCU)…1番目の塩基：C，2番目の塩基：C，3番目の塩基：U
　　　→プロリン

e(GAG)…1番目の塩基：G，2番目の塩基：A，3番目の塩基：G
　　　→グルタミン酸

(5) アンチセンス鎖の塩基配列がTGAからCGAとなり，転写される
mRNAはGCUとなるため，cのアミノ酸はアラニンとなる。

(6) cのアミノ酸であるトレオニンを指定するコドンはACUである。一
方，アスパラギンを指定するコドンはAAUまたはAACである。ACU
の左から2番目の塩基CがAに変わるとAAUとなる。したがって，
アンチセンス鎖ではTGAの左から2番目の塩基GがTに変わりTTA
となる。

Keypoint

塩基の相補性
　DNAどうし：AとT，CとG
　DNAとRNA(mRNA)：AとU，TとA，CとG，GとC
　RNAどうし(コドンとアンチコドン)：AとU，CとG

58 (1) aはDNAに結合し，b(mRNA)を合成するRNA合成酵素(RNA
ポリメラーゼ)である。bはDNAの遺伝情報をもとに転写される
mRNAである。また，cはb(mRNA)に結合してタンパク質を合成す
るのでリボソームである。

(2) 合成されたmRNA(b)が長いほど，先に転写されていると考えられる。
図の上部のmRNAを見ると短いので，RNA合成酵素が進む方向(転写
の方向)は図の上→下(①)と判断できる。同様に，合成されたタンパク
質も長いほど，先に翻訳されていると考えられるので，リボソームが進
む方向(翻訳の方向)は図の左→右(③)と判断できる。

(3) 一般に，原核生物のDNAにはイントロンがなく，イントロンを除去
するスプライシングという過程は起こらない。また，原核生物は核膜を
もたないので，細胞質基質で転写・翻訳が連続して起こる。

19 遺伝子の発現調節

〈p.72〜73〉

EXERCISE

59
(1) ア 調節遺伝子
   イ プロモーター
   ウ オペレーター
   エ mRNA(伝令RNA)
   オ リプレッサー
     (調節タンパク質)
(2) ア A　　イ D
   ウ E　　エ B
   オ C
(3) オペロン
(4) ②

60
(1) ア ヒストン
   イ ヌクレオソーム
   ウ クロマチン
   エ 基本転写因子
   オ プロモーター
   カ 転写調節領域
(2) RNA合成酵素
     (RNAポリメラーゼ)
(3) ②

EXERCISE ▶解説◀

59 原核生物では，機能的に関連のある遺伝子が隣接し，同時に発現が調節されることが多い。このような遺伝子群はオペロンとよばれる。

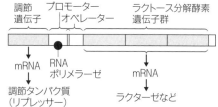

　ラクトースオペロンでは，調節遺伝子が転写・翻訳されてできたリプレッサー(調節タンパク質)がオペレーターに結合すると，RNAポリメラーゼがプロモーターに結合できなくなり，ラクトース分解酵素遺伝子群の転写は行われない。培地にグルコースがなくラクトースがある場合は，ラクトース代謝産物がリプレッサーに結合しリプレッサーの立体構造が変化するので，リプレッサーはオペレーターに結合できなくなる。その結果，RNAポリメラーゼがプロモーターに結合して転写が行われる。

60 (1)(2) 真核生物のDNAはヒストンに巻き付いてヌクレオソームを形成し，それが折りたたまれてクロマチンとよばれる構造となって，核内に分散している。転写が行われる際は，クロマチンがゆるんだ状態となっている。

　真核生物の転写開始には，RNA合成酵素(RNAポリメラーゼ)，RNAのヌクレオチド，基本転写因子が必要であり，転写の調節にはさらに，さまざまな種類の調節タンパク質が必要となる。

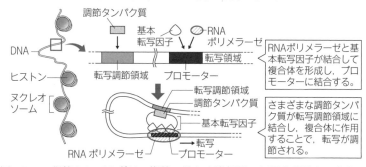

(3) 1つの調節タンパク質は，複数の異なる遺伝子の転写を調節し，また，その調節は活性化にも不活性化にも働いている。そのため，真核生物は少ない調節遺伝子でも多くの遺伝子の発現を調節できる。

Keypoint

発現調節にかかわる因子

調節タンパク質 (転写調節因子)	転写を調節するタンパク質で，転写を促進するものと抑制するものがある。基本転写因子もその1つ。
転写調節領域	調節タンパク質が結合するDNA領域。プロモーターもその1つ。

▶解説◀

❶

(1)　塩基

(2)(i)　⑤

　　(ii)　シトシン　②
　　　　チミン　⑤

(3)(i)　ア　1
　　　　イ　0
　　　　ウ　3
　　　　エ　0

　　(ii)　①

(4)　③

(5)　⑤

(6)　④

(7)　②

❶(1)　塩基(A，T，G，C，U)には窒素原子が含まれるが，糖，リン酸には含まれない。

(2)　(i)シトシン(C)とグアニン(G)の数の合計が全塩基数の38%なので，アデニン(A)とチミン(T)の数の合計が全塩基数の62%となる。AとTは相補的に結合する塩基なので，塩基数は等しくなる。したがって62÷2＝31となる。

(ii)(i)の塩基の割合は2本鎖を構成するそれぞれの1本鎖でも成り立つ。2本鎖全体のCとGの合計が38%，AとTの合計が62%なので，A鎖中のCとGの合計は38%，AとTの合計は62%となる。A鎖中のCが22%のときGは38－22＝16%となる。同様に，A鎖中のTが35%のときAは62－35＝27%となる。したがって，A鎖の相補鎖において，CはA鎖のGと対をなすことから16%，TはA鎖のAと対をなすことから27%となる。

(3)　(i)¹⁵Nからなる1本のDNAは1回目の分裂で，半保存的複製により¹⁴Nと¹⁵Nを含む中間の重さの2本のDNAとなる。それ以降は，中間の重さのDNAは常に2本である。DNAの総数は，2回目の分裂で4本，3回目の分裂で8本となるため，¹⁴Nを含む軽いDNA：中間の重さのDNAの比は，2回目は(4－2)：2＝1：1，3回目は(8－2)：2＝3：1となる。¹⁵Nのみからなる重いDNAは¹⁴Nを含む培地で1度でも分裂が起こると現れなくなる。

(ii)全保存的複製では，鋳型となるもとのDNA2本鎖はそのまま残り，新しく2本鎖のDNAができることから，¹⁵Nのみからなる重いDNAが常に残るはずである。しかし1回目の分裂で¹⁵Nのみからなる重いDNAが現れないことから，全保存的複製は行われないことがわかる。

(4)　①DNAポリメラーゼの働きが述べられているが，複製の方向について述べられていない。
②③DNAポリメラーゼは新しいヌクレオチド鎖を，5′から3′方向にのみ伸長させる。
④DNAポリメラーゼが働くためには，プライマーとよばれる短いヌクレオチドが必要であるが，複製の方向について述べられていない。
⑤2本鎖がほどけていくのに対して，一方の鎖ではほどけていく方向に(リーディング鎖)，もう一方の鎖はほどけていく方向とは逆の方向に(ラギング鎖)複製が進む。

(5)　①連続的に合成される鎖(リーディング鎖)も複製にプライマーが必要。②③④⑤プライマーは鋳型鎖と相補的な塩基配列をもつ短いRNA鎖であり，途中で取り除かれてDNAに置き換えられる。

(6)　DNAの4種類の塩基(A，T，G，C)から1つ選んで6塩基からなる塩基配列をつくると，4⁶＝4096通りできる。したがって，ある特定のものとなる確率は4096分の1である。

(7) DNA の 4 種類の塩基（A，T，G，C）から 1 つ選んで 20 塩基からなる塩基配列をつくると，$4^{20}=2^{40}=(2^{10})^4 \doteqdot (10^3)^4 = 10^{12}$ 通りできる。したがって，ある特定のものとなる確率は 10^{12} 分の 1 である。30 億塩基対（60 億塩基）の中に，この特定の配列が現れる確率は，60 億（6×10^9）に（$1/10^{12}$）をかけることで求めることができる。

❷(1) ③ tRNA は mRNA のコドンを認識する。tRNA には mRNA のコドンと相補的な塩基配列（アンチコドン）があり，この部位がコドンと結合する。

(2) 変異型の DNA と mRNA の塩基配列，アミノ酸は下図のようになる。正常型の DNA の ＊ 印のついた G が欠失すると，チロシンを指定していた DNA の塩基配列（ATG）が ATT となる。ATT から合成される mRNA は UAA（終止コドン）なので，以降の翻訳は行われない。なお，UAA が終止コドンであることは，正常型の mRNA とアミノ酸の対応からわかる。

波線部のみに注目して解答すると誤りとなるので注意する。

(3) ① 1 つの塩基が置換する突然変異はどの染色体にも起こりうるので，SNP はどの染色体にも存在しうる。
③④ SNP はイントロンにも見られ，その場合スプライシングによって取り除かれるので形質の発現に影響はない。

❸(1) ① 細胞の種類が異なっていても，同じ個体の体細胞であれば染色体の数は同じである。
② 細胞の種類が異なっていても，常染色体上の遺伝子の数は同じである。
④ オペレーターは原核生物のオペロンに存在する領域なので，真核生物には存在しない。また，同じ個体を構成する細胞であれば DNA はすべて同じなので，細胞の種類が異なっていてもオペレーターの数は同じである。

(2) 真核生物の転写調節領域には調節タンパク質が結合し，さらに，プロモーターに結合した基本転写因子と RNA ポリメラーゼとの複合体に結合して，転写を調節している。
① 転写調節領域に結合した調節タンパク質は，プロモーター上の基本転写因子と RNA ポリメラーゼの複合体に作用して，転写を調節している。mRNA のリボソームへの結合を促進する働きはない。
② 転写調節領域は，複数の調節タンパク質が結合することで転写を調節する領域であり，調節タンパク質のアミノ酸配列や立体構造を決定する領域ではない。
③ 転写調節領域に，mRNA の核内から細胞質基質への運搬を促進する働きはない。

❷
(1) ③
(2) ①
(3) ②

❸
(1) ③
(2) ④
(3) ②
(4) ②

(3) 複製は，複製起点から両方向へ進行するので，1 秒あたり 1500 ヌクレオチド×2 の速度で DNA が合成されていく。450 万塩基の複製にかかる時間を x とおくと

$$4500000 : x 秒 = (1500×2) : 1 秒$$
$$x = 4500000 ÷ 3000$$
$$= 1500 秒 = 25 分$$

1500ヌクレチド/秒

450万塩基

複製起点

(4) ②真核生物では，核内で合成された mRNA が細胞質基質に移動し，そこでリボソームが結合する。

❹(1) DNA の複製は半保存的複製である。すべて標識されたヌクレオチドからなる DNA を，標識されていないヌクレオチドを用いて 1 回複製させると，すべての DNA は 2 本鎖のうち 1 本は標識されたもの，もう 1 本は新たにつくられた標識されていないものになる。したがってすべての DNA は標識されたヌクレオチドを含んでいることになる。

複製される DNA 鎖のうち，連続的に合成される DNA をリーディング鎖，岡崎フラグメントとよばれる断片が不連続的に合成された後，それらが連結することで合成される DNA 鎖をラギング鎖とよぶ。

(2)

ⓐ鎖　5'―TTACTAGCTAAGTTGAATAGCTACTCATAT―3'
　　　3'―AAUGAUC⟨GAU⟩UCAACUUAUCGAUGA⟨GUA⟩UA―5' mRNA
　　　　　　　　終止コドン　　　　　　　開始コドン

アミノ酸は6個

◀──────────────────────────────
　　　　　　　　　　転写の進行方向

ⓑ鎖　3'―AATGATCGATTCAACTTATCGATGAGTATA―5'
mRNA　5'―UUACUAGCUAAGUUGAAUAGCUACUCAUAU―3'

開始コドンがない

──────────────────────────────▶
転写の進行方向

ⓐ鎖を鋳型にしてつくられる mRNA では，図中に示す位置に開始コドン(AUG)が出てくるが，ⓑ鎖を鋳型にしてつくられる mRNA には出てこない。したがって，転写の鋳型となるのはⓐ鎖である。また，開始コドンから 7 番目に終止コドン(UAG)が出てくる。終止コドンはアミノ酸を指定しないので，翻訳されるアミノ酸の数は 6 個である。

(3) RNA ポリメラーゼはプロモーターに結合する。

親の遺伝子を子に伝えるのは生殖細胞である。生殖細胞以外の体細胞の遺伝子は子に伝わらない。

❹
(1)　ア　100
　　　イ　リーディング
(2)　ウ　ⓐ
　　　エ　6
(3)　オ　プロモーター
　　　カ　生殖

❺

(1) ア　プロモーター
イ　オペロン
ウ　RNAポリメラーゼ
エ　ガラクトース

(2) C, D, E, F

(3) リプレッサーをオペレーターと結合できなくすることにより，転写の抑制を解除する。(39字)

(4) グルコースがラクトースオペロンの発現を抑制するため，先にグルコース量が減少する。グルコースがなくなるとラクトースオペロンが発現してラクトース量が減少していく。(79字)

❺(1)　原核生物では，機能的に関連のある遺伝子が隣り合って存在し，同時に転写されることが多い。このまとまりをオペロンという。オペロンの転写は，調節タンパク質によって調節されており，オペロンの調節タンパク質が結合する転写調節領域は特にオペレーターとよばれる。大腸菌は，グルコースがほとんどなく，ラクトースを多く含む培地で培養した場合，β−ガラクトシダーゼを含む3種類の酵素を含む。これら3種類の酵素は隣り合って存在しており，ラクトースオペロンを構成している。RNAポリメラーゼは，この3種類の酵素の遺伝子を連続して転写し発現させる。

(2)　表をまとめ直すと次のようになる。

	特徴	ラクトースあり	ラクトースなし
野生株	ラクトース存在下で分解酵素を合成	+	(A) −
変異株1	ラクトース分解酵素を合成できない	(B) −	−
変異株2	オペレーターにリプレッサーが結合できない	(C) +	(D) +
変異株3	リプレッサーを合成できない	(E) +	(F) +
変異株4	リプレッサーがラクトース代謝産物と結合できない	(G) −	(H) −

(3)　グルコースがなく，ラクトースがある場合，ラクトースの代謝産物がリプレッサーと結合することにより，リプレッサーの立体構造が変化し，オペレーターに結合できなくなる。リプレッサーがオペレーターから離れることにより転写の抑制が解除され，RNAポリメラーゼがプロモーターに結合してラクトース分解酵素の遺伝子など一連の遺伝子が転写される。

(4)　ラクトースオペロンの発現がグルコース存在下で抑制される現象をグルコース効果という。グルコースとラクトースが共存する培地で大腸菌を培養した場合，培地中のグルコースが優先的に消費され，この間ラクトースの代謝は抑制される。培地中のグルコースがすべて消費されると，ラクトース分解酵素の合成の誘導とともにラクトースが代謝され，結果として2段階の生育が観察される。

E X E R C I S E ▶解説◀

61 (1) 精子の形成過程では，まず始原生殖細胞をもとに，体細胞分裂によって多数の精原細胞が形成される。精原細胞は成長して一次精母細胞となり，減数分裂に入る。減数分裂第一分裂を終えると二次精母細胞となり，第二分裂を終えると精細胞となる。その後，鞭毛が発達するなどして精子となる。

(2) (ウ)細胞と一次精母細胞は減数分裂前の体細胞なので$2n$，(オ)細胞は減数分裂第一分裂で相同染色体が片方ずつに分かれているのでn，これ以降にできた細胞もすべてnである。

(3) 卵の形成では，右図のように不均等な分裂によって，3つの小さな細胞(極体)と1個の大きな細胞(卵)が生じる。その結果，卵は細胞質に多くの栄養分(卵黄)を蓄えることができる。なお，精子は細胞質を大きくする必要がないため，均等な分裂によって，大きさの等しい4個の細胞となる。

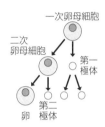

Keypoint
・1個の一次精母細胞から精子は4個でき，1個の一次卵母細胞から卵は1個できる。

62 (1)(2) 精細胞のゴルジ体(イ)の働きで，精子の先体(エ)がつくられる。また，精細胞のミトコンドリア(ウ)が精子の中片部の細胞質に集まり，鞭毛を動かすエネルギー(ATP)を供給する。鞭毛は，精子の運動器官である。

(3) 精子が未受精卵をとりまくゼリー層に到達すると，先体(エ)からゼリー層を分解する酵素が放出される。

63 (1)(2) アは未受精卵の表面をおおっているゼリー層である。精子の先端がゼリー層に到達すると，先体(イ)の内容物が放出され，また，頭部にアクチンフィラメントの束ができ，先端の細胞膜が押し伸ばされて先体突起(ウ)が形成される。この一連の過程を先体反応という。

(3) ウニの未受精卵の細胞質の内側には，表層粒(オ)とよばれる小胞が多数存在している。表層粒には酵素などの化学物質が含まれており，精子が卵に到達すると，表層粒が卵の細胞膜と融合して内容物を放出し，細胞膜と卵黄膜(エ)を分離する。卵黄膜はしだいに卵の表面から離れ，表層粒から放出された酵素の働きで硬化し，受精膜となる。受精膜は，ほかの精子の進入を防止する重要な役割を果たしている(多精拒否)。なお，卵の膜電位の変化も多精拒否のしくみの1つである。通常，卵の内側の膜電位は負(−)となっているが，精子が卵に達すると電位が逆転し，ほかの精子が卵内に進入できなくなる。

ポイントチェック

(1) 卵割
(2) 等黄卵
(3) 端黄卵
(4) 不等割
(5) 胞胚
(6) 動物極側
(7) 原口
(8) 神経胚
(9) 神経堤細胞
　　（神経冠細胞）
(10) 尾芽胚
(11) 脊索, 体節
(12) 内胚葉

E X E R C I S E
64

(1)
記号	名称
E	胞胚期
→ B	原腸胚期
→ D	原腸胚期
→ F	原腸胚期
→ A	神経胚期
→ C	神経胚期

(2) ④

(3) C b　F a

(4) ア　脊索
　　イ　腸管
　　ウ　胞胚腔
　　エ　原口
　　オ　神経管
　　カ　体節
　　キ　腎節
　　ク　表皮
　　ケ　原腸
　　コ　卵黄栓

(5) 外胚葉由来　オ, ク
　　中胚葉由来　カ, キ

(6) 背側

65

(1) A ⑦　　B ①
　　C ⑤　　D ②

(2) ウ

(3) a　脳
　　b　脊髄

E X E R C I S E ▶解説◀

64 (1)(4)　A　動物極側の外胚葉が背側で平らになり神経板が形成され始め, 脊索（ア）と腸管（イ）が形成されているので神経胚初期である。

B　赤道面よりやや植物極よりの細胞が胞胚腔の内部に入り込む陥入が起こりはじめ, 原口（エ）ができているので原腸胚初期である。

C　神経管（オ）が形成され, 体節（カ）, 腎節（キ）, 側板が形成されているので神経胚後期である。なお, 尾芽胚になると体腔が確認できるようになる。

D　陥入が進み, 原腸が広がりはじめて胞胚腔が小さくなっているので原腸胚中期である。

E　胞胚腔が動物極側にかたよってできているので胞胚期である。

F　原腸（ケ）が大きく, 卵黄栓（コ）が見られるので原腸胚後期である。

(2)　①②カエルの卵は, 卵黄が植物極側にかたよって分布する端黄卵で, 3回目の卵割で不等割となり, 右図のようになる。卵黄を多く含む植物極側の細胞（割球）は動物極側の細胞（割球）より大きい。卵黄を多く含む部分は, 将来, 内胚葉となる。

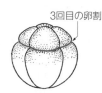
3回目の卵割

③細胞分裂（卵割）で生じた娘細胞（割球）は成長せず, 卵割のたびに小さくなる。

(3)　Cには腸管や脊索の断面が見られるので, bの断面に相当する。Fは胚を動物極から植物極の向きに縦に切った面で, 卵黄栓が見られるのでaの断面に相当する。

(5)　Cは神経胚後期である。外胚葉からは神経管（オ）と表皮（ク）が, 中胚葉からは体節（カ）, 腎節（キ）, 側板, 脊索などが分化する。

(6)　精子がカエルの卵の動物極側に進入すると, 卵の黒っぽい表層が約30°回転し, 進入点の反対側に薄い灰色の領域が出現する。これを灰色三日月環という。この領域は将来, 背側になる。

65 (1)　神経胚以降, 各胚葉が形を変え, いろいろな器官が分化する。A（神経管）は外胚葉性の組織で, 脳と脊髄（⑦）に分化する。B（体節）, C（腎節）, D（側板）は中胚葉性の組織で, 体節は骨格筋（①）, 皮膚の真皮, 脊椎骨に, 腎節は腎臓（⑤）や生殖器に, 側板は心臓（②）, 平滑筋などに分化する。

なお, 外胚葉性組織の表皮は, 中胚葉性組織の真皮とともに皮膚を形成する。また, 内胚葉から分化した腸管は, 消化器や呼吸器の上皮に分化する。

(2)　図1は背側から順に, 外胚葉→神経管→脊索→腸管→内胚葉→側板→外胚葉となっている。また, 図2のア〜ウの横断面は, 腸管の大きさ（広さ）に違いがある。これらを照らし合わせると, ウの断面図であることがわかる。

(3)　神経管の前部は膨らんで脳になり, 後部は伸びて脊髄になる。

ポイントチェック

(1) 母性因子
(2) ディシェベルドタンパク質
(3) βカテニンタンパク質
(4) 背側
(5) ナノス mRNA, ビコイド mRNA
(6) ビコイド mRNA
(7) 誘導
(8) 形成体（オーガナイザー）
(9) アニマルキャップ
(10) 中胚葉誘導
(11) 予定内胚葉
(12) ノーダルタンパク質
(13) BMP（骨形成タンパク質）
(14) ノギン，コーディン
(15) 原口背唇部
(16) 神経誘導
(17) 原口背唇部
(18) 眼杯
(19) 水晶体
(20) プログラム細胞死
(21) アポトーシス
(22) カエルの尾の消失

E X E R C I S E

66
(1) ア ③
　　イ ②
　　ウ ⑤
　　エ ④
　　オ ⑥
(2) ③
67
(1) ア ⑤
　　イ ⑦
　　ウ ①
(2) βカテニンタンパク質

E X E R C I S E ▶解説◀

66 (1) ショウジョウバエのからだの頭尾軸の決定に必要な mRNA は，卵を形成する過程で蓄積していく。このような mRNA を母性因子という。ショウジョウバエの頭尾軸決定に関わる遺伝子として，ビコイド遺伝子やナノス遺伝子が知られている。ビコイド遺伝子の mRNA は未受精卵の前方に，ナノス遺伝子の mRNA は後方に局在する。受精後，これらの mRNA が翻訳されるときに拡散が起こり，前方ではビコイドタンパク質が，後方ではナノスタンパク質の濃度が高くなり，濃度勾配が形成され，これが相対的な位置情報となって胚の頭尾軸が決まる。

(2) ショウジョウバエの胚の後方部にビコイド mRNA を注入すると，前端部と後端部のどちらもビコイドタンパク質の濃度が濃くなる。そのため前端部と後端部の両方に頭部が形成される。

67 (1)(2) 体軸は，受精卵の段階である程度決定される。卵に精子が進入し受精が起こると，表層が 30° 回転し，それに伴い植物極に局在している母性因子のディシェベルドタンパク質も移動する。また，卵全体にある母性因子の βカテニン mRNA は受精後に翻訳され，発生過程で分解されるが，ディシェベルドタンパク質が分布する領域では βカテニンの分解が抑制される。残った βカテニンタンパク質は核へ移動し，背側の組織の形成に働く。

68 (1)(2) 両生類の胞胚期の動物極周辺の領域(A)をアニマルキャップという。アニマルキャップを単独で培養すると，外胚葉性の組織に分化する。また，植物極側の領域(B)を単独で培養すると，内胚葉性の細胞塊ができる。しかし，A と B を接触させて培養すると，新たに中胚葉性の組織(脊索や体節など)に分化する。これを中胚葉誘導という。

(3) 中胚葉は，B(予定内胚葉)の誘導によって A(予定外胚葉)から分化することがわかっており，形成体として働くのは B である。

Keypoint
・胚のある部位が，接している別の部位の分化を決める現象を誘導といい，誘導作用をもつ部位を形成体という。
・中胚葉誘導における形成体は，予定内胚葉である。

68

(1) ア　外胚葉
　　イ　内胚葉

(2) ①，④

(3) 分化した組織　A
　　形成体　　　　B

69

(1) ア　BMP
　　　（骨形成タンパク質）
　　イ　ノギン，
　　　　コーディン

(2) 原口背唇部または
　　形成体

(3) 領域B

(4) 背側

70

(1) ア　原腸
　　イ　原口背唇部
　　ウ　脊索
　　エ　神経
　　オ　二次胚

(2) 誘導

(3) 形成体（オーガナ
　　イザー）

71

(1) アポトーシス

(2) ①，④

69 (1) 胞胚期の胚は，全域でタンパク質アを分泌している。アはBMP（骨形成タンパク質）とよばれ，細胞を表皮に分化させる作用をもつ。一方，イはBMPと結合して，その働きを阻害する作用をもつタンパク質で，ノギンとコーディンの2種類がある。

(2)(3) イは，領域Cから分泌される。領域Cに近い領域Bは，イによってBMPの働きが阻害され，表皮にはならず神経に分化するが，領域Cから離れている領域Aは，BMPの働きで表皮となる。このとき，領域Cは接する領域Bを神経に分化させる誘導作用をもつ形成体として働く。この現象は神経誘導とよばれる。

(4) 領域Cは原口ができる場所よりやや背側にある領域で原口背唇部とよばれており，中胚葉の脊索に分化する。

Keypoint

神経誘導は，原口背唇部（形成体）がノギンやコーディンを分泌し，接する外胚葉のBMPの働きを阻害することで起こる。

70 (1) シュペーマンの実験によって，初期原腸胚の原口背唇部は移植先を神経に分化させ，自身は予定運命通りに脊索に分化することがわかった。また，イモリの初期原腸胚の予定表皮域や予定神経域を交換移植すると，移植片は移植された場所の予定運命にしたがって分化することから，初期原腸胚の段階では，予定表皮域や予定神経域の予定運命はまだ決定されていないこともわかった。

(2)(3) 胚のある部位が，接している周囲の部位に働きかけて，分化の方向性を決める現象を誘導という。シュペーマンは，誘導作用をもつ原口背唇部を形成体（オーガナイザー）と名付けた。

71 (1) 細胞死には外傷による細胞死とあらかじめ細胞の死が決められているプログラム細胞死があり，プログラム細胞死の1つにアポトーシスがある。

(2) ①カエルの尾の縮退，指と指の間の細胞が消失する過程は，プログラム細胞死である。

②脳の血流不足による神経細胞死は，酸素不足となり必要なATPがつくられなくなることで起きる。外的要因によるものなので，壊死とよばれる。

③火傷による損傷は，外傷なのでプログラム細胞死ではなく壊死である。

④キラーT細胞は，感染細胞に対して特殊なタンパク質を放出して感染細胞に穴をあけ，その穴から酵素を投入して感染細胞にアポトーシスを誘導する。

23 ショウジョウバエの発生と形態形成 ⟨p.88〜89⟩

EXERCISE

72

(1) ア ①
　 イ ⑤
　 ウ ②
　 エ ⑥
(2) ア ④
　 イ ⑤
　 ウ ③
　 エ ①
(3) A　アンテナペディ
　ア遺伝子群
　　B　バイソラックス
　遺伝子群

73

④

EXERCISE ▶解説◀

72 (1)(2) ショウジョウバエの頭部,胸部,腹部のそれぞれにある体節は,母性因子の濃度勾配にしたがい,4つの調節遺伝子が段階的に発現することで形成される。まず,ギャップ遺伝子群,続いてペアルール遺伝子群,次にセグメントポラリティ遺伝子群の順に発現し,体節の区分が決定される。これらの遺伝子は分節遺伝子とよばれる。最後にホメオティック遺伝子群が発現し,それぞれの区分に特徴的な器官の形成が行われる。

(3) ホメオティック遺伝子群に突然変異が起こると,正しい位置に器官が形成されない変異体が生じる。これをホメオティック突然変異という。ショウジョウバエの頭部や胸部の構造を決定するアンテナペディア遺伝子群に突然変異が起こると,正しい位置に触角や脚が形成されなくなり,胸部や腹部の構造を決定するバイソラックス遺伝子群に突然変異が起こると,2対のはねが形成されるようになる。

73 ①ホメオティック遺伝子群は,それぞれの体節の性質を決める。頭尾軸決定に関わるものは,ビコイド mRNA やナノス mRNA などの母性因子である。よって誤りである。
②ホメオドメインとは,ホメオティック遺伝子に共通して含まれる60個のアミノ酸を指定する,ホメオボックスからつくられたタンパク質のことを示す。よって誤りである。
③ホメオティック遺伝子群に類似した遺伝子群のことを Hox 遺伝子群とよぶ。アンテナペディア遺伝子群はショウジョウバエの頭部と胸部の形成に関わるホメオティック遺伝子群の1つである。よって誤りである。
④脊椎動物の Hox 遺伝子群は,進化の過程で重複し,4組になったと考えられている。よって正しい。

Keypoint

ショウジョウバエの体節は,4つの調節遺伝子群が段階的に発現することで調節される。ホメオティック遺伝子が働くと,どの器官がどの体節からつくられるかが決まる。

❶
(1) ①
(2) ①
(3) ③

❷
(1) ④
(2) ③, ④

▶解説◀

❶(1) 精子は減数分裂によって生じた精細 胞が変態したものである。したがって, 減数分裂は終了している。頭部には先体 と核があり, 中片部にはミトコンドリア がある。頭部と中片部は細胞膜で囲まれている。

精子の構造

(2) ②ゴルジ体は先体の形成に関わっている。中片部を形成するのはミト コンドリアと中心体である。

③④１個の一次卵母細胞からは, 減数分裂により, 卵が１個と, 卵より 小さい極体が３個できる。

(3) ①灰色三日月環は, 受精卵において, 精子が進入した点の反対側の表 層にできる。

②中胚葉は予定内胚葉域による誘導によって形成される。

④水晶体が表皮細胞に働きかけることで形成されるのは角膜である。網 膜は眼杯から分化する。

❷(1) ①**実験３**より, ゼリー層を除去すると精子の先体突起は形成され ないので誤り。

②③**実験２**(表１)より, 同種のゼリー海水があれば精子の先体突起は形 成されるので, 卵細胞や卵細胞と精子の融合は必要ない。したがって誤 り。

⑤**実験４**(表２)より, ゼリー層を除去しても, 同種の卵細胞と先体突起 が形成された精子は受精しているので誤り。

(2) ①②**実験２**(表１)より, ゼリー海水Ｘと精子Ｙの混合, ゼリー海水 Ｙと精子Ｘの混合で先体突起は形成されているので誤り。

⑤**実験２**(表１)より, ゼリー海水Ｙと精子Ｚの混合では先体突起が形 成されていないので, 卵Ｙと精子Ｚの間で受精が起こらないのは, 精 子に先体突起が形成されないためである。したがって誤り。

⑥**実験２**(表１)より, ゼリー海水Ｚと精子Ｙの混合では先体突起は形 成されていないので, 卵Ｚと精子Ｙの間で受精が起こらないのは, 精 子に先体突起が形成されないためである。したがって誤り。

❸

(1) ①，③，⑥

(2) ⑥

❹

(1) ⑦

(2) ②，③，④

(3) ⑤

---

❸(1)　図1のⅠは予定外胚葉，Ⅱは予定中胚葉，Ⅲは予定内胚葉である。ⅠとⅢを接着させて培養すると，ⅢがⅠを中胚葉に誘導し（中胚葉誘導），接着部分に中胚葉性の組織が形成される。したがって，Ⅰから分化する表皮の細胞と，誘導によってⅠから形成された中胚葉性の組織である筋肉の細胞には印が付いている。印を付けていないⅢから分化する腸管の細胞には，印は付いていない。

(2)　⑥隣接する細胞に速やかに輸送されてしまうと，三胚葉のうちのどれが何の組織に分化したか追跡できなくなってしまうので誤り。

❹(1)　ア：受精後に繰り返す細胞分裂を卵割とよぶ。接合は，2つの配偶子が合体して1つの細胞になることであり，受精も接合の一種である。

イ：DNAの特定の領域に結合するのは調節タンパク質である。

ウ：調節タンパク質が調節するのは，遺伝子の転写であり，促進する場合と抑制する場合がある。

(2)　黒卵片のみに筋肉細胞への分化を決定づける能力があるという結論を導くためには，1.黒卵片には筋肉細胞へ分化を決定づける能力があることと，2.黒卵片以外には筋肉細胞への分化を決定づける能力がないことを示す必要がある。

1.を示すために，②と③を比較すると，

　②：赤卵片＋精子 → 表皮細胞

　③：赤卵片＋黒卵片＋精子 → 表皮細胞＋筋肉細胞

であるため，条件の違いが黒卵片の有無が筋肉細胞の有無になっている。

2.を示すために②と④を比較すると，

　④：赤卵片＋茶卵片＋精子 → 表皮細胞

または，赤卵片＋白卵片＋精子 → 表皮細胞

であるため，茶卵片，白卵片では筋肉細胞が分化していないので，これらには，筋肉細胞の分化を決定づける能力がないことを示している。

また，①では遺伝子の有無では，調節タンパク質の有無が比較できない。⑤では赤卵片がないため胚発生がそもそも進まないため比較にならない。

(3)　**実験1～4**を整理すると，

実験1：赤卵片＋黒卵片（タンパク質，RNA，その他）＋精子 → 表皮細胞＋筋肉細胞

実験2：赤卵片＋黒卵片（タンパク質）＋精子 → 表皮細胞

実験3：赤卵片＋黒卵片（RNA）＋精子 → 表皮細胞＋筋肉細胞

実験4：赤卵片＋精子 → 表皮細胞

　これらの実験から，RNAがあるときのみに筋肉細胞が分化していることがわかる。①，②，③，⑦，⑧，⑨は，黒卵片内に含まれるタンパク質が筋肉細胞の分化に関係していないので不適である。④，⑥は，この**実験1～4**からのみではRNAがどのように働いているかわからないので不適である。⑤は，RNAが存在するときに筋肉細胞が分化しているので，黒卵片内のRNAが発生運命を決めていることがわかるので適当である。

❺

(1) ②

(2) ①

❻

(1) ②

(2) ③

❺(1) ①母性因子は，発生のごく初期に働き，体軸など胚全体の基本構造を決定するものなので，眼の形成時にはすでに働いていないため不適である。

②器官の形成は誘導の連鎖によって行われるので適当である。

③ホメオティック遺伝子は，眼の形成よりも早い時期の発生で働き，各体軸にどの器官を形成するかに関与しており，眼の形成時にはすでに発現しているため不適である。

④再生とは，失われた部位を再び形成することなので，1度目の形成は再生ではないため不適である。

⑤二次胚とは，本来の体の他に形成された神経管などをもつ2つ目の胚のことなので不適である。

(2) 問題文から，領域Mの細胞から眼が形成されることがわかる。また，タンパク質Xが働くと，その部分の領域Mの細胞の分化能力が消失することがわかる。

ア：タンパク質Xが著しく拡大すれば，タンパク質Xの働きによって，領域Mのほぼすべての細胞は分化能力を消失するため，眼は形成されなくなる。

イ・ウ：タンパク質Xが分布する範囲がほとんど消失すれば，領域Mのほぼすべての分化能力を維持するので，眼が中央に1つ形成されると考えられる。

❻(1) 問題文に，ショウジョウバエの遺伝子Yは，遺伝子Xの転写を直接抑制するとあるので，遺伝子Yが全身で発現すると全身で遺伝子Xの転写は抑制される。

(2) 領域Aのみからなる，変異タンパク質aと変異タンパク質bのどちらも脚形成を抑制することから，ショウジョウバエの領域Aとアルテミアの領域Aのどちらも脚形成を抑制することがわかる。よって①・②は正しい。また，ショウジョウバエの正常なタンパク質Yと変異タンパク質dのどちらも脚形成を抑制することから，ショウジョウバエの領域Bは，領域Aの働きに影響を与えないということがわかる。よって③は誤り。さらに，アルテミアの正常なタンパク質Yと変異タンパク質cのどちらも脚形成を抑制しないことから，アルテミアの領域Bは，領域Aの働きを阻害していることがわかる。よって④は正しい。まとめると，

・どちらも領域Aのみでは抑制する。

・ショウジョウバエの領域Bは領域Aの働きを抑制しない。

・アルテミアの領域Bはどちらの領域Aの働きも抑制し，遺伝子Xの転写が抑制される。

〈p.96〜97〉

ポイントチェック

(1) バイオテクノロジー

(2) 遺伝子組換え

(3) 制限酵素

(4) DNA リガーゼ

(5) ベクター

(6) プラスミド，ウイルスなどから1つ

(7) PCR 法(ポリメラーゼ連鎖反応法)

(8) プライマー，DNA ポリメラーゼ

(9) 電気泳動法

(10) DNA マイクロアレイ

(11) レポーター遺伝子

EXERCISE
74

(1) ア　プラスミド
　　イ　ベクター

(2) 制限酵素

(3) CTAG

(4) ③

(5) DNA リガーゼ

75

(1) (a) プライマー
　　(b) DNA 合成酵素
　　　　(DNA ポリメラーゼ)

(2) (c) ②
　　(d) ①
　　(e) ③

(3) TAGCCTA

EXERCISE ▶解説◀

74 (1) 目的の遺伝子を導入する際，運び手として用いられる小型の DNA をベクターという。ベクターには，大腸菌などの細菌にあるプラスミドがよく利用される。

(2)(5) DNA の特定の塩基配列を認識して切断する「はさみ」の役割を果たす酵素を制限酵素といい，DNA 断片をつなぐ「のり」の役割を果たす酵素を DNA リガーゼという。

(3) 制限酵素が認識する塩基配列は回転対称となっている。切断面の一方の塩基配列が GATC となっているので，もう一方の切断面は CTAG となる。

(4) 遺伝子 A を含む DNA 断片の切り口と，プラスミドの切り口が同じでなければ，相補的につなぐことができないので，同じ酵素で処理して切り口の塩基配列を同じにする必要がある。

75 (1) PCR(ポリメラーゼ連鎖反応)法を行うには，鋳型となる DNA，DNA を構成する4種類のヌクレオチド，2種類のプライマー(短い1本鎖 DNA)，DNA ポリメラーゼが必要となる。

(2) PCR 法の原理は，まず，鋳型とする DNA を含む溶液を95℃に加熱し，DNA の2本鎖を解離して1本鎖にする。次に55℃に温度を下げ，目的の DNA 領域の 3′ 末端と相補的な塩基配列のプライマーを結合させる。最後に72℃に加熱して，プライマーに続くヌクレオチドを連結させる。

(3) DNA ポリメラーゼは既存のヌクレオチド鎖の 3′ 末端にヌクレオチドを結合させる酵素なので，新生鎖は 3′ 末端の方向のみに伸長できる。よってプライマーは，増幅させたい領域の 3′ 末端の部分に対して相補的な塩基配列にする。5′-TAGGCTA-3′ に相補的に結合するプライマーは，3′-ATCCGAT-5′ となり，これを 5′ 側から示すと 5′-TAGCCTA-3′ となる。

増幅させたい DNA 断片　→　5′-TAGGCTA-3′

相補的に結合するプライマー配列　→　3′-ATCCGAT-5′

　　　　　　　　　　　　　　　　→　5′-TAGCCTA-3′

EXERCISE
76
(1) ②, ④
(2) (a) ②
　　(b) ③
　　(c) ①
77
B
78
ア　幹細胞
イ　ES 細胞
ウ　iPS 細胞
エ　山中伸弥
オ　再生医療

EXERCISE ▶解説◀

76 (1) ①病気にかかりにくい, 害虫に強い, 除草剤に耐性があるといっ たダイズ, トマト, トウモロコシなどの農作物がつくられている。よっ て正しい。

②ヒトゲノムの反復配列の反復回数を個人間で比較することで, 個人を 識別することができる。よって誤り。

③遺伝子を導入する際に, ウイルスやプラスミドなどのベクターが用い られる。よって正しい。

④ゲノム編集技術を用いて, オレイン酸が多く含まれるダイズや, GABA が多く含まれているトマトが開発されている。よって誤り。

⑤ADA 欠損症患者に正常な ADA 遺伝子を導入することで, 治療され ている。よって正しい。

(2) (a)遺伝子組換え技術によって, ADA 欠損症患者に正常な ADA 遺伝 子を, ウイルスを用いて導入することで, 遺伝子治療をすることができ る。

(b)ゲノム編集技術を利用して, オレイン酸からリノール酸へ変化させる 酵素遺伝子を破壊し, オレイン酸が多く蓄積されるようにした, ダイズ 油がつくられている。

(c)ヒトゲノムの反復配列の塩基配列を解析し, 個人間で比較することで, 親子判定に利用される。

77 反復配列は, 相同染色体上に乗って, 父親と母親から片方ずつ引き 継がれる。そのため, 父(6, 15)母(10, 13)なので, 下図にあるように, 母親から(10), 父親から(15)を引き継いでいると考えられる B(10, 15) が実子である可能性が最も高い。

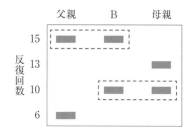

78 2006 年に山中伸弥のグループによって幹細胞の1つである iPS 細胞 が初めてつくられ, 再生医療に向けてさまざまな研究が進められている。 2019 年には失明患者に iPS 細胞からつくられた角膜シートの移植手術, 2020 年には心不全患者に iPS 細胞からつくられた心筋シートの移植手 術が実施されている。

▶解説◀

❶ (1) ①, ⑥

(2) 10^7倍

❶(1) 図1の種Cを見ると，制限酵素で1箇所切断されて，770塩基対と230塩基対の断片が得られている。したがって，230塩基対の断片はDNAの端に位置していると考えられ，選択肢⑥は誤りである。また，種Bを見ると，230塩基対の断片のほかに250塩基対と520塩基対の断片が得られていることから，選択肢①～⑤のうち250塩基対と520塩基対の2断片に分けられる並びとして不適切な①が誤りとなる。

(2) まず，4億塩基対のゲノムDNA 0.01 μgのうち，400塩基対の遺伝子領域の重さxμgを求める。

$$4億(4\times10^8)塩基対：0.01\,\mu g = 400(4\times10^2)塩基対：x\,\mu g$$

$$x = \frac{1}{10^8}\,\mu g$$

400塩基対$(\frac{1}{10^8}\,\mu g)$の遺伝子領域をPCR法でy倍に増幅したところ0.1 μgとなったので，$\frac{1}{10^8}\,\mu g \times y = 0.1\,\mu g$　　$y = 10^7$

❷ (1) ②

(2) ア＋ イ＋ ウ－

(3) ⑤

❷(1) ①③DNAに相補的な1本鎖RNAを合成する働きをもつ酵素は，RNA合成酵素である。よって誤りである。

④DNA鎖をほどく働きをもつ酵素はDNAヘリカーゼである。よって誤りである。

(2) 基本的に大腸菌は，抗生物質を含む培地では増殖できない。しかし，特定の抗生物質に対する耐性遺伝子をもっていれば，その抗生物質を含む培地でも増殖できる。

ア：抗生物質が含まれていないので増殖できる。よって＋。

イ：プラスミドZにはアンピシリン耐性遺伝子があるので，アンピシリンが培地に含まれていても増殖できる。よって＋。

ウ：プラスミドZにはカナマイシン耐性遺伝子がないので，カナマイシンが培地に含まれていると増殖できない。よって－。

(3) ①②プラスミドXにはGFP遺伝子がないので，増殖してもしなくても緑色の蛍光を発する大腸菌はいない。よって不適である。

③④リード文にある通り，すべての大腸菌にプラスミドが導入されるわけではない。寒天培地Aではプラスミドの有無に関わらず，すべての大腸菌が増殖できるので，プラスミドYを取り込んでいて緑色の蛍光を発する大腸菌と，プラスミドYを取り込んでおらず，緑色の蛍光を発しない大腸菌の両方が混在する。よって不適である。

⑤寒天培地Cにはカナマイシンが含まれているので，プラスミドYを取り込んでいて緑色の蛍光を発する大腸菌は増殖できるが，プラスミドYを取り込んでおらず，緑色の蛍光を発しない大腸菌は増殖することができない。よって適当である。

4章　生物の環境応答

26 刺激の受容①　～適刺激/視覚～　〈p.102 ～ 103〉

ポイントチェック

(1) 適刺激
(2) 受容器
(3) 視覚
(4) (順に,)角膜,水晶体,ガラス体,網膜
(5) 視細胞
(6) 桿体細胞
(7) 錐体細胞
(8) ロドプシン
(9) タンパク質　オプシン　ビタミンA　レチナール
(10) 黄斑
(11) 盲斑
(12) 虹彩
(13) 明順応
(14) チン小帯
(15) 薄くなる
(16) 遠くのもの

EXERCISE

79
(1) 適刺激
(2) ア　水晶体
　　イ　網膜
　　ウ　錐体細胞
　　エ　桿体細胞
　　オ　赤
　　カ　黄斑
(3) 暗順応
(4) C
(5) 盲斑には視細胞が分布していないため。

80
(1) 盲斑
(2) B　錐体細胞
　　C　桿体細胞
(3) D

81
ア　収縮
イ　チン小帯
ウ　厚く
エ　弛緩

EXERCISE ▶解説◀

79 (1) 各受容器の受容細胞は, 特定の刺激しか受容できない。受容細胞が受容できる刺激を, その受容細胞の適刺激とよぶ。

(2) 光は, 眼の角膜を通って水晶体に入り, 水晶体で屈折する。屈折した光はガラス体を通って網膜へ達し, そこで光の受容細胞である視細胞(錐体細胞と桿体細胞)に受容される。

　錐体細胞には, 青・緑・赤のそれぞれの光を受容する3種類の細胞があり, 色の識別に関与する。錐体細胞は網膜の中心部にある黄斑に密に分布している。桿体細胞は色の識別には関与しないが, 光に対する感度が高く, わずかな光にも反応する細胞で, 黄斑には分布せず, その周辺部に広く分布している。

(3) 明るいところから暗いところへ入ると, 初めは何も見えないが徐々に眼が暗さに慣れ, 物の輪郭がわかるようになる。これは, 光に対する感度の高い桿体細胞が弱い光を受容して起こる現象で,暗順応とよばれる。逆に, 暗いところから明るいところへ出ると, 初めはまぶしくて物がよく見えないが, 徐々に鮮明に見えるようになる。これは, 光に対する感度の低い錐体細胞が働くことで起こる現象で, 明順応とよばれる。

(4) 光はガラス体を通って網膜へ到達する(右図)。

(5) 盲斑は視神経が眼球の外へ出る部位なので, 視細胞は分布していない。視細胞がないので光は受容されない。

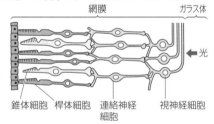

80 (1) Aの部位は, 視細胞がないことから盲斑であることがわかる。

(2) 視軸の中心(0°)は黄斑であるので, 視細胞Bは錐体細胞である。また, 黄斑の周辺部に広く存在する視細胞Cは桿体細胞である。

(3) 盲斑(A)は視神経が眼球の外へ出る部位であり, 黄斑(0°)よりも鼻側の位置で集合して, 眼球の後方へ出る。

81 チン小帯は水晶体を引っ張る透明な繊維である。遠近調節は, 毛様体の筋肉(毛様筋)とチン小帯の働きにより水晶体の厚さを変えることで行われる。

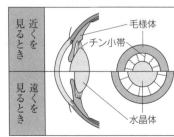

見るときを	近く	①毛様体の筋肉(毛様筋)が収縮する。②チン小帯がゆるむ。③水晶体は自らの弾性で厚くなる。④近くのものにピントが合う。
見るときを	遠く	①毛様体の筋肉(毛様筋)が弛緩する。②チン小帯が緊張する。③水晶体が引っ張られて薄くなる。④遠くのものにピントが合う。

ポイントチェック

(1) 音波, からだの回転, からだの傾き

(2) 外耳, 中耳, 内耳

(3) 聴覚

(4) 鼓膜

(5) 耳小骨

(6) リンパ液

(7) 基底膜

(8) コルチ器

(9) 聴細胞(有毛細胞)

(10) 平衡感覚(平衡覚)

(11) 半規管

(12) リンパ液

(13) 前庭

(14) 平衡石(耳石)

(15) 味細胞

(16) 味覚芽

(17) 嗅細胞

EXERCISE

82

(1) ア 鼓膜

イ 耳小骨

ウ 増強(増幅)

エ おおい膜

オ コルチ器

(2) a 鼓膜

b 耳小骨

c うずまき細管

d 前庭階

e 耳管
  (エウスタキオ管)

f 聴神経

g 基底膜

h 鼓室階

(3) C

83

(1) ①

(2) ③

EXERCISE ▶解説◀

82 (1)(2) 聴覚が生じるまでの流れは,次の通りである。

[1]空気の振動である音波が外耳道を通って鼓膜を振動させる。

[2]中耳にある耳小骨によって振動が増強される。

[3]うずまき管の中を満たすリンパ液に振動が伝わる。

[4]基底膜にリンパ液の振動が伝わり,おおい膜に接する聴細胞(有毛細胞)の感覚毛が曲がって聴細胞が刺激される。

[5]刺激を受けた聴細胞の興奮は,聴神経によって大脳に伝えられ,聴覚が生じる。

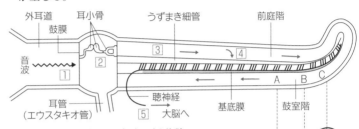

(3) 低音,高音の違いは音波の振動数の違いであり,低音は振動数が小さく,高音は振動数が大きい。低音,高音は,うずまき管のどの位置の基底膜を振動させるかによって識別される。振動数が小さい場合は,うずまき管の奥の基底膜が振動し,振動数が大きい場合は,基部に近い基底膜が振動する。それぞれ情報が大脳の異なる部位に伝えられる。

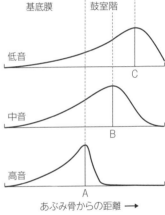

83 (1) 前庭は,平衡石の動きによってからだの傾きを感じる部位である。

②おおい膜はうずまき管の中にあり,有毛細胞(聴細胞)とともにコルチ器を構成している。からだの回転を感じる部位は半規管である。

③④前庭にある有毛細胞は平衡石の動きで刺激され,からだの傾きを感じる。リンパ液の流れによって有毛細胞が刺激され,からだの回転を感じるのは半規管である。

(2) ③うずまき管は音波を受容するための構造である。からだの回転を三次元で感知するのは半規管である。

Keypoint

聴覚:うずまき管のコルチ器

平衡覚:半規管(からだの回転を受容),前庭(からだの傾きを受容)

▶解説◀

❶(1)　①適刺激とは，受容器が受容することのできる刺激のことである。皮膚には紫外線を受容する受容器はない。

②重力の変化を受容するのは内耳にある前庭である。

③桿体細胞は色の識別には関与しない。

(2)　ア　光を適刺激として受容するのは網膜にある光の受容細胞（視細胞）である。強膜は眼球の外側をつくる被膜である。

イ　音を適刺激として受容するのはコルチ器である。鼓膜は，空気の振動を外耳から中耳に伝える働きをする。

ウ　前庭器官で受容する適刺激は，からだの傾きである。からだが傾き，前庭の平衡石（耳石）が重力の作用でずれることで，有毛細胞が刺激され，刺激として受容される。

エ，オ　平衡感覚のうち，からだの回転は半規管で受容される。

❷(1)　ア　夕方から日が暮れて暗くなるにつれて錐体細胞の感度が下がり，暗さに慣れてくる暗順応が起こってくる。

イ　暗順応は桿体細胞の感度が上がることによって起こり，わずかな光の暗闇でも見える。

ウ　図1において，青色に見える波長の範囲は，桿体細胞の吸光量の高い波長に近くなっているので，青色がよく見えることになる。

(2)　リード文より，錐体細胞は網膜の中心部の黄斑に多く存在し，桿体細胞はその周辺に多く分布している。このことから，夜間に暗い星を肉眼で観察するときは，視線の中心から星をずらすことによって，桿体細胞に星の光が当たるようにすると，星を観察することができるようになる。②周りに明るい街灯があるとロドプシンが分解されてしまい，桿体細胞の感度が低下するので誤り。

(3)　眼に入った光は水晶体で屈折し，ガラス体を通って網膜に像が結ばれる。網膜に映る像は，上下左右が逆さまになって映る。つまり，図3の「Ａ Ｂ ＋ Ｃ Ｄ」は，網膜では左から「Ｄ Ｃ ＋ Ｂ Ａ」の順に映ることになる。したがって，図2の20°付近の盲斑の位置にくるのはＢとなるので，Ｂが見えなくなる。また，図2のように左眼では，盲斑の位置が鼻側20°付近にあるので，図3で，＋の位置が黄斑に当たるように注視すると，その左側20°の位置からの光が，レンズを通して盲斑の位置に当たるので，視覚が成立しない。したがってＢが見えなくなる，と考えることもできる。

❶
(1)　④
(2)　⑤

❷
(1)　⑦
(2)　④
(3)　②

28 ニューロンの構造と働き ⟨p.108〜109⟩

ポイントチェック

(1) ニューロン
   (神経細胞)
(2) 軸索
(3) 樹状突起
(4) グリア細胞
(5) 神経鞘
(6) 髄鞘
(7) ランビエ絞輪
(8) 有髄神経繊維
(9) 無髄神経繊維
(10) シュワン細胞
(11) 膜電位
(12) 静止電位
(13) 細胞内 K⁺
   細胞外 Na⁺
(14) 活動電位
(15) 興奮
(16) 閾値
(17) 全か無かの法則

EXERCISE

84
(1) ニューロン
   (神経細胞)
(2) a 細胞体
   b 樹状突起
   c 軸索
   d ランビエ絞輪
   e 神経鞘
   f 髄鞘
(3) 有髄神経繊維
(4) ②

85
(1) 静止電位 b
   活動電位 c
(2) 全か無かの法則
(3) 閾値

86
(1) ア ⑨   イ ②
   ウ ⑥   エ ⑦
   オ ⑧   カ ③
   キ ④   ク ①
(2) ナトリウムポンプ

EXERCISE ▶解説◀

84 (1)(2) 核のある細胞体と多数の突起からなる細胞をニューロン（神経細胞）という。ニューロンの各部の名称は右図の通りである。

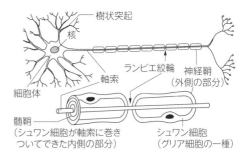

(3)(4) 髄鞘(f)が見られる神経繊維を有髄神経繊維，見られない神経繊維を無髄神経繊維という。末梢神経に見られる髄鞘はグリア細胞の一種のシュワン細胞が軸索に何重にも巻き付いた構造となっていて，絶縁体であり電流を通さない。

　脊椎動物の神経系の多くは有髄神経繊維で，無髄神経繊維は少ない。また，無脊椎動物の神経系は無髄神経繊維のみからなる。

85 (1) 細胞内の電位は，静止時には細胞外に対して負(−)で一定に保たれている。このときの電位を静止電位（図のb）という。ニューロンが刺激を受けると，細胞内外の電位が逆転し，細胞内が正(+)，細胞外が負(−)となる。このときの電位変化を活動電位（図のc）という。

(2)(3) 活動電位は，ある一定の強さ以上の刺激を受けると発生する。活動電位が発生するときの最小の刺激の強さを閾値といい，閾値より弱い刺激を受けた場合では，活動電位は発生しない。また，活動電位の大きさは，刺激の強さにかかわらず一定である。これを全か無かの法則という。刺激の強さは，興奮の頻度に変換される。

86 (1) 静止状態では，能動輸送を行うナトリウムポンプの働きで，細胞外にNa⁺が，細胞内にK⁺が多く保たれている。また，一部のカリウムチャネル（電位非依存性カリウムチャネル）が常に開いて

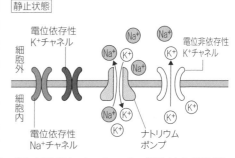

いて，細胞内から細胞外へK⁺が流出しているので，細胞外を基準(0)とすると，細胞内は負(−)になっている。

　刺激を受けると，細胞膜にある電位依存性のナトリウムチャネルが開いてNa⁺が細胞内に流入し，細胞内の電位が正(+)の方向に変化する。刺激の強さが閾値に達すると，別の電位依存性のナトリウムチャネルが開き，さらにNa⁺が細胞内に流入して活動電位が生じる。その後，ナトリウムチャネルは閉じ，電位依存性のカリウムチャネルが開いてK⁺が細胞外へ流出し，さらにナトリウムポンプが働いて，膜電位は元の状態に戻る。

ポイントチェック

(1) 活動電流
(2) 伝導
(3) 不応期
(4) ランビエ絞輪
(5) 跳躍伝導
(6) 有髄神経繊維
(7) 伝達
(8) シナプス
(9) シナプス間隙
(10) シナプス小胞
(11) 神経伝達物質
(12) 興奮性シナプス
(13) Na^+
(14) 抑制性シナプス
(15) Cl^-

EXERCISE

87
(1) 30 m/秒
(2) 有髄神経繊維
(3) 大きい
(4) ③

88
(1) ②
(2) ③, ⑥

EXERCISE ▶解説◀

87 (1) Cを刺激した時点では，まだ興奮はAに伝わっていないのでAとBの間に電位差はない(0)。興奮がAに伝わったときにA−B間の細胞外の電位差が記録される(AがBに比べてマイナスになる)。その後，興奮がBに伝わるとB−A間の電位差が記録される(AがBに比べてプラスになる)。

A−B間の距離が60 mm，AからBに興奮が伝わるのに要した時間は，図2より，4−2＝2ミリ秒である。したがって，興奮の伝導速度は，60 mm÷2ミリ秒＝30 mm/ミリ秒＝30 m/秒となる。

(2) 髄鞘の見られる神経繊維を有髄神経繊維という。脊椎動物の神経繊維の多くは有髄神経繊維である。なお，無脊椎動物の神経繊維は，髄鞘の見られない無髄神経繊維である。

(3)(4) 髄鞘は電気的な絶縁性が強く，電気を通さない。したがって，発生した活動電位はランビエ絞輪だけを通るので，興奮は飛び飛びに伝わり，伝導速度は大きくなる。これを跳躍伝導という。

88 (1) ①ニューロンの興奮は，樹状突起からではなく，軸索末端のシナプスにおいて，隣接する別のニューロンの樹状突起や細胞体へ伝えられる。

③興奮を受け入れる側に神経伝達物質が到達すると，受容体となるイオンチャネルに神経伝達物質が結合する。これによりチャネルが開き，Na^+が細胞内に流入することで活動電位(シナプス電位)が生じる。

④興奮の伝達時にシナプス間隙に放出された神経伝達物質は，通常，速やかに酵素によって分解されたり，軸索末端に回収されたりして，短時間に取り除かれる。

(2) ニューロンが刺激を受けて興奮すると，興奮部から隣接する静止部へ活動電流が流れ，両隣へ興奮が伝えられる。一方，シナプスでは，軸索の末端にあるシナプス小胞から神経

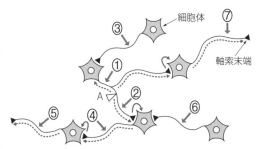
⋯⋯▶ 伝導　　—→ 伝達
細胞体
軸索末端

伝達物質が放出され，接続する他の細胞の細胞膜表面にある受容体に神経伝達物質が結合することで興奮が伝達されるので，興奮は一方向へ伝えられる。

Keypoint

興奮の伝導・伝達の方向
　伝導：興奮部から両隣の静止部へ
　伝達：軸索末端から接続するニューロンの細胞体・効果器の細胞へ

30 神経系の働き

〈p.112〜113〉

EXERCISE

89
(1) ア　中枢
　　イ　自律
　　ウ　体性
　　エ　感覚
　　オ　運動
(2) 　　名称　　働き
　　a　大脳　　③
　　b　間脳　　⑤
　　c　中脳　　②
　　d　延髄　　①
　　e　小脳　　④
(3) 脳幹

90
(1) ア　⑥
　　イ　⑦
　　ウ　③
(2) ③

91
(1) ア　反射
　　イ　反射弓
(2) a　皮質(白質)
　　b　髄質(灰白質)
　　c　背根
　　d　腹根
　　e　感覚神経
　　f　運動神経

EXERCISE ▶解説◀

89 (1) ヒトの神経系には，神経系が集中化した脳と脊髄からなる中枢神経系と，中枢神経系以外の周辺部にある末梢神経系がある。

ヒトの神経系
- 中枢神経系……脳，脊髄
- 末梢神経系
  - 体性神経系……感覚神経，運動神経
  - 自律神経系……交感神経，副交感神経

(2) 脳の各部位の名称と働きは次の通りである。

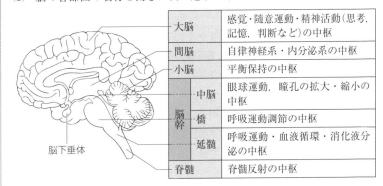

大脳	感覚・随意運動・精神活動(思考，記憶，判断など)の中枢
間脳	自律神経系・内分泌系の中枢
小脳	平衡保持の中枢
脳幹 中脳	眼球運動，瞳孔の拡大・縮小の中枢
脳幹 橋	呼吸運動調節の中枢
脳幹 延髄	呼吸運動・血液循環・消化液分泌の中枢
脊髄	脊髄反射の中枢

脳下垂体

(3) 生命維持に重要な機能をつかさどっている中脳(c)，橋，延髄(d)をまとめて脳幹という。脳幹には間脳を含めることもある。

90 大脳は，ニューロンの細胞体が集まっている表層の大脳皮質(灰白質)と，軸索(神経繊維)が集まっている内部の大脳髄質(白質)に分けられる。

大脳皮質は，新皮質と大脳辺縁系(古皮質，原皮質など)に分けられ，ヒトでは新皮質が特に発達している。大脳辺縁系は新皮質に包み込まれるように深部に存在する。

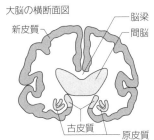

大脳の横断面図

新皮質　脳梁　間脳　古皮質　原皮質

新皮質	感覚野	受容器の情報を受け入れる領域
	運動野	随意運動の中枢となる領域
	連合野	言語や思考，知識，意思，理解，創造などの高度な精神活動を営む中枢となる領域
大脳辺縁系		古皮質・原皮質：嗅覚の中枢，情動・欲求に基づく行動の中枢となる領域
		海馬：短期の記憶にかかわる領域

91 (1) 刺激を受けたときに，無意識に起こる反応を反射といい，反射の際に興奮が伝わる経路を反射弓という。膝蓋腱反射や屈筋反射の中枢は脊髄で，この反射弓は「受容器→感覚神経→脊髄(反射の中枢)→運動神経→効果器」となる。

(2) 脊髄は，感覚神経が通る背根と運動神経が通る腹根という突起が，左右対称に出た構造となっている。また，白質と灰白質の配置は脳とは逆で，皮質が白質，髄質が灰白質となっている。

ポイントチェック

(1) 筋繊維(筋細胞)
(2) 筋原繊維
(3) 明帯
(4) アクチンフィラメント
(5) ミオシンフィラメント
(6) Z膜
(7) サルコメア(筋節)
(8) 筋小胞体
(9) Ca^{2+}
(10) トロポニン
(11) トロポミオシン
(12) ミオシン
(13) 単収縮
(14) 強縮(完全強縮)

EXERCISE

92

(1) ア　運動
　　イ　神経伝達物質
　　ウ　筋小胞体
(2) A　筋繊維(筋細胞)
　　B　筋原繊維
　　C　サルコメア(筋節)
　　D　暗帯
　　E　明帯
　　F　アクチンフィラ
　　　　メント
　　G　ミオシンフィラ
　　　　メント
　　H　Z膜
(3) エ　アクチン
　　オ　トロポミオシン
　　カ　トロポニン
(4) C, E, I

93

(1) A　単収縮
　　B　不完全強縮(強縮)
(2) ②
(3) 完全強縮(強縮)
(4) クレアチンリン酸

EXERCISE ▶解説◀

92 (1)　運動神経は骨格筋の筋繊維との間でシナプスを形成しており，運動神経からの刺激は，軸索末端のシナプス小胞から分泌される神経伝達物質の働きで筋繊維の細胞膜に伝えられる。これにより，筋小胞体からCa^{2+}が放出され，筋原繊維が活性化して収縮が起こる。

(2)　骨格筋は多核で細長い筋繊維(筋細胞：A)が多数束になってできている。筋繊維の細胞質は筋原繊維(B)とよばれる収縮する繊維からなり，1本の筋原繊維は，細いアクチンフィラメント(F)と太いミオシンフィラメント(G)が交互に規則正しく配列している。筋原繊維を顕微鏡で観察すると，明るく見える部分(明帯：E)と暗く見える部分(暗帯：D)が繰り返して縞模様に見える。このような縞模様の見られる筋肉を横紋筋という。

　明帯の中央部の区切りはZ膜(H)とよばれ，Z膜とZ膜の間をサルコメア(筋節：C)という。

(3)　筋繊維を構成するアクチンフィラメントにはミオシン頭部と結合する部位があるが，Ca^{2+}濃度が低い場合，その結合部位はトロポミオシンというタンパク質によって遮られている。したがって，ミオシン頭部はアクチンフィラメントと結合できず，筋収縮は起こらない。

　筋小胞体からCa^{2+}が放出され，Ca^{2+}濃度が高くなると，トロポニンとCa^{2+}が結合することでトロポミオシンの形が変わり，アクチンフィラメントとミオシン頭部が結合できるようになり，筋収縮が起こる。

(4)　筋収縮は，右図のように，アクチンフィラメントがミオシンフィラメントの間に滑り込むことで起こる。したがって，サルコメア(C)，明帯(E)とIの長さは短くなる。ミオシンフィラメントの長さは変わらないので，暗帯(D)の長さは変わらない。

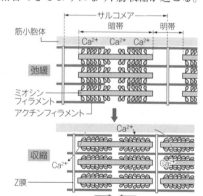

93 (1)(2)(3)　1回刺激したときの興奮で生じる骨格筋の収縮を単収縮(A)，短い間隔での連続的な刺激で生じる単収縮の重なりを不完全強縮(B)という。さらに高頻度の刺激で生じるなめらかな一続きの大きな収縮を完全強縮(②)という。

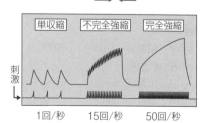

(4)　筋肉中のクレアチンリン酸は，筋収縮に伴って消費されたATPの速やかな再合成に用いられるエネルギー貯蔵物質である。

❶

(1) ②
(2) 40m/秒
(3) ②, ⑤

❷

(1) イ 閾値
　現象 全か無かの
　　　 法則
(2) ③
(3) ⑤

▶**解説**◀

❶(1) ア　活動電位は，神経細胞の Na^+ チャネルが開き，細胞内に Na^+ が流入して，細胞内の電位が逆転することで生じる。

イ　1 つの神経細胞においては，全か無かの法則が成り立つので，閾値以上の強さで刺激しても興奮の大きさは変わらない。しかし，すべての神経繊維が同じ閾値をもつわけではないので，座骨神経のように神経繊維が束となっている場合は，刺激の大きさによって興奮の大きさも変化する。すなわち，弱い刺激では，一部の神経繊維しか興奮しないが，刺激が強くなると興奮する神経繊維の数が増えていく。

ウ　ピーク 1 は 0.05 V の刺激で出現し始め，ピーク 2 は刺激が 0.20 V で出現し始めているので，閾値はピーク 1 に関わる神経繊維の方が低い。

(2)　図 1 より，刺激電極から記録電極までの神経繊維の長さは 8 cm，図 2 より，ピーク 1 は刺激後 2 ミリ秒に出現しているので，神経繊維の伝導速度は，

$$8 \text{ cm} \div 2 \text{ ミリ秒} = 4 \text{ cm/ミリ秒}$$
$$= 40 \text{ m/秒}$$

(3)　①脊椎動物は，無髄神経繊維と有髄神経繊維の両方をもつ。

③髄鞘は絶縁性が高く，電流を通しにくい。

④有髄神経繊維では，ランビエ絞輪で活動電流が発生し，飛び飛びに興奮が伝導する。

⑥伝導速度は軸索が太いほど大きい。

❷(1)　1 つのニューロンでは，図 1 のように刺激が(ア)で示された強さ未満では膜電位に変化が見られるものの活動電位は発生しない。一方，(ア)以上の刺激に対しては活動電位が発生し，刺激の大きさに関わらず活動電位の大きさは一定である。破線(ア)で示された興奮を引き起こす最小の刺激の強さを閾値(イ)という。下線部(a)のように，刺激に対するニューロンの反応は，閾値未満の刺激では興奮しないか，閾値以上で興奮が起こるかの 2 通りしかない。この現象を「全か無かの法則」という。

(2)　ニューロンの興奮が筋肉との接合部のシナプスまで伝わると，アセチルコリンが分泌されて筋繊維に興奮が伝達される。筋繊維の細胞膜も全か無かの法則にしたがって活動電位を発生する。しかし，ひ腹筋には，さまざまな閾値をもつ筋繊維が含まれるので，筋肉全体をとらえた場合は，刺激の大きさと収縮の強さとの間には，全か無かの法則が当てはまらない。これは，閾値の最も小さい筋繊維では(ウ)の刺激の強さを境に全か無かの法則が成り立っているが，いろいろな閾値をもつ筋繊維の束では，刺激が強くなるにつれて興奮する筋繊維の数が増えるため，収縮の強さも大きくなる。しかし，すべての筋繊維が興奮した後は，刺激をさらに増しても収縮の強さは変わらなくなる。以上のことから，③が正解となる。

(3) (2)の解説のように(エ)以上の刺激の強さであればすべての筋細胞が活動電位を発生して，筋収縮が起こっているので，(エ)以上の刺激を受けても収縮の強さは変化しない。

❸

(1) ア 脊髄
イ 体性神経系
ウ 自律神経系

(2) ②

(3) 筋紡錘→感覚神経→脊髄→運動神経→伸筋

❸(1) 脊椎動物の神経系は下図のように分類される。

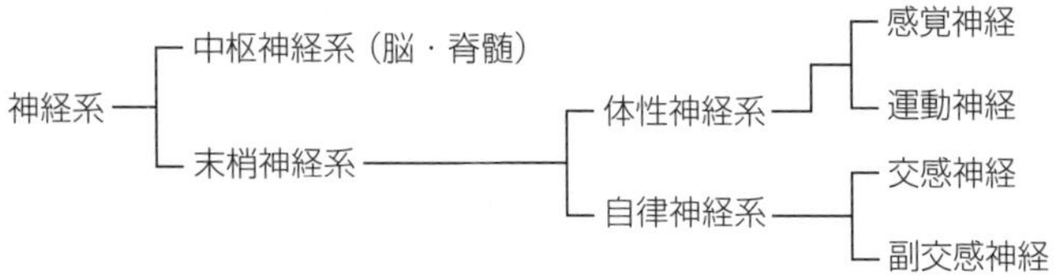

中枢神経系は脳と脊髄(ア)からなり，末梢神経系は感覚や運動に関与する体性神経系(イ)と消化や循環などの調節を行う自律神経系(ウ)から構成される。

(2) シナプスで生じる化学伝達のしくみは，次のようである。活動電位が軸索の末端に到達すると末端部にあるシナプス小胞(エ)が軸索の膜に融合し，内部に蓄えられていた神経伝達物質(オ)が，シナプス間隙に放出される。神経伝達物質は隣接するニューロンの樹状突起上にある受容体に結合してイオンチャネル(カ)の活性化による電位変化を起こす。

(3) 反射は無意識に引き起こされる現象であり，反射において，興奮が神経を伝わる経路を反射弓という。反射の中枢はおもに脊髄や延髄，中脳にあり，大脳とは無関係であるため，素早い回避行動などに役立っている。

膝蓋腱反射では，ひざ下をたたくとその刺激が筋紡錘（受容器）よって受容され，感覚神経，脊髄，運動神経を経て伸筋に伝わる。

❹

(1) ア 筋繊維（筋細胞）
イ 筋原繊維
ウ カルシウムイオン（Ca^{2+}）
エ アクチン
オ ミオシン

(2) a，d

(3) ②

❹(1) 骨格筋の構造は右図のようになっている。筋原繊維は，T管やCa^{2+}を蓄えている筋小胞体に囲まれている。筋原繊維は，細いアクチンフィラメントと太いミオシンフィラメントが規則正しく配列している。

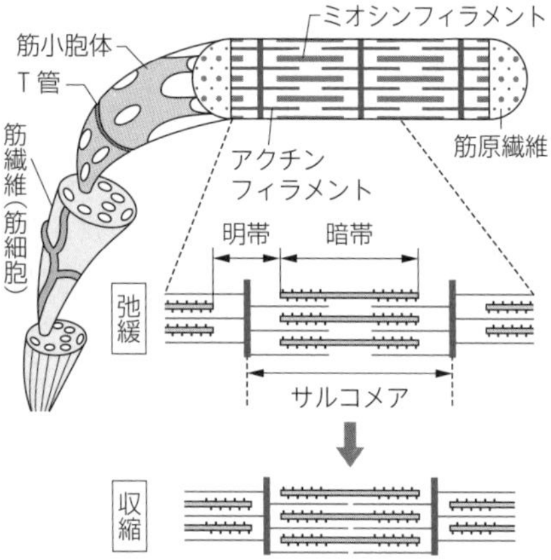

(2) 筋収縮はアクチンフィラメントがミオシンフィラメントの間に滑り込むことで起こるので，明帯(a)とサルコメア(d)が短くなる。

(3) ①アセチルコリンは，運動神経と筋肉の接合部のシナプスにおいて，軸索末端から放出される神経伝達物質である。

③ Ca^{2+}が筋小胞体から放出される（細胞質基質のCa^{2+}濃度が増加する）と，アクチンフィラメントとミオシン頭部が結合し，ATPの分解が促進されて筋収縮が起こる。弛緩はCa^{2+}が筋小胞体に回収されることで起こるので，弛緩期の細胞質基質のCa^{2+}濃度は低下する。

④アクチンフィラメントとミオシン頭部は収縮期に結合する。

⑤単収縮中に次の刺激を受けると，初めの単収縮の後の弛緩がなくなり，1つの大きな収縮となる。これを強縮という。

❺

(1)　④

(2)　オ，カ

❺(1)　図1において，エは暗帯，オは明帯，カはサルコメア(筋節)を示している。図2は筋原繊維の切断面である。繊維の太さからaはアクチンフィラメント，bはアクチンフィラメントとミオシンフィラメント，cはミオシンフィラメントを示している。暗帯部分をア，イの位置で切断するとアはアクチンフィラメントとミオシンフィラメントとが重なっている部分であり，中央部のイはミオシンフィラメントのみとなる。ウは明帯の部分なのでアクチンフィラメントのみとなる。したがってアはb，イはc，ウはaとなる。

(2)　骨格筋が収縮したときにその長さが変わる部分は明帯とサルコメア(筋節)とであるので，オとカということになる。

EXERCISE

94
(1) C，E
(2) かぎ刺激
　腹部の赤い色
(3) B
　理由　解答例）腹部の膨らみが明確であるから。

95
(1) ア　定位
　イ　走性
　ウ　太陽コンパス
　エ　エコーロケーション
　オ　生得的行動
(2) 遠いとき
(3) ④，⑤

96
ア　フェロモン
イ　性フェロモン
ウ　触角
エ　かぎ（信号）

EXERCISE ▶解説◀

94 (1)(2)　イトヨの繁殖期の雄は，腹部が赤くなり縄張りをつくる。そこに同種の腹部の赤い雄が侵入すると，攻撃して追い払う行動をとる。この行動は，腹部の赤い色が刺激となって起こる。このような，生得的行動を引き起こす特徴的な刺激をかぎ刺激（信号刺激）という。この実験の場合，雄は腹部の赤い模型すべて（C，E）に追い払いの行動を示す。

(3)　イトヨの雌は，成熟して卵巣が発達すると腹部が膨らむ。腹部が膨らんだ雌が縄張りに入ると，雄は雌の腹部の膨らみをかぎ刺激として，ジグザグダンスとよばれる求愛行動を行う。したがって，腹部の膨らんだBにのみ求愛行動を示す。

95 (1)　うまれつき備わっている遺伝的なプログラムによる行動を生得的行動という。太陽や星座などを手がかりにして特定の方向性をもつことを定位(ア)という。定位には刺激に対して一定の方向に行動する走性(イ)のような単純なものから，太陽コンパス(ウ)を使った複雑なものまである。さらに，超音波を使ってえさとの距離を測るコウモリのエコーロケーション(エ)などもある。これらのうまれつき決まっている定型的な行動を生得的行動(オ)という。

(2)　ミツバチの8の字ダンスはえさ場が遠いときに見られ，えさ場が近いときは円形ダンスが見られる。

(3)　①ホシムクドリが太陽の位置を基準に方向を決めるのは，生得的行動の定位である。
②ガが街灯に集まるのは生得的行動の正の光走性である。
③コウモリの超音波を使った定位は生得的なエコーロケーションである。
④ミツバチが蜜のある花の色を覚えるのは習得的行動の学習である。
⑤チンパンジーの道具を利用した行動は習得的行動の知能行動である。
したがって，生得的行動でないものは④と⑤となる。

96　同種の個体間での情報伝達に用いられる化学物質を，総称してフェロモンという。動物のからだから放出され，同種の他個体に影響を与えるようなにおい物質をフェロモン(ア)といい，特に異性を引きつけるものを性フェロモン(イ)という。カイコガの雄は雌が分泌した性フェロモンを触角(ウ)にある受容器で受容すると，これがかぎ刺激(エ)となって生殖行動を行う。

EXERCISE

97
(1) A 試行錯誤学習
   B 走性（正の化学走性）
   C 慣れ
   D 太陽コンパス（定位）
   E 刷込み
習得的行動 A，C，E

98
(1) ア 水管
   イ えら
   ウ 興奮
(2) ②
(3) 脱慣れ
(4) ③

EXERCISE ▶解説◀

97 動物の行動には，うまれつき備わっている遺伝的なプログラムによる生得的行動と，生後の経験から行動を変化させる習得的行動（学習）がある。Aは迷路学習の例で，何度も同じことを繰り返すうちに徐々に誤りの回数が減ってくる。このように，試行と失敗を繰り返すうちに合理的な行動がとれるようになることを試行錯誤学習という。Bは化学物質（二酸化炭素）に引かれる生得的行動で，正の化学走性といわれる。Cは，アメフラシが水管刺激の繰り返しでえら引っ込め反射を低下させている慣れ行動で，習得的行動である。Dはミツバチが太陽コンパスで仲間にえさ場を伝える生得的行動である。Eは初めて見た動くものを親として認識して後追い行動をする習得的行動で刷込みという。したがって習得的行動はA，C，Eとなる。

98 アメフラシは水管を刺激されると生得的行動としてえらを引っ込める反射行動（えら引っ込め反射）を示すが，水管刺激を繰り返し行うと，引っ込める行動が弱まる慣れ（習得的行動）が見られる。また，慣れの成立後に最初の刺激と異なる刺激を加えると慣れが消失する脱慣れや，反応がより敏感になる鋭敏化が起こる。

(1) えらを引っ込める行動は，次のようにして生じる。水管に刺激を加えると，興奮した水管(ア)の感覚ニューロンの末端にカルシウムイオンが流入し，これによりシナプス小胞から神経伝達物質が放出される。神経伝達物質を受容したえら(イ)の運動ニューロンで興奮(ウ)性シナプス後電位が生じ，えらが引っ込む。

(2) 水管に繰り返し刺激を加えると慣れが生じる。
   ①神経伝達物質の減少が引っ込める行動を弱くする。
   ②カルシウムイオンの減少により，神経伝達物質が減少して行動が弱まるので正しい。
   ③カルシウムイオンが減少する。
   ④運動ニューロンで生じる興奮は小さくなるが，感覚ニューロンで生じる興奮は小さくならない。

(3) 慣れを引き起こす刺激とは別の刺激を加えることで，えらの引っ込み行動が再び見られるようになることを脱慣れという。

(4) ①尾の感覚ニューロンからの興奮は介在ニューロンを経て水管感覚ニューロンに伝わる。
   ②介在ニューロンからセロトニンが放出されることによってEPSPが大きくなる。
   ③さらに電気刺激を与え続けると，尾の感覚ニューロンではなく水管感覚ニューロンで遺伝子の発現が変化して，分岐が増加する。

❶

(1) ④

(2) ②, ③

(3) S1 低下
　　 S2 低下
　　 S3 低下

▶解説◀

❶ 動物は環境から刺激を受けると，反応する動きをする。その動きが生存や繁殖などに意味づけられるものを行動というが，行動には特定の刺激に対してうまれながらに備わった定型的な反応や，経験によって継続的に変化する学習がある。

(1) ミツバチの定型的な反応に，太陽コンパスを利用した蜜源の方向を特定する8の字ダンスがある。**観察1**では，午後4時に蜜源を見つけ巣箱に戻って8の字ダンスをした。**観察2**では，ダンスの後をついてまわったミツバチは，翌朝午前9時に蜜源へ飛んで行ったことから，蜜源を特定できたことがわかる。**観察3**では，太陽の見えない環境で育ったミツバチも蜜源を特定できることがわかった。

①他のミツバチとコミュニケーションできることがわかる(**観察2**，**観察3**)。

②太陽の運行に合わせて蜜源を特定することができる。(**観察2**)

③時間を知る仕組みがある。(**観察1**，**観察2**)

④匂いに関する観察情報はないので断定できない。

⑤太陽の見えない環境で育ったミツバチも3日目からは蜜源へ行くことができるようになったのは，学習が関わっていると考えられる。(**観察3**)

(2) ハイイロガンのひなは，ふ化直後は，頭上を飛ぶ鳥すべてに対して逃避行動をとったが，親鳥に対しては逃避行動をとらなくなっていった。ハイイロガンなどのカモのなかまは，翼が体の後方につくが，タカなどの猛禽類は翼が頭部よりの前方についている。このことから，図1の模型を左から右方向に移動させると，模型の右側が頭部とみなして猛禽類を連想する。一方，模型を右から左に移動させると，模型の左側を頭部とみなして親鳥などのカモ類を連想すると考えられる。したがって，②と③が正しい。

(3) 無害な刺激を繰り返していくと，効果器の反応が弱まる慣れが生じる。これは，神経伝達物質の減少によるシナプスでの伝達が低下したことを示している。X1，X2での刺激の大きさは変わらないので，A，Cでの閾値や活動電位は変わらない。X1−S1−Y1でY1での反応が弱まったことから，シナプスS1での伝達が低下したと考えられる。

　X2−S2−S3−Y2でY2の反応が低下したのはシナプスS2，S3のいずれかまたは両方の伝達の低下が考えられる。また，S2，S3のいずれかで増加が起これば，Y2での反応の低下はみられない。したがってS1，S2，S3すべてのシナプスで低下が考えられる。

❷
A種　①, ⑥
B種　④, ⑤

❷　鳥類の雄のさえずりの形成は，一部の鳥類では，ふ化後のX期に父親の歌を聴いて記憶し，後のY期に自らの歌と比較することで自種の歌が固定することが知られている。表1では，A種とB種についてX期の自種の歌を聴くか聴かないか，Y期の若鳥の聴覚の有無（自らの歌が聞こえるか否か）について組み合わせた実験を行っている。その結果，A種はどのような組み合わせでも自種の歌を歌うことができた。これはX期，Y期の経験が無くても歌えたことを示している。したがって，A種は自種の歌を聴く必要はなく，経験による学習は関わっていないことがわかる。一方で，B種はX期，Y期ともに自種の歌を聴くことが必要で，いずれか一方が欠けると不完全な歌となってしまう。したがって両方の経験が必要で，学習が関係しているといえる。

EXERCISE

99

A ⑧
B ⑩
C ①
D ④
E ⑥
F ③
G ②

100

(1) A ③
　　B ②
　　C ①
　　D ③
　　E ①
　　F ③
　　G ①
　　H ③

(2) オーキシン

EXERCISE ▶解説◀

99 植物が刺激に対して一定の方向性をもって屈曲する性質を屈性といい，刺激の方向に屈曲する場合を正の屈性，刺激の方向とは逆方向に屈曲する場合を負の屈性という。また，刺激の方向と植物の応答の方向が無関係な場合を傾性という。A〜Gのうち，屈性はA，B，D，E，傾性はC，F，Gである。

A 巻きひげは支柱への接触が刺激となって，支柱の方向に屈曲して巻き付くので，正の接触屈性である。

B 水分が刺激となって，水分のある方向に根が屈曲して伸びるので，正の水分屈性である。

C チューリップの花の開閉は，温度に対する花弁の内側と外側の成長速度の差によって起こる。刺激の方向とは無関係なので，温度傾性である。

D 芽ばえは光が刺激となって，光の方向へ屈曲するので，正の光屈性である。

E 芽ばえの根は重力が刺激となって，重力の方向へ屈曲するので，正の重力屈性である。

F リンドウの花は光が当たると開くが，光の方向へ屈曲するわけではないので，光傾性である。

G オジギソウの葉に触れると，葉のつけ根の細胞の膨圧が変化して葉が閉じる。刺激の方向とは無関係なので，接触傾性である。

100 光屈性に関与するオーキシンは，幼葉鞘の先端部で合成され，基部へと移動し，細胞の伸長を促進する。先端部に光が当たると，オーキシンは光の当たらない側(陰側)へ移動し下降する。

A 先端部が取り除かれているのでオーキシンが合成されず，屈曲しない。

B 先端部が左側にのっており，また，一定方向から光を当てていないので，先端部で合成されたオーキシンは真下(左側の基部)へ下降し，左側の細胞の伸長を促進する。したがって右側に屈曲する。

C 右側だけ先端が残っており，また，一定方向から光を当てていないので，先端部で合成されたオーキシンは真下(右側の基部)へ下降し，右側の細胞の伸長を促進する。したがって左側に屈曲する。

D 黒いキャップがかぶせてあるので，先端部に光が当たらず，オーキシンは右側へ移動しない。したがって左右でオーキシン濃度に差が生じないので屈曲しない。

E 先端部で合成されたオーキシンは光の当たらない右側へ移動・下降し，右側の細胞の成長を促進する。したがって左側に屈曲する。

F 先端部で合成されたオーキシンは光の当たらない右側へ移動するが，右側に雲母片が差し込まれているので下降できない。したがって右側の細胞の成長は促進されず，屈曲しない。

101

①, ④

102

(1) ①

(2) ア　正の重力屈性
　　イ　負の重力屈性

(3) ③

(4) アミロプラスト

103

②

G　寒天片はオーキシンを通すので，先端部で合成されたオーキシンは光の当たらない右側へ移動・下降し，右側の細胞の成長を促進する。したがって左側に屈曲する。

H　垂直に差し込まれた雲母片によって，先端部で合成されたオーキシンの右側への移動が遮られる。したがって，光を左側から当ててもオーキシンは右側へ移動せず下降するだけなので屈曲しない。

101　オーキシンは茎の中を先端側から基部側へと決まった方向にしか移動しない（極性移動）。つまり，A→Bの方向にしか移動しないので，オーキシンの含まれる寒天片（黒色）がA側に置かれている場合のみ，B側の寒天片（白色）にオーキシンが検出される。

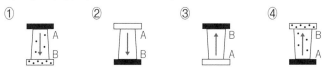

102　(1)　オーキシンは，茎でも根でも重力方向の下側へ移動する。その結果，茎ではオーキシン濃度の高い下側の細胞の伸長成長が促進され，上側へ屈曲する。また，根では，オーキシンに対する感受性が茎よりも高いため，下側のオーキシン濃度が根の細胞の伸長成長に適した濃度を超えてしまい，下側の細胞の伸長成長が抑制されて下側へ屈曲する。

(2)　根は重力の方向に屈曲しているので正の重力屈性，茎は重力の方向とは逆方向に屈曲しているので負の重力屈性である。

(3)(4)　根冠に含まれるアミロプラストとよばれる細胞小器官が重力方向へ沈降することで重力の方向を感知し，その刺激によって細胞膜にあるオーキシンを排出する輸送体の分布が重力方向に変わる。その結果，オーキシンが重力方向へ移動し，屈曲が起こる。なお，根冠を切除しても根端分裂組織は残っているので，根の成長は続く。

　　根冠を切除すると重力を感知できなくなるので，オーキシンの重力方向への移動は見られず，屈曲も起こらない。

103　茎と根では，オーキシンに対する感受性が異なる。一般に，根は茎よりオーキシンに対する感受性は高く，成長を促進する濃度は低い。

　　図2では，茎はオーキシン濃度の高い重力方向（下側）の細胞の伸長成長が促進され上側へ屈曲し，根では重力方向（下側）の細胞の伸長成長が抑制され下側へ屈曲している。したがって，茎では成長を促進し，根では成長を抑制するような濃度となっている②が答えとなる。

　　なお，①は茎と根の両方の成長が促進され，③は茎の成長が抑制される濃度である。

EXERCISE ▶解説◀

104　(1)(2)　生物が日長の周期的な変化に応じて反応する性質を光周性という。植物の花芽形成には光周性が見られ，日長との関係によって短日植物，長日植物，中性植物に分けられる。各植物の代表例は覚えておこう。

	特徴	例
短日植物	暗期が限界暗期より長くなると花芽を形成する。	イネ，アサガオ，ダイズ，キク，オナモミ，コスモス
長日植物	暗期が限界暗期より短くなると花芽を形成する。	コムギ，ホウレンソウ，アブラナ，カーネーション，アヤメ
中性植物	日長に関係なく花芽を形成する。	エンドウ，キュウリ，トマト，トウモロコシ

(3)　短日植物と長日植物の花芽の形成は，連続する暗期の長さがどれくらいかによって決まる。花芽を形成するかしないかの境界となる暗期の長さを限界暗期という。

(4)　(ウ)の長日植物は，暗期が限界暗期より短くなると花芽を形成する。
①連続した暗期が限界暗期（A）より長いので，花芽を形成しない。
②連続した暗期が限界暗期（A）より短いので，花芽を形成する。
③暗期の途中で光が照射（光中断）され，連続する暗期の長さが限界暗期（A）より短くなっているので，花芽を形成する。
④連続する暗期が限界暗期（A）より短いので，花芽を形成する。

105　植物は，葉で日長を感知する。フロリゲンは葉でつくられ，師管を通って茎頂へ移動する。環状除皮で師部を除去すると，フロリゲンはその先へ移動できないので，花芽は形成されない。
C　葉がないので日長を感知できず，フロリゲンもつくられない。
H　環状除皮（師部除去）されているので，I でつくられたフロリゲンは H へ移動できず，花芽は形成されない。

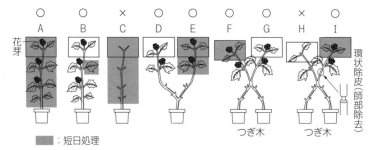

106　(1)　遺伝子 A と C は互いの発現を抑制しあうことが知られている。遺伝子 C の突然変異体では，領域3は遺伝子 A と B が働くので「花弁」となり，領域4は遺伝子 A だけが働くので「がく片」となる。
(2)　遺伝子型 aaBbCC の個体の表現型は〔aBC〕，すなわち遺伝子 A だけが働かない突然変異体である。したがって，領域1は C だけが働き「めしべ」となり，領域2は B と C が働き「おしべ」となる。

EXERCISE
107
(1) (a) 胚
　　(b) ジベレリン
(2) ア 糊粉層
　　イ ジベレリン
108
ア アブシシン酸
イ 孔辺
ウ 厚
エ 薄
109
A エチレン
B オーキシン
C ジベレリン
D オーキシン
E ジベレリン

EXERCISE ▶解説◀

107 イネの種子は，吸水すると胚でジベレリンを合成する。ジベレリンは胚乳に分泌され，胚乳の外側の糊粉層においてアミラーゼの合成を誘導する。したがって，糊粉層が取り除かれていると，アミラーゼは合成されない。
　合成されたアミラーゼによって，胚乳中のデンプンは分解され，最終的にグルコースとなり，胚の成長や発芽のエネルギー源として利用される。

108 孔辺細胞は，気孔に面する細胞壁が厚く逆側が薄いため，膨圧が上昇すると湾曲して気孔が開く。植物が乾燥にさらされると，植物体内でのアブシシン酸の合成量が増加する。アブシシン酸が孔辺細胞に作用して気孔を閉じさせ，水分の損失を抑制する。また，葉に光が当たり，孔辺細胞にあるフォトトロピンが青色光を受容すると，気孔が開き二酸化炭素が取り込まれる。

109 植物ホルモンのおもな働きは，次の通りである。

植物ホルモン	おもな働き
エチレン（気体）	肥大成長促進，果実成熟促進，落葉・落果（離層形成）促進
オーキシン	伸長調節，屈性制御，カルスから根の分化を促進，側芽成長阻害，落葉・落果（離層形成）抑制
アブシシン酸	種子休眠促進，気孔閉鎖
ジベレリン	種子発芽促進，伸長成長促進，花芽形成誘導，子房の成長を促進（たねなしぶどうに利用）

Keypoint
植物の光受容体

受容体	受容する光	作用
フォトトロピン	青色光	光屈性，気孔の開口
フィトクロム	赤色光，遠赤色光	花芽形成，光発芽種子の発芽調節

EXERCISE

110

(1) a 花粉母細胞
    c 花粉四分子
    f 精細胞
    i 胚のう細胞
    m 中央細胞
    o 卵細胞
(2) a〜c, g〜i
(3) 重複受精
(4) 4回
(5) e n g $2n$
    m $n+n$ p n
(6) p

111

ア ⑮   イ ⑧
ウ ⑬   エ ②
オ ⑫   カ ⑪
キ ⑨   ク ⑦
ケ ⑩   コ ⑭
サ ⑥   シ ④
ス ⑤

112

(1) a 胚乳
    b 胚球
    c 胚柄
(2) b
(3) b

EXERCISE ▶解説◀

110 (1)(2) おしべの葯の中の花粉母細胞(a)が減数分裂を行い，花粉四分子(c)となる。花粉四分子はそれぞれ体細胞分裂を1回行い，雄原細胞と花粉管細胞になり，花粉管細胞が雄原細胞を包み込んで花粉が形成される(d)。受粉すると，雄原細胞は分裂し2個の精細胞(f)となる。

  めしべの下部のふくらみ(子房)は胚珠を包んでいる。胚珠の内部では，胚のう母細胞(g)が減数分裂を行って胚のう細胞(i)となる。胚のう細胞は3回核分裂し，胚のうとなる。卵細胞は珠孔側に形成されるので，珠孔付近に存在するoが卵細胞，両側のpが助細胞，反対側の3つのnが反足細胞だとわかる。また，mは2つの極核をもつ中央細胞である。

(3) 被子植物の受精は複雑で，2つある精細胞のうち一方の精細胞と卵細胞が受精し受精卵となり，同時に，他方の精細胞と2個の極核が融合して胚乳細胞となる。このような現象を重複受精という。

(4) 核分裂は，a〜cの減数分裂で2回，c〜dで1回，さらに雄原細胞が分裂して精細胞(f)となるときに1回の合計4回行われる。

(5) 減数分裂前の細胞であるgは$2n$，eとpは減数分裂後の細胞や核なのでnとなる。mは減数分裂後の核が細胞内に2つあるので$n+n$となる。

(6) 2001年に被子植物のトレニアを使った実験から，花粉管は助細胞が出す誘因物質に誘因されていることが明らかになった。なお，この誘引物質はルアーとよばれるタンパク質である。

Keypoint

被子植物は，精細胞＋卵細胞の受精と，精細胞＋中央細胞の融合が同時に起こる重複受精を行う。

111 胚のうは，卵細胞1個，助細胞2個，反足細胞3個，中央細胞1個の合計7個の細胞からなる。精細胞(n)と卵細胞(n)が受精して受精卵($2n$)となり，精細胞(n)と中央細胞($n+n$)が融合して胚乳細胞($3n$)となる。発生が進むと，受精卵は胚($2n$)に，胚乳細胞は胚乳($3n$)になる。

Keypoint

・精細胞と卵細胞が受精した受精卵から胚($2n$)ができる。
・精細胞と中央細胞が融合した胚乳細胞から胚乳($3n$)ができる。

112 (1)(2)(3) 胚発生はまず，種子の中で起こる。受精卵は分裂して2つの細胞に分かれ，そのうち一方から胚球(b)が，もう一方から胚柄(c)ができる。その後，胚球はハート型の胚となり，子葉，幼芽，胚軸，幼根を形成し，胚柄はやがて消失する。種子が発芽した後は，幼根と胚軸からそれぞれ根と茎が形成され，やがて幼芽から本葉が分化する。

  ナズナのような無胚乳種子では，aの胚乳は次第に縮小し，その栄養分は胚球から分化した子葉に蓄えられる。

●

(1)
ア	①	イ	⑤
ウ	①	エ	①
オ	⑤	カ	①
キ	⑤	ク	④

(2)　①，④

❷

(1)　②
(2)　③
(3)　ア　胚
　　　イ　糊粉層
　　　ウ　胚乳

▶解説◀

●(1)　ア・ウ・エ：茎の伸長成長を促すオーキシンは，幼葉鞘の先端に光が当たることで合成される。その後，光の当たらない側を下降し，細胞の伸長を促進して，茎を光の方向に屈曲させる。また，オーキシンは水溶性の物質であり，ゼラチンや寒天を浸透する。

イ：先端部を切り取られると光を感知せず，屈曲しない。

オ：水溶性物質を通さない雲母片を差し込んだ場合，オーキシンが下降せず，屈曲しない。

カ・キ：オーキシンは光の反対側を移動するため，光側方向に雲母片を差し込んだ場合は下降し，屈曲する。一方，光の反対側に雲母片を差し込んだ場合，オーキシンは下降せず，屈曲しない。

ク：寒天にしみ込んだオーキシンは水溶性のため，寒天をのせた左側を下降する。結果，左側の細胞の成長が促進され，右側（寒天をのせなかった側）に屈曲する。

(2)　オーキシンは，2種類の輸送タンパク質（取り込み輸送体・排出輸送体）によって移動する。特に，排出輸送体は基部側に集中して分布するため，オーキシンが先端から基部側へ移動する極性移動が起こる。

❷(1)　**実験1**の結果から，野生型と変異体Aは同じ反応をしており，乾燥ストレスに対して，アブシシン酸を合成している。一方，変異体Bは乾燥ストレスにさらされてもアブシシン酸を合成していない。この比較より，乾燥ストレスを受けたときのアブシシン酸合成は，変異体Aでは正常で変異体Bでは異常であることがわかる（下表）。

	アブシシン酸の合成	
	乾燥ストレスなし	乾燥ストレスあり
野生型	×	○
変異体A	×	○
変異体B	×	×

(2)　リード文に，遺伝子Xはアブシシン酸が作用していることを直接的に示す指標とあるので，**実験2**でアブシシン酸を噴霧し，遺伝子Xの発現量が増加すれば，乾燥耐性が誘導されると考えることができる。

　実験1・2より，変異体Aは乾燥ストレスを受けるとアブシシン酸を合成するが，アブシシン酸を噴射しても遺伝子Xの発現量の増加がみられない。このことから，乾燥耐性は回復しないと考えられる。一方，変異体Bはアブシシン酸を噴射することで遺伝子Xの発現量が増加することから，乾燥耐性が回復すると考えられる。

　実験1・2より，乾燥耐性の誘導プロセスは下表のように考えられる。

	アブシシン酸合成	遺伝子Xの発現量	乾燥耐性
野生型	正常	増加	○
変異体A	正常	変化なし	×
変異体B	異常	増加	×

(3) ジベレリンによるオオムギ種子の発芽促進のメカニズムは以下の通り。

1. 種子が吸水すると，胚でジベレリンが合成される。
2. ジベレリンの働きによって，糊粉層でアミラーゼが合成される。
3. アミラーゼによって胚乳のデンプンがグルコースに分解される。
4. グルコースを分解したときに得られるエネルギーを利用して，胚が成長・発芽する。

❸

(1) ③

(2) 集合 ③

　　逃避 ②

❸ (1) フィトクロムは，光発芽種子の発芽にかかわる光受容体で，赤色光を吸収する Pr 型と遠赤色光を吸収する Pfr 型の2つの型をとる。Pr 型は赤色光を吸収すると Pfr 型となり，Pfr 型は遠赤色光を吸収すると Pr 型となる。種子中に Pfr 型のフィトクロムが増えると，ジベレリンが合成され，発芽が促進される。

　　フォトトロピンは青色光を吸収する光受容体であり，光屈性や気孔の開口の調節に関与する。

(2) 実験1の結果(表)より，集合反応は変異体 xy(光受容体 X と光受容体 Y の両方を欠く変異体)でのみ起こらず，変異体 x(光受容体 X を欠く変異体)と変異体 y(光受容体 Y を欠く変異体)では起こっているので，集合反応は，光受容体のどちらか一方があれば起こることがわかる。

　　逃避反応は変異体 xy と変異体 y で起こらず，そのほかでは起こっているので，光受容体 Y が必要であることがわかる。

❹

(1) ⑧

(2) エ ④

　　オ ③

❹ (1) ア　フィトクロムは赤色光と遠赤色光を受容する光受容体である。

イ　一定期間低温にさらすと花芽形成が促進される現象を春化という。

ウ　近年，シロイヌナズナでは FT タンパク質が，イネでは Hd3a タンパク質が，葉で合成され花芽形成を促進することがわかり，これらがフロリゲンの働きを担っていることが解明された。

(2) Ⅰ～Ⅲの結果より，植物 a は連続する暗期が8時間のとき花芽を形成しないが，連続する暗期が12時間と16時間のときは花芽を形成する。したがって，植物 a は連続する暗期が8時間しかないⅣでは花芽を形成せず，連続する暗期が12時間以上あるⅤでは花芽を形成すると考えられる。

　　Ⅰより，植物 b は連続する暗期が8時間のとき花芽を形成するので，Ⅳは花芽を形成すると考えられる。また，ⅡとⅢより，植物 b は連続する暗期が12時間のとき花芽を形成するが，連続する暗期が16時間になると花芽を形成しないので，連続する暗期が12時間より長くなると花芽を形成しなくなると考えられる。ただし，その時間が何時間なのかはこの結果からわからないので，連続する暗期が14時間程度であるⅤで植物 b が花芽を形成するかどうかはわからない。

❺

④, ⑥

❻

(1) 細胞　助細胞
誘引活性　受精後に
失われる。

❼

(1) ①, ④, ⑤
(2) ④
(3) ⑤

❺ ①②リード文より，助細胞や卵細胞が形成されているので，減数分裂
は正常に行われたと考えられる。

③⑤リード文より，反足細胞が形成されず，極核が1個であったこと
から，胚のう内の核は全部で4つしかないことになる。つまり，胚の
う細胞の核分裂は2回しか行われなかったと考えられる。

⑦⑧図より，胚乳の細胞に含まれるDNA量は2，精細胞に含まれる
DNA量は1なので，極核に含まれるDNA量は1である。また，精細
胞と卵細胞の受精で形成される胚の細胞のDNA量も2であるから，卵
細胞のDNA量は1である。したがって，極核と卵細胞に含まれる
DNA量は同じである。

❻ 表の結果より，助細胞2個を死滅させた細胞でのみ，花粉管の誘引
が見られないので，花粉管の誘引に必要な細胞は助細胞であるとわかる。
また，受精後の胚のうでは，花粉管の誘引が見られないので，誘引活性
は受精後に失われると考えられる。

❼(1) 図1より，領域2ではAとBが発現し花弁が形成され，領域3で
BとCが発現しておしべが形成されているので，それぞれ協同して働
いていることがわかる。また，AとCは，両方発現している領域はな
いので，互いの働きを抑えていると考えられる。

(2) 図1より，花弁はAとBの発現によって形成されることがわかる。

(3) A，B，Cすべてに異常があると，花の各器官は形成されず，葉のみ
からなる器官となる。

5章 生態と環境

38 個体群の性質 〈p.142〜145〉

ポイントチェック

(1) 個体群
(2) 生物群集
(3) 個体群密度
(4) 現存量
(5) 集中分布
(6) 一様分布
(7) ランダム分布
(8) 区画法
(9) 標識再捕法
(10) 成長曲線
(11) S字型
(12) 環境収容力
(13) 種内競争
(14) 密度効果
(15) 相変異
(16) 最終収量一定の法則

EXERCISE

113
(1) ア 個体群
　　イ 個体群密度
　　ウ S
　　エ 成長曲線
　　オ 密度効果
(2) ②, ④
(3) 環境収容力
(4) A 集中分布
　　B 一様分布
　　C ランダム分布

114
(1) 区画法
(2) 5個体
(3) 0.2個体/m²
(4) 2000個体

115
(1) 標識再捕法
(2) 72匹
(3) ④

EXERCISE ▶解説◀

113 (1)(2) 個々の生物体を個体といい，ある一定の空間(地域)に生息している同種個体の集まりを個体群という。個体群の大きさは，個体群を構成する個体の数(個体数)のほか，一定空間あたりの個体数(個体群密度)や，一定空間あたりの総重量(現存量)などで表される。

　個体群の大きさが増すことを個体群の成長といい，そのようすをグラフに表したものを成長曲線という。環境からの制限が何もない場合，個体数は指数関数的に増加する。しかし実際の個体群では，個体数の増加に伴って環境抵抗(食物や生活空間の不足，老廃物の蓄積など)が生じて増加が抑制される。したがって，成長曲線はS字型となる。

(3) 一定の空間では，資源(食物や生息空間など)が限られているため，そこに生息できる個体数には上限がある。この最大の個体数を環境収容力という。

(4) 個体群において，それぞれの個体が相互に依存し，群れをつくったり集団で巣をつくったりする場合，個体の分布は集中分布となる。一方，個体どうしが縄張りをもつなど排他的関係にある場合は，互いに一定の距離を保つため，一様分布となる。個体間に特に関係がない場合には，見かけ上不規則なランダム分布となる。

114 (1) 野外における個体群調査では，全個体数を調べることが困難な場合が多いため，一部を調査し，その結果から全体を推定する方法がとられる。生息地内に一定面積の区画をいくつか設置し，その中の個体数を調査することで，生息地全体の個体数を推定する方法を区画法という。

(2) 各区画の平均個体数は，$(5+3+8+6+4+2+7+5) \div 8 = 40 \div 8 = 5$個体となる。

(3) (2)より，1区画の面積 5m×5m＝25m² あたりの平均個体数が5個体なので，単位面積(1m²)あたりの平均個体数を x とおくと，

$25\,\text{m}^2 : 5$個体 $= 1\,\text{m}^2 : x$個体　$x = 5 \div 25 = 0.2$個体/m²

(4) 草原の面積は，100m×100m＝10000m² なので，これに(3)で求めた1m²あたりの平均個体数をかけて草原全体の推定個体数を求める。

$10000 \times 0.2 = 2000$個体

115 (1) 捕獲した個体に標識をつけてからもとの場所に戻し，再び捕獲してその中の標識個体の割合から全個体数を推定する方法を標識再捕法という。

(2) 推定個体数と最初の標識個体数の比は，再捕獲した個体数と再捕獲した中の標識個体数の比と等しくなると考えられるので，推定個体数：戻した標識個体数＝再捕獲した個体数：再捕獲した標識個体数となる。

つまり，推定個体数 ＝ $\dfrac{\text{再捕獲した個体数}}{\text{再捕獲した標識個体数}} \times$ 戻した標識個体数

116

(1) ア 種内競争
　　イ 密度効果
　　ウ 低下(減少)
(2) エ ⑨
　　オ ②
　　カ ③
　　キ ⑤
　　ク ⑥
　　ケ ⑦
(3) 最終収量一定の法則

となるので，推定個体数 $= \dfrac{18}{4} \times 16 = 72$（匹）

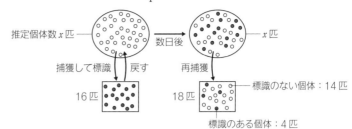

推定個体数 x 匹 ——
捕獲して標識　戻す　　再捕獲
16匹　　　18匹　　標識のない個体：14匹
標識のある個体：4匹
x 匹
数日後

(3) 標識再捕法を用いる場合，周囲から調査地へ個体が自由に出入りしてしまうと，全個体数に対する戻した標識個体数の割合が異なってしまい，正確に推定することができない。

Keypoint

標識再捕法を用いる場合の前提条件や注意点
・調査期間中に死亡や出生がない。
・標識の有無で個体の行動に差が出ない。
・どの個体も同じ確率で捕獲される。
・調査地において個体の出入りがない。
・最初の捕獲と再捕獲で，同じ方法を用いる。
・最初の捕獲と再捕獲の間に十分な期間をあける。
・標識は調査期間中に消えない。

116 (1) 同種の個体間で起こる資源（食物や生息空間，配偶者など）をめぐる競争を，種内競争という。ある空間に存在する資源には限りがあるため，個体間の関係は個体群密度によって影響を受ける（密度効果）。

(2) 成長するときの密度によって形態や行動が変化する現象を相変異という。トノサマバッタでは，密度が低い環境で数世代育ったものを孤独相（B），密度が高い環境で数世代育ったものを群生相（A）とよぶ。群生相は，体色が黒く，体長に比べてはねが長く，後肢が短いなど，長距離の移動に適した形態をしている（下図）。

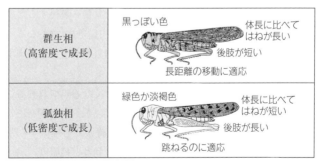

群生相 (高密度で成長)	黒っぽい色　　　体長に比べてはねが長い 後肢が短い 長距離の移動に適応
孤独相 (低密度で成長)	緑色か淡褐色　　体長に比べてはねが短い 後肢が長い 跳ねるのに適応

(3) ヒマワリなどの植物の場合，個体数が多く密度が高いと光や栄養分が不足するため，各個体は大きく育つことができない。一方，個体数が少なく密度が低い場合には，個体は大きく育つことができる。このため，単位面積あたりの現存量は，密度の違いに関わらず，生育が進むにつれてほぼ一定の値に近づく傾向がある。これを最終収量一定の法則という。

ＥＸＥＲＣＩＳＥ

117
(1) ア　生命表
　　イ　生存曲線
(2) a　C　　b　A
　　c　B　　d　C
(3) A　②　　B　③
　　C　①

118
(1) 年齢ピラミッド
(2) A　幼若型
　　B　安定型
　　C　老齢型
(3) A　①
　　B　③
　　C　②
(4) A

119
②，⑥

120
(1) A
(2) Y

ＥＸＥＲＣＩＳＥ ▶解説◀

117 (1) 個体群における一定数の卵（子）が，各発育段階でどれだけ生存（死亡）しているかをまとめた表を生命表といい，生存数の変化を表したグラフを生存曲線という。

(2) 生存曲線には，A〜Cのような形がある。

　A：少数の子を親が手厚く保護するので初期死亡率が低い。哺乳類などがあてはまる。

　B：初期死亡率は比較的高いが後に低くなる。鳥類やは虫類があてはまる。

　C：産卵数は多いが，親による保護がなく初期死亡率が高い。多くの魚類や海産無脊椎動物などがあてはまる。

(3) ①ニシンは魚類で，沿岸の浅い海の海藻に数万個の卵を産みつける。②ニホンザルは哺乳類で，親が子を手厚く保護する。③スズメは鳥類で，死亡率が一生を通じてほぼ一定である。

118 (1) 個体群の年齢（齢階級）ごとの個体数の分布を齢構成といい，年齢ごとの個体数を若い順に下から積み上げた図を年齢ピラミッドという。年齢ピラミッドは，幼若型，安定型，老齢型に分けられる。

(2)(3)(4) 幼若型（A）：出生率が高く，若い個体が多い。生殖可能な世代が増えるため，将来個体数が増加する。

　安定型（B）：各齢での死亡率がほぼ一定で低く，生殖可能な世代にも大きな変化がないため，個体数は安定している。

　老齢型（C）：出生率が低く，生殖可能な世代が少なくなるので，将来個体数は減少する。

119 多数の動物個体がつくる1つの集団を群れという。群れでの生活は，利益が得られる反面，不利益が生じることもある。利益と不利益のバランスによって，最適な群れの大きさとなる。
②群れをつくることで食物を獲得する効率は高くなるが，群れの中での食物をめぐる競争（種内競争）は強くなる。
⑥群れの中の個体が病気や寄生虫に感染すると，群れ全体に伝染する可能性が高くなる。

120 (1) 縄張りが大きくなるにつれ利益（得られる資源）は増えるが，資源には限りがあるので，最終的に頭打ちになる（A）。また，縄張りが大きくなればなるほど，縄張りを維持する労力（コスト）は大きくなる（B）。

(2) 縄張りから得られる利益と縄張りを維持する労力の差が大きくなるYが，縄張りの最適な大きさであると考えられる。

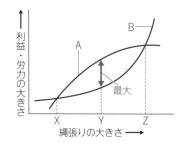

40 個体群間の相互作用

ポイントチェック

(1) 種間競争
(2) 競争的排除
(3) ゾウリムシとヒメゾウリムシなど
(4) 捕食者
(5) 被食者
(6) 寄生
(7) 宿主
(8) コマユバチとチョウの幼虫など
(9) 相利共生
(10) サンゴと褐虫藻など
(11) 片利共生
(12) コバンザメとサメ
(13) 生態的地位(ニッチ)
(14) すみ分け
(15) 食い分け

EXERCISE
121
(1) ア　被食者
　　イ　種間競争
　　ウ　すみ分け
　　エ　相利共生
　　オ　片利共生
(2) A d　　B e
　　C c　　D a
　　E b
(3) 競争排除(競争的排除)
(4) 生態的地位(ニッチ)
122
(1) 被食者−捕食者相互関係
(2) A
(3) ②, ③, ⑤

EXERCISE ▶解説◀

121 (1)(2)(3)　異なる2種の個体群間に見られる関係を種間関係といい, 互いに利益や不利益を及ぼし合うさまざまな関係が見られる。

A：ライオンとシマウマのような「食う−食われる」の関係において, 食われる側の生物を被食者, 食う側の生物を捕食者といい, これらの関係を被食者−捕食者相互関係という。

B：ゾウリムシとヒメゾウリムシは, ともに細菌を食物としているため, 混合して飼育すると同じ資源(食物や生息場所など)を求めて争いが起こり, やがて一方(ゾウリムシ)の増殖が止まって消滅する。このような種間で起こる争いを種間競争という。なお, 種間競争において一方の種が他方の種を駆逐することを競争的排除(競争排除)という。

C：イワナとヤマメが同じ川に生息している場合, 水温13℃付近を境に上流側(低温側)にイワナ, 下流側(高温側)にヤマメが分布する。一方のみが生息する川ではそれぞれ分布域が広がるので, これら2種の生息場所は, 両者の競争の結果分かれたと考えられる。このように, 同じ資源を利用する2種が, 互いに生息場所を分けて共存する場合をすみ分けという。

D・E：異種の生物が, 互いに関係をもちながらともに生活する現象を共生という。共生の中でも, ともに利益を受ける関係を相利共生といい, 一方のみが利益を受けて他方は利益も不利益も受けない関係を片利共生という。

イソギンチャクは触手に毒針をもっているため, ふつうの魚は近づくことができない。しかしクマノミはイソギンチャクの毒針に刺されないしくみをもっており, 両者は共に生活することで防衛や採餌において互いに利益を受けていると考えられている。

コバンザメはスズキ目の魚類で, 頭部背面に吸盤をもち, 大型のサメなどに吸い付いて移動することで移動のエネルギーを抑えている。コバンザメのみが利益を受けているので, 片利共生と考えられる。

(4) 生物群集において, それぞれの個体群がもつ食物や生息場所などの利用のしかたを生態的地位(ニッチ)という。生態的地位の重なりが大きいと種間競争も激しくなるが, すみ分けや食い分けのように, 生態的地位が似ている2種が資源利用のパターンを変えて共存する場合もある。

122 (1)　異なる2種間の食われるもの(被食者)と食うもの(捕食者)の関係を, 被食者−捕食者相互関係という。

(2)(3)　生態系における生産者, 一次消費者(生産者を食べる動物), 二次消費者(一次消費者を食べる動物)の各段階のことを栄養段階といい, 一般的にこの段階が高いものほど個体数(現存量)が少ない。被食者−捕食者相互関係にある個体群間では, 被食者が増加すると, それを食べる捕食者も増えるが, 捕食者が増えすぎると今度は被食者が減ることになるので, しばしば個体数の周期的変動が観察される。

❶

(1)　③

(2)　0.6 個体 /m²

(3)　②

❷

(1)　③

(2)　③，④

(3)　種X　B型
　　　種Y　A型

▶解説◀

❶(1)　①生態的地位はニッチともよばれ，ある個体群が生物群集内でどのような場所に生息し，どのような役割を果たしているかを表すものである。

②密度効果とは，一定面積や一定体積あたりの個体数(個体群密度)の変化に伴って，個体の増殖率や形態・行動などが変化することである。

④現存量とは，一定空間あたりの個体群の総重量のことである。

(2)　このような方法を標識再捕法といい，次の式で個体群の全個体数を推定することができる。

$$全個体数 = \frac{再捕獲した個体数}{再捕獲した標識個体数} \times 戻した標識個体数$$

$$= \frac{120}{4} \times 100 = 3000$$

よって，この池(5000 m²)に，3000 個体のクサガメが生息していると推測される。したがって，個体群密度は 3000 個体÷5000 m² = 0.6 個体/m² となる。

(3)　①2種のゾウリムシを単独で培養するとそれぞれ一定数まで増加するが，混合して培養するとゾウリムシYは減少して最終的に個体数が0となることから，XとYの間には何らかの種間相互作用が働いていると考えられる。したがって誤り。

②XとYの間の種間相互作用として，食物や生息場所などの資源をめぐる種間競争が考えられる。

③XとYが共生者であった場合，混合して培養したときにYが駆逐されることはない。したがって誤り。

④YがXを専門に捕食する捕食者であるなら，混合して培養した場合，Xの個体数が減少するはずである。したがって誤り。

以上より，②が最も適当である。

❷(1)　植物において，個体群密度が違っていても，単位面積あたりの個体群全体の重量は，生育が進むにつれて同じような値に近づき，最終的にほぼ等しくなる。これを最終収量一定の法則という。

個体群密度の高い畑ほど光や栄養分をめぐる種内競争が激しくなり，個々の植物体は小さくなる。一方，個体群密度の低い畑では個々の植物体は大きく成長する。したがって，どの個体群密度の畑でも個体群全体の最終的な重量はほぼ等しくなる。

(2)　①　A型は，産子数が少なく，親の保護があるため初期死亡率が低い哺乳類などに見られる生存曲線である。水生無脊椎動物や魚類は，1回の産卵数が多く，初期死亡率が高いので，一般にC型の生存曲線となる。したがって誤り。

②　B型は，齢ごとの死亡個体数ではなく，死亡率が一定である生物(鳥類や虫類)に見られる生存曲線である。したがって誤り。

❸

(1)　①，⑦

(2)　半分　③
　　　2倍　①

❹

(1)　ア　擬態
　　　イ　保護色

(2)　③

(3)　③

(4)　④

---

(3)　表1より，種Xの生存個体数は年齢ごとにほぼ半分に減少している
ので，死亡率がほぼ一定と考えることができる。したがって，生存曲線
はB型と考えられる。表2より，種Yの生存個体数は，初期の生存個
体数が比較的多く表1よりも死亡率が低いので，生存曲線はA型であ
ると考えられる。

❸(1)　①伝染性の病気は，群れることで伝染しやすくなる。
⑦群れることで，種内で食物を奪い合うなどの競争が起こると，個体の
成長速度は低くなる。

(2)　問題文より，最適な縄張りの大きさは，縄張りの利益とコストの差が
最も大きくなる点であるとある。縄張りを維持するコストが半分になっ
た場合と，2倍になった場合をグラフに示して，利益とコストの差が最
も大きくなる点を探せばよい。

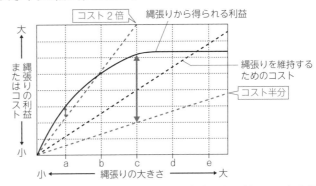

❹(1)　被食者がからだの色彩や形態を他の生物などに似せることを擬態と
いう。また，被食者が捕食者に発見されにくくなるよう，背景にとけこ
むような体色をもつ現象もあり，このような体色を保護色という。

(2)　マウンティングする個体数を数えると，Aは6個体，B, C, Dは4個体,
Eは2個体，Fは1個体，Gは0個体となっている。したがって，B, C, D
の順位が同じ③が正しい。

(3)　相利共生とは，異種の生物間において両方が利益を得る関係のことで
ある。
①被食者（ミミズ）と捕食者（鳥類や昆虫）の相互関係。
②個体群内における共同繁殖の関係。
④個体群内における役割分業の関係（社会性昆虫）。
⑤生態的地位（ニッチ）の似た種の共存。

(4)　④捕食者の隠れ場所を設置しても，被食者は捕食者からの捕食を免れ
ることができず，被食者の個体数は減少し，やがて絶滅する。

41 生態系の物質生産 〈p.155 ～ 157〉

ポイントチェック

(1) 栄養段階
(2) 分解者
(3) 物質生産
(4) 同化器官
(5) 非同化器官
(6) 生産構造
(7) 層別刈取法
(8) 生産構造図
(9) 広葉型
(10) イネ科型
(11) 広葉型
(12) 総生産量
(13) 呼吸量
(14) 純生産量
(15) 枯死量と被食量
(16) 被食量
(17) 摂食量
(18) 不消化排出量
(19) 同化量
(20) 呼吸量
(21) 森林
(22) 植物プランクトン
(23) 浅海
(24) 補償深度

EXERCISE

123
④

124
(1) 生産構造図
(2) 同化器官
(3) 非同化器官
(4) 相対照度
(5) 層別刈取法

125
(1) ア　総生産量
　イ　純生産量
　ウ　同化量
　エ　生産量
(2) オ　純生産量
　カ　被食量
　キ　生産量
　ク　被食量

EXERCISE ▶解説◀

123 葉の密度が最も高いところで，その高さでの光の吸収が増えるので，光の強さが減衰する。つまり，光の減衰速度が最も大きいのは，0.8付近である。

124 同化器官とは，植物が光合成を行う器官で，おもに葉が該当する。非同化器官は光合成を行わない部分で，花や果実，通道器官を含む茎などが該当する。

相対照度とは，植物群集内外の照度差を表すもので，群集外を100%とした相対値で表される。この測定には，照度計が二台必要になる。

広葉型の例としてアカザやミゾソバ，イネ科型の例としてチカラシバやススキを覚えておこう。

125 (1)(2) 生産者が光合成などによって生産した有機物の総量を総生産量(ア)といい，総生産量から呼吸量を引いた値を純生産量(イ)という。

消費者が摂食した有機物量を摂食量といい，摂食量から不消化排出量を引いた値は同化量(ウ)となる。さらに，同化量から呼吸量を引いた値は生産量(エ)となる。

〈生産者〉 総生産量＝成長量＋被食量＋枯死量＋呼吸量
純生産量＝総生産量－呼吸量
成長量＝純生産量－(枯死量＋被食量)

〈消費者〉 同化量＝摂食量－不消化排出量
生産量＝同化量－呼吸量
成長量＝生産量－(死亡・脱落量＋被食量)

126

(1) 森林

(2) 海洋

(3) ③

(4) ア 植物プランク
　　トン

　　イ 栄養塩類

　　ウ 補償深度

　　エ 湧昇流

　　オ ＜

　　カ ＞

(5) 海洋では，年間に
世代交代する回数の
高い植物プランク
トンがおもな生産者だ
から。

126 (1)(2) 純生産量が最も多いのは，森林の79.9(10^{12} kg/ 年)である。単位現存量あたりの純生産量は，純生産量÷現存量で求められるが，実際にすべて計算しなくても，各現存量と純生産量を見比べて，海洋の純生産量が現存量より大きくなっていることから判断できる。

生態系	地球全体での面積 [10^6 km^2]	現存量 [10^{12} kg]	純生産量 [10^{12} kg/年]	単位現存量あたりの純生産量 [10^{12} kg/年]
海洋	361.0	3.9	55.0	14.1
森林	57.0	1700.0	79.9	0.047
草原	24.0	74.0	18.9	0.26
荒原	50.0	18.5	2.8	0.15
農耕地	14.0	14.0	9.1	0.65

(3) 単位面積あたりの総生産量は，気温が高く降水量の多い熱帯多雨林で最も多くなる。

(4) 海洋生態系における物質生産は植物プランクトンや海藻などが行っており，光と栄養塩類が重要となる。光合成による，CO_2吸収と呼吸によるCO_2放出がつり合い，見かけ上CO_2の出入りがなくなる光の強さを光補償点という。海洋の場合，水深が深くなると光が届かなくなるため，ある深さ以上では光合成による物質生産はできない。この深さを補償深度といい，これより浅い層を生産層，深い層を分解層という。海洋における栄養塩類は，陸上の河川や海底から湧昇流などによって運ばれてくるため，光の届く浅海域の沿岸部などで，生産者による純生産量が大きくなっている。

(5) 海洋生態系のおもな生産者である植物プランクトンは，回転率(年間に世代交代する回数)が高く，生産者の現存量は地球全体の0.2%にすぎない。しかし，物質生産においては，純生産量が地球全体の33%を占めており，その生産者としての役割は大きい。ただし，外洋の純生産速度は低い。これは栄養塩類の量が純生産速度の制限要因となっている。

42 物質循環とエネルギーの流れ 〈p.158～161〉

ポイントチェック

(1) 光合成
(2) 呼吸
(3) 窒素同化
(4) 窒素固定
(5) 根粒菌
(6) 脱窒
(7) 化学エネルギー
(8) 熱エネルギー
(9) エネルギー効率

EXERCISE

127
ア　大気
イ　二酸化炭素（CO₂）
ウ　0.04
エ　光合成
オ　食物連鎖（食物網）
カ　呼吸

128
(1)　②，⑤
(2)　窒素固定
(3)　②，④
(4)　③

129
(1)　①，⑥
(2)　脱窒　イ
　　　窒素固定　ア

EXERCISE ▶解説◀

127 炭素は，生物体の重要な構成元素である。大気中の二酸化炭素は，まず植物の光合成などによって生物体に取り込まれ，食物連鎖を通して生物間を移動し，最終的には呼吸によって大気中に放出される。放出された二酸化炭素は，再び植物に取り込まれて利用される。物質は生態系内を循環する。

128(1)　生物体を構成するおもな物質の構成元素は次の通りである。

炭水化物：C, H, O　　　　　タンパク質：C, H, O, N, S
脂質：C, H, O(, P)　　　　　無機塩類：Na, Cl, Fe, Ca, K など
核酸：C, H, O, N, P

(2)(3)　大気中の窒素(N_2)をアンモニウムイオン(NH_4^+)に変える働きを窒素固定という。窒素固定を行う細菌(窒素固定細菌)には次のようなものがいる。

・根粒菌：マメ科植物の根に共生。
・アゾトバクター：土壌中や水中に広く分布する好気性細菌。
・クロストリジウム：酸性土壌に生息する嫌気性細菌。

なお，選択肢の①亜硝酸菌はNH_4^+をNO_2^-に酸化する細菌，⑤硝化菌はNO_2^-をNO_3^-に酸化する細菌である。

窒素固定とは逆に，窒素酸化物をN_2の形で大気中へ放出する働きを脱窒という。

(4)　レンゲソウはマメ科植物で，根に根粒菌が共生している。化学肥料が使用される以前は，緑肥(栽培した植物を田畑にすき込んで肥料にすること)として利用されていた。尿素は,肝臓でアンモニアの無毒化によってつくられることからもわかるように，窒素が含まれている。石灰は炭酸カルシウム($CaCO_3$)または水酸化カルシウム($Ca(OH)_2$)の総称で，酸性土壌を中和するのに使われる。有機石灰あるいは貝殻石灰を除き，通常の石灰は窒素を含まない。

129(1)　尿素($CO(NH_2)_2$)は，有毒なアンモニア(NH_3)と二酸化炭素を原料に，肝臓のオルニチン回路でATPを消費して合成される。

(2)　脱窒は，微生物の働きで窒素を含む物質が分解され，大気中に窒素が放出される働きである。

130

(1) ア ③ イ ②
ウ ① エ ⑥
オ ⑦

(2) 窒素同化

(3) 働き: 窒素固定
生物例: 根粒菌,
アゾトバクター,
クロストリジウ
ム,ネンジュモ
などから1つ

131

ア ④
イ ②
ウ ①
エ ③

132

(1) 0.1%

(2) 10%

(3) 20%

130(1) 窒素同化の過程は次の通りである。

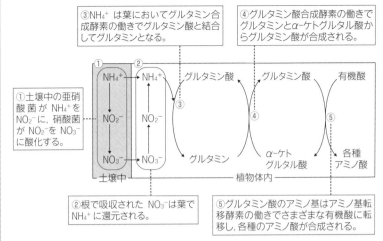

③NH$_4^+$ は葉においてグルタミン合成酵素の働きでグルタミン酸と結合してグルタミンとなる。

④グルタミン酸合成酵素の働きでグルタミンとα-ケトグルタル酸からグルタミン酸が合成される。

①土壌中の亜硝酸菌が NH$_4^+$ を NO$_2^-$ に,硝酸菌が NO$_2^-$ を NO$_3^-$ に酸化する。

②根で吸収された NO$_3^-$ は葉で NH$_4^+$ に還元される。

⑤グルタミン酸のアミノ基はアミノ基転移酵素の働きでさまざまな有機酸に転移し,各種のアミノ酸が合成される。

(2) 上図のように,生物が体内で有機窒素化合物を合成する働きを窒素同化という。

(3) 大気中の N$_2$ を還元して NH$_4^+$ に変える働きを窒素固定といい,窒素固定を行う細菌をまとめて窒素固定細菌という。窒素固定細菌には,アゾトバクター,クロストリジウム,根粒菌,一部のシアノバクテリア(ネンジュモなど)が含まれる。根粒菌はマメ科植物と相利共生の関係にあり,アゾトバクターやクロストリジウムは単独生活である。

131 生態系において,物質(炭素や窒素など)とエネルギー(光,化学,熱エネルギーなど)という2つの面の収支が重要である。太陽の光エネルギーは,生産者の光合成で有機物中に化学エネルギーとして取り込まれる。そして,一部は生産者の呼吸によって熱エネルギーとして放出され,一部は一次消費者,二次消費者,さらに高次消費者,分解者へと食物連鎖を通じて移動する。有機物中の化学エネルギーは,消費者が行う呼吸によって,最終的には熱エネルギーとして生態系外へ放出される。

アは,400,000 × 0.001=400 イは x ÷ 400=0.15 x =60 となる。

ウは, x ÷ 60=0.2 x = 12 生産者から放出される熱エネルギーは,400 − 360 = 40 一次消費者から放出される熱エネルギーは,60 − 34 = 24
二次消費者から放出される熱エネルギーは,12 − 10 = 2

40 + 24 + 2 = 66 となる。

132(1) 生産者のエネルギー効率は,(成長量＋被食量＋枯死・死滅量＋呼吸量)÷入射した光エネルギーであるので,

(250+100+30+120) ÷ 500000 = 0.1% となる。

(2) 一次消費者のエネルギー効率は,一次消費者の同化量÷生産者の同化量(総生産量)だから,(15 + 10 + 20 + 5) ÷ (250 + 100 + 30 + 120) = 50 ÷ 500 = 10%

(3) 消費者のエネルギー効率(%)は,その段階の同化量÷1つ前の栄養段階の同化量 であるので,(5 + 5) ÷ (10+20+5+15) = 10 ÷ 50 = 20%

EXERCISE
133
ア　種の
イ　生態系の
ウ　遺伝的
134
(1)　中規模かく乱説
(2)　生態系サービス
(3)　③
135
②

EXERCISE ▶解説◀

133 生物多様性とは，地球上のさまざまな環境に生息する生物とそのつながりの豊かさを意味する概念で，生物多様性条約では，種の多様性，遺伝的多様性，生態系の多様性の3つの階層を定義している。
ア　さまざまな種が存在することを種の多様性という。
イ　さまざまな環境に多様な生態系があることを生態系の多様性という。
ウ　同じ種でも，個々の個体は遺伝的に異なることを，遺伝的多様性という。

134 (1)　かく乱が大規模な場合，かく乱に強い種しか生き残れない。一方，かく乱が小規模な場合，種間競争に強い種が生き残るようになる。これに対し，かく乱が中規模の場合，かく乱に強い種と種間競争に強い種は共存し，種の多様性が大きくなる。このような考え方を中規模かく乱説といい，オーストラリアのサンゴ礁などで確認されている。

(2)　ヒトは，生態系から空気や水，さまざまな生物資源など，多くの恩恵を受けている。このような恩恵のことを生態系サービスという。生態系サービスには，供給サービス(食料，水，木材など)，調整サービス(気候，大気成分，土壌流出防止など)，文化的サービス(レクリエーション，信仰や芸術の対象など)，基盤サービス(栄養塩循環など)などがある。

(3)　①絶滅危惧種については，動物，植物の区別なく，世界各地で問題となっており，日本も例外ではない。
②外来生物(本来生息していなかった場所にもち込まれて定着した生物)は，在来生物(もともとその地域に生息していた生物)がつくりあげた生態系のバランスを崩す場合がある。
④サンゴの白化現象とは，サンゴに共生する褐虫藻がサンゴの細胞から出てしまい，サンゴの骨格が透けて見える現象である。白化した状態が長く続くと，サンゴは褐虫藻から光合成産物を受け取ることができないため死滅する。サンゴ礁は，熱帯多雨林と並び生物多様性の高い場所の1つであるが，現在，世界各地のサンゴ礁で白化現象が起こっており，大きな問題となっている。
　なお，③の例として，ゲンジボタルは，地域によって遺伝的に異なる複数のグループがあることが知られており，また発光パターンも東日本と西日本で異なる。このため同じ国内でも，他の地域のものを放流すると，在来のものと交雑して地域固有の遺伝子構成が乱され(遺伝子汚染)，遺伝的多様性に深刻な影響を与えることになる。

135 ②外来生物は在来生物を捕食や種間競争で駆逐する可能性がある。そのため，生物多様性に大きな影響を与える生物は特定外来生物に指定され，輸入や飼育が規制されている。

❶
(1)　ア　③　イ　⑫
　　　ウ　⑪　エ　④
　　　オ　⑤
(2)　(ⅰ)　基盤サービス
　　　(ⅱ)　供給サービス
　　　(ⅲ)　調節サービス
　　　(ⅳ)　文化的サービス

❷
(1)　ア　絶滅危惧種
　　　イ　レッドリスト
(2)　→解説参照
(3)　動物：アライグマ，
　　　ブルーギル，タイワ
　　　ンザル，カミツキガ
　　　メ，ウシガエル，ガ
　　　ビチョウなどから１
　　　つ
　　　植物：アレチウリ，オ
　　　オキンケイギク，オ
　　　オフサモ，ボタンウ
　　　キクサなどから１つ
(4)　→解説参照
(5)　→解説参照

▶解説◀

❶(1)　セイタカアワダチソウは根からアレロパシー物質を出すことが日本で初めて確認された。マメ科のツル植物のクズは，その繁殖力の強さからアメリカでは侵略的外来種となって駆除されている。

　　生物が無秩序に他地域に移送されると，捕食者がいない，いわゆる「ニッチのすき間」に入り，大増殖や他種への大打撃が起こり，一度繁殖域が広がると，駆除が困難になることがある。

❷(2)　ニッチが競合することと，タイリクバラタナゴとニホンバラタナゴは，交配可能であるというヒントを利用する。

解答例　・ニホンバラタナゴとニッチが重なるので，食物や生活場所を巡り競争が起き，ニホンバラタナゴの個体群が衰退する。
　　　　・ニホンバラタナゴと交配することで，純粋なニホンバラタナゴの系統が失われる。

(3)　特定外来生物は，哺乳類 25 種(アカゲザル，アライグマ，キョンなど)，鳥類 7 種(ソウシチョウなど)，は虫類 21 種(カミツキガメなど)，両生類 15 種(ウシガエルなど)，魚類 26 種(オオクチバス，カダヤシ，ブルーギルなど)，昆虫類 25 種(ツマアカスズメバチなど)，甲殻類 6 種(ウチダザリガニなど)，クモ・サソリ類 7 種(セアカゴケグモなど)，植物 19 種(アレチウリなど)が指定されている(2022 年 3 月現在)。

(4)　オオクチバスの雄は，砂地に産卵のための直径 50 cm ほどのすり鉢状の巣をつくり，フェロモンを出して同種の成熟した雌を誘引して産卵させる。雄から放出される性フェロモンは，同種の成熟した雌に対してのみ誘引効果を発揮する。

解答例　性フェロモンは，同種の異性を誘引する効果がある。雄の出す性フェロモンは，オオクチバスの雌を特異的に誘引するから。

(5)　オオクチバスの被害に悩む各地では，近年この方法を導入し，大きな効果をあげている。

解答例　・オオクチバスの成熟雌のみ捕獲できるので，個体数抑制効果が大きい。
　　　　・他の生物への影響はほとんどないと考えられる。
　　　　・比較的安価で，簡単に設置できる。

❸

(1) ア　チラコイド
　　イ　クロロフィル
　　ウ　物質生産
　　エ・オ　温度（気温），降水量（順不同）
　　カ　栄養塩類濃度
(2) →解説参照
(3) →解説参照
(4) キ　ミミズ
　　ク　菌類
　　ケ　NH_4^+
　　コ　硝化細菌
　　サ　NO_3^-
　　シ　根
　　ス　窒素同化
(5) ②，③，④

❹

②，④，⑤

❺

(1) ①
(2) ア　草原
　　イ　海洋
　　ウ　森林
(3) ④

❸(2) 陽葉はさく状組織や海綿状組織が発達し，葉も厚いので，強光下で効率よく光合成できる。陰葉は呼吸速度が小さく，光補償点も低い。

解答例 強光下では陽葉が，弱光下では陰葉が光合成を行うので，1本の植物体のなかでの純生産量が大きくなる。

(3) 近年着目されている，いわゆる植物肉であるが，栄養段階を1つ上げるごとに利用できるエネルギー量は減少する。このため，栄養段階を下げることで，太陽からのエネルギーをより多く利用できる。

解答例 食物連鎖における途中の栄養段階を省けるので，生態系のエネルギー効率は高まる。

(4) 植物の窒素同化とアミノ酸の合成を確認しておく。植物が吸収できるのはアンモニウムイオンと硝酸イオンである。

❹ 生産者の成長量は，総生産量－（被食量＋枯死量＋呼吸量）である。
　同化量－（成長量＋枯死量・死亡脱落量＋呼吸量）が一次消費者の被食量である。

最初の現存量	成長量	被食量	枯死量	呼吸量

❺(1) 純生産量は，生産者が光合成などによって生産した有機物の総量（総生産量）から呼吸量を引いた値である。すなわち，成長量，被食量，枯死量が含まれる。

(2) 一定面積あたりで見た場合，生産者の純生産量と現存量は，森林で最も大きく，次に大きいのは草原である。ただし，地球全体で見ると，純生産量は，面積が大きい海洋が森林に次いで大きくなる。

(3) ①物質は生態系内を循環している。
②植物（生産者）を食べる動物を一次消費者，一次消費者を食べる動物を二次消費者という。
③同化量は，捕食により獲得した有機物量から不消化排出量を引いた値である（同化量＝摂食量－不消化排出量）。
⑤生態系内を移動したエネルギーは，最終的に熱エネルギーとして大気中に放出される。

▶解説◀

❶
(1) ④
(2) ②

❶ 健全区においては，A型株とB型株の芽生えそれぞれ144個体が，実験後，A型株は110個体(生存率76％)，B型株では111個体(生存率77％)と，生存した個体数自体は大きく変わらないが，各個体の乾燥重量からA型株の方が大きく成長したものが多いことがわかる。一方，感染区においては，A型株は42個体(生存率29％)，B型株は137個体(生存率95％)と，生存率に大きく差が出ており，A型株は小さく，B型株は大きく成長している。このためA型株とB型株の間では，病原菌Pが存在しない環境では，競争によりA型株が資源をより多く利用して大きく成長するが，感染区においては，病原菌によってA型株の成長や生存率が抑制され，A型株が減少した分の資源を利用してB型株の成長や生存率が上がることがわかる。

(1) 健全区における個体の平均種子生産数は，A型株で約18(2000/110)，B型株で約1.8(200/111)と少ないことがわかる。図2において，仮にグラフ③が個体当たりの種子生産数を表しているとすると，B型株は乾燥重量0.8–1.0 gの階級が15個体いるため，これが各75個の種子を生産すると，種子の生産数はこの階級だけで1125となる。このため，グラフ①〜③は除外することができる。またグラフ⑤の場合，B型株は乾燥重量で1.2 g以上のものはいないため，総生産数は0となる。このためグラフ④が正解となる。

(2) 病原菌Pの移入前は，実験の健全区と同じ状況と考えられ，B型株の増殖が抑えられているのは，A型株との競争が原因であるので，①と③は誤りである。非生物的環境とは，光や栄養分など資源のことであり，B型株はA型株とこれらの資源をめぐる競争によって増殖が抑えられているので②が正解である。病原菌Pの移入後は，病原菌Pの感染によってA型株の増殖が抑制されることで，B型株が増殖するようになったと考えられるので，④〜⑥は誤りである。

❷
(1) 酵素の活性は失われていないので，基質が枯渇したと考えられるため。
(2) 基質が枯渇しているため，酵素を加えても反応生成物の量は変化しない。

❷(1) 基質を含む反応液に酵素を加えると，基質と酵素が酵素 - 基質複合体を形成し，基質濃度が減少して反応生成物の濃度が増加する。そのため，図1では，時間Aで酵素を加えたのち，反応生成物の量が時間経過とともに増加している。反応生成物量は時間Bで一定になるが，時間Cに基質を追加すると再び増加することから，時間Bの時点ではすべての基質が酵素と反応し終わった結果，反応生成物がそれ以上生成されなくなったことが伺える。

(2) 時間Bの時点ですべての基質が酵素と反応し終わり，枯渇している。そのため，さらに酵素を加えたとしても酵素 - 基質複合体が形成されることはなく，反応生成物の量は変化しない。

❸
発生段階 21 ～ 25 の
期間において，33℃
で孵卵する時間が長
いと性別が雄になる
可能性が高くなり，
30℃で孵卵する時間
が長いと性別が雌に
なる可能性が高くな
る。

❸　条件の多いグラフを比較する場合，対になる条件を探すと整理しやす
くなる。

　図2の条件1および条件2の結果を見ると，すべての発生段階を通じ
て30℃で孵卵するとすべての個体が雌に，すべての発生段階を通じて
33℃で孵卵するとすべてが雄になることがわかり，これは図1のグラフ
と一致している。

　また，条件4では，発生段階 21 ～ 25 の期間のみ 33℃で孵卵すると，
条件2と同様にすべてが雄になった。逆に，条件8のように発生段階
21 ～ 25 のみ 30℃で孵卵すると，条件1と同様にすべてが雌になった。
このことから，性決定に重要であるのは発生段階 21 ～ 25 の温度条件で
あり，他の発生段階の温度は関係ないことが伺える。

　発生段階 21 ～ 25 の中では，33℃で孵卵する時間が長くなると，孵化
したワニの雄の割合が増え，逆に，30℃で孵卵する時間が長くなると，
雌の割合が増える傾向にあることがわかる。

❶

(1) 32%

(2) 無角遺伝子P：0.83
　　有角遺伝子p：0.17

(3) 無角遺伝子Pと繁
殖性を低下させる遺
伝子変異が<u>連鎖</u>して
おり，遺伝子型PP
の個体が<u>自然選択</u>に
より淘汰されたため。
（54文字）

❷

(1) 126.6mg

(2) 81.8mg

(3) ① 218.5mg
　　② 427.5mg
　　③ 772.5mg

▶**解説**◀

❶ 角の対立遺伝子の無角遺伝子Pと有角遺伝子pについて，Pはpに対して顕性であるので，有角牛の遺伝子型はすべてppであり，無角牛の遺伝子型はPPかPpとなる。

(1) 集団aにおいて，Pの遺伝子頻度をx，pの遺伝子頻度をyとすると，ハーディ・ワインベルグの法則にしたがった場合，遺伝子型PP，Pp，ppの頻度はそれぞれx^2，$2xy$，y^2となる。$(x + y = 1)$。

集団aにおける有角牛は4％なので，$y^2 = 0.04$から，$y = 0.2$，$x = 1 - 0.2 = 0.8$となる。このため，集団aにおける遺伝子型Ppの牛の頻度は，$2xy = 2 × 0.8 × 0.2 = 0.32$となるので，集団$a$の32％が遺伝子型Ppの牛と推定できる。

(2) 集団a中の角をもつ潜性ホモ接合の個体がすべて淘汰されたということは，集団aに4％いた有角牛（遺伝子型pp）が取り除かれたことを意味する。このため残りの96％のPPとPpの無角牛が次世代集団βとなる。集団βの遺伝子型の割合は，PP：Pp $= x^2 : 2xy = x : 2y$となり，次世代集団の遺伝子頻度をP $= x_1$，p $= y_1 (x_1 + y_1 = 1)$とすると，

$$x_1 = (x + 1/2 × 2y)/(x + 2y) = (x + y)/((x + y) + y) = 1/(1 + y)$$

$$y_1 = (1/2 × 2y)/(x + 2y) = y/((x + y) + y) = y/(1 + y)$$

$y = 0.2$なので，$x_1 = 1/(1 + 0.2) = 0.8333\cdots ≒ 0.83$

$$y_1 = 0.2/(1 + 0.2) = 0.1666\cdots ≒ 0.17$$

(3) ある種のヤギにおいても無角遺伝子Pと有角遺伝子pが存在し，その集団γでは，数十世代後にPの遺伝子頻度が低くなっている。この場合，無角遺伝子Pと繁殖性を低下させる遺伝子変異が同一染色体上に存在する（連鎖している）と仮定すると，PPの個体は，繁殖性を低下させる遺伝子変異も同時に引き継ぐため，自然選択によって淘汰されて次第に減少していき，Pの遺伝子頻度も低くなったと考えられる。

❷(1) 1 mol（180g）のグルコース（$C_6H_{12}O_6$）が呼吸により完全に分解されるとき，酸素（$6 × 32g$）を消費する。135mgの酸素が使われた場合の，消費されたグルコース量をX mgとすると，以下の関係が成り立つ。

$$180 × 10^3 \text{ mg} : X \text{ mg} = 6 × 32 × 10^3 \text{ mg} : 135 \text{ mg}$$

よって，$X = (180 × 10^3 × 135)/(6 × 32 × 10^3)$ mg

$$= 126.5625\cdots ≒ 126.6 \text{ mg}$$

(2) 図1のグラフにおいて，光の強さが0のとき，二酸化炭素の吸収速度は$-5\text{mg}/(100\text{cm}^2\cdot$時$)$であることから，この植物が呼吸によって放出する二酸化炭素量は，$5\text{mg}/(100\text{cm}^2\cdot$時$)$である。葉300 cm^2に20キロルクスの光を2時間受けたときの光合成に使われる二酸化炭素の量は，$\{15 - (-5)\} × 300/100 \text{ cm}^2 × 2$時間$= 120$ mgである。

1mol（180g）のグルコースを合成するのに二酸化炭素（$6 × 44g$）を消費する。120mgの二酸化炭素が使われた場合の，合成されたグルコースをXmgとすると，

$6 \times 44 \times 10^3 \, \text{mg} : 120 \, \text{mg} = 180 \times 10^3 \, \text{mg} : X \, \text{mg}$ が成り立ち,

$X = (120 \times 180 \times 10^3)/(6 \times 44 \times 10^3) \, \text{mg} = 81.8181\cdots \fallingdotseq 81.8 \, \text{mg}$

となる。

(3) 吸収した酸素は,すべて呼吸に使われる。呼吸の反応式より,酸素($6 \times 32 \text{g}$)が呼吸に使われると,二酸化炭素($6 \times 44 \text{g}$)が放出され,グルコース（180g）が消費される。呼吸で 368 mg の酸素が使われた場合の,放出した二酸化炭素量を X mg,消費したグルコースを Y mg とすると,

$X = (6 \times 44 \times 10^3 \times 368)/(6 \times 32 \times 10^3) \, \text{mg} = 506 \, \text{mg}$

$Y = (180 \times 10^3 \times 368)/(6 \times 32 \times 10^3) \, \text{mg} = 345 \, \text{mg}$

したがって,アルコール発酵で生じる二酸化炭素は,715 − 506 = 209 mg である。

アルコール発酵により 209 mg の二酸化炭素が放出した場合の,生成したエタノールを Z mg,消費したグルコースを W mg とすると,

$Z = (2 \times 46 \times 10^3 \times 209)/(2 \times 44 \times 10^3) = 218.5 \, \text{mg}$

$W = (180 \times 10^3 \times 209)/(2 \times 44 \times 10^3) = 427.5 \, \text{mg}$

全体として消費されたグルコースは, $Y + W = 345 + 427.5 = 772.5 \, \text{mg}$

❸(1) **実験1**は,葉の伸長の原因となるジベレリンは,馬鹿苗病菌に由来するものであり,液体培地内に含まれているのではないことを示すための対照実験である。また,**実験2**と**実験3**の結果によると,菌体自体をイネに塗布した場合よりも,上清を噴霧した方がより葉が伸長した。このことから,ジベレリンは菌培養液の上清に多く含まれていると判断できる。

(2) **実験3〜5**はすべて菌培養液の上清を用いているが,**実験4**の条件では**実験3**や**実験5**よりも葉が伸長しなかった。このことから,**実験4**では,上清に含まれるジベレリンが熱によって本来の機能を失ったことが伺える。タンパク質分解酵素を作用させた**実験5**では,葉の伸長具合が**実験3**と同程度であったことから,ジベレリンはタンパク質分解酵素の影響を受けなかった,つまり,ジベレリンはタンパク質ではないことがわかる。

❹ 個体群の調査において,個体数の把握は非常に重要であるが,野外において正確な個体数を調べることは困難な場合が多い。このため,個体数を推定するいくつかの方法が考え出されている。区画法とは,ある地域において一定面積の区画を複数設定し,各区画内の個体数を調べて地域全体の個体数を推定する方法である。区画法は,植物などあまり移動しない生物に用いられる。一方,標識再捕法とは,ある個体群から複数個体を捕獲し,標識を付けて元の個体群に戻し,一定の時間が経過して個体が十分に移動した後に再び捕獲を行い,再捕獲した個体の中の標識個体の割合から地域全体の個体数を推定する方法である。標識再捕法は,生息地域内を活発に移動する動物に用いられ,アフリカゾウの場合,捕獲標識は行わず,耳の形を撮影することで個体識別を行う。

表1では,A地点とB地点のアフリカゾウの個体群密度の推定値に区画法と標識再捕法で差が見られ,特に 2018 年 2 月および 8 月において,A地点の区画法による推定値が高くなっている。これは,区画法

---

❸

(1) 実験1と実験2・3の比較から,ジベレリンは菌由来であることが示唆され,実験2・3の比較から,菌培養液の上清に多く含まれていることがわかる。

(2) 実験3と実験4の比較から,ジベレリンは熱に弱い物質であり,実験3と実験5の比較から,ジベレリンはタンパク質ではないことがわかる。

❹

標識再捕法
理由：アフリカゾウは,広い行動圏に点在する餌場や水場を移動しているので,区画内の個体数の変動が大きい。(48文字)

では区画の設定場所にアフリカゾウの利用する餌場や水場が多く含まれている場合，推定値が高く出る傾向があるためで，特に個体数が少ない個体群の場合は誤差が大きくなる傾向がある。このため，アフリカゾウのように移動性の高い動物の場合は，区画法よりも標識再捕法の方が個体群密度の推定には適している。

❶
(1) ①, ②
(2) ①, ②
(3) ②
(4) ③
(5) ②

▶解説◀

❶① Hox 遺伝子は調節遺伝子の一種であり，他の遺伝子の発現を調節する。ミハルの発言では，「Hox 遺伝子によって直接的または間接的に制御される遺伝子」についても言及しており，このことからも，Hox 遺伝子がコードするタンパク質は，DNA に結合して他の遺伝子の発現を制御する調節タンパク質であることが伺える。よって正しい。

②Hox 遺伝子は同じ染色体に連鎖しており，前方の体節で必要とされる遺伝子から後方の体節で必要とされる遺伝子の順に並んでいる。これらは Hox 遺伝子群ともよばれている。よって正しい。

③母性効果遺伝子(母性因子)は，卵内に蓄えられた母親由来の遺伝子であり，ショウジョウバエのビコイドやナノス，カエルの β カテニンやディシェベルドなどが知られている。これらの母性効果遺伝子の局在をもとに分節遺伝子が働いて体節が形成された後に，体節ごとに Hox 遺伝子が作用して各構造が決定される。したがって，Hox 遺伝子は母性効果遺伝子ではない。誤り。

(2) ①ミハルの最初の発言では，「肢芽がそもそもからだのどこに形成されるかは，どのホックス(Hox)遺伝子がどの体節で働くかによって決まっている」とあることから，どこに肢芽を形成するかを最初に決めているのは，Hox 遺伝子であることが分かる。また，実験3の調節タンパク質 X や調節タンパク質 Y は，わき腹の中間の肢芽に発現させるとそれぞれ翼，脚を形成したことから，Hox 遺伝子からつくられたタンパク質であることが分かり，側板由来の細胞(中胚葉)が Hox 遺伝子を発現していることが分かる。よって正しい。

②実験1で，肢芽の先端の表皮を除去すると肢芽の伸長が停止したことから，肢芽の伸長を支えているのは表皮(外胚葉)であることがわかる。また，実験2では，本来は肢芽を形成しないわき腹の表皮下に，肢芽の先端の表皮由来のタンパク質 W を作用させると，新たな肢芽が形成されたことから，肢芽の形成を支えているのも外胚葉であることがわかる。よって正しい。

③実験3より，前方の肢芽の側板由来の細胞から得られたタンパク質 X を，わき腹の中間の肢芽で発現させると翼が形成されたことから，からだの前方の肢芽が翼を形成することを決めているのは，からだの前方の側板由来の細胞(中胚葉)であると考えられる。ミハルが指摘するように，実験3だけでは確定することができないが，少なくとも外胚葉によるものであると判断する実験結果は得られていない。よって誤り。

(3) 実験3では，わき腹の中間に形成させた肢芽に調節タンパク質 X を発現させると，肢芽が翼を形成することがわかったが，これだけは，正常発生においてからだの前方の肢芽で調節タンパク質 X が発現しているかどうかはわからず，翼の形成が調節タンパク質 X によるものか判断できない。前方の肢芽での翼形成が調節タンパク質 X によるもので

あると結論付けるためには，調節タンパク質Xの遺伝子をからだの前方の肢芽で働かなくさせると翼が形成されなくなるという結果が得られればよい。

(4) 細胞分裂の際にはDNAの複製が行われるため，DNA合成の材料となる③チミンを含むDNAのヌクレオチドに目印をするのが最も適当である。なお，メチオニンはアミノ酸の1種，アセチルCoAは呼吸においてピルビン酸から合成される化合物である。ウラシルを含むRNAのヌクレオチドは，RNAの合成の材料となるが，これらいずれも，細胞分裂に伴って取り込まれる分子としては適さない。

(5) ①わき腹になる領域の予定体節細胞が，肢芽になる細胞の細胞分裂を阻害していたと考えられる。よって正しい。

②この実験結果は，わき腹になる領域の予定体節細胞が，肢芽になる領域に作用してタンパク質Wを発現する細胞数を増加させる働きがあることを示唆している。これは，「わき腹になる領域の予定体節細胞が肢芽の形成を抑えることを明らかにした」という記述と矛盾する。よって誤り。

③わき腹になる領域の予定体節細胞は，タンパク質Wの発現を阻害していると考えられ，肢芽形成を抑えることと矛盾しない。よって正しい。

④わき腹になる領域の予定体節細胞は，肢芽の形成を抑えていると考えられる。よって正しい。

❷
(1) ⑤
(2) ②
(3) ①，⑤（順不同）
(4) ①

❷ エタノールは，アルコールの1種で，アルコール発酵などによって生じる。濃度の高いエタノールは生物にとって有毒であり，消毒や液浸標本の保存などにも使用される。ヒトは，お酒(エタノール)を飲むことで脳が麻痺して快楽を覚えたりする反面，肝臓の障害や脳卒中などさまざまな問題を引き起こす原因ともなっている。体内に入ったエタノールの大部分は，肝臓でエタノール→アセトアルデヒド→酢酸と分解される。エタノールからアセトアルデヒドへの反応にはADH(アルコール脱水素酵素)，アセトアルデヒドから酢酸への反応にはALDH(アセトアルデヒド脱水素酵素)という酵素が関与する。ALDHの遺伝子の発現は個人によって異なり，この問題ではALDHの酵素としての構造とその活性の関係性について問われている。

(1) リボソームは，タンパク質合成の場で，細胞質基質中に存在するものと，小胞体表面に存在するものがある。小胞体の表面にリボソームが付着した領域を粗面小胞体，付着していない領域を滑面小胞体という。粗面小胞体では，リボソームで合成されたタンパク質の多くが膜を通過して内部に取り込まれ，小胞体内部を移動して小胞に包まれ，ゴルジ体などへ移動する。

(2) 2本のポリペプチドが複合体となって働く酵素の場合，正常ポリペプチドをA，変異ポリペプチドをaとし，Aの割合が50%，aの割合が50%の場合を考えると，複合体の組合せはAA：Aa：aA：aa = 1：1：1：1となる。このなかで酵素活性をもつものはAAだけなので，その割合は全体の1/4(25%)となり，グラフから，変異ポリペプチドの割合が

50％の場合に酵素活性の相対値が約 25 の②を選択する。

(3) 4本のポリペプチドが複合体となって働く酵素の場合，正常ポリペプチドを A，変異ポリペプチドを a とすると，ヘテロ接合体における複合体の存在比は，AAAA：AAAa：AAaa：Aaaa：aaaa = 1：4：6：4：1 となる（表 1 参照）。ここで，複合体の酵素活性が，複合体に含まれる正常ポリペプチド A の本数に比例すると仮定すると，それぞれの複合体の活性は，AAAA は 100，AAAa は 75，AAaa は 50，Aaaa は 25，aaaa は 0 となり，①で，存在比を考慮すると，全体での活性は $100 \times 1/16 + 75 \times 4/16 + 50 \times 6/16 + 25 \times 4/16 + 0 \times 1/16 = 50$ となる。このため①は正解である。②の場合，変異ポリペプチド a の本数が多くなると酵素活性は低下するので，誤りである。③の場合，aaaa は酵素活性 0，それ以外は 100 となるので，全体として酵素活性は約 94 となるので誤り。④の場合も，AAAA の酵素活性は 100，それ以外は 0 となるので，全体としての酵素活性は約 6 となるので誤りである。また，変異ポリペプチドは複合体の構成要素とならないと仮定すると，生じるものは AAAA のみとなるが，ヘテロ接合体では，合成されるポリペプチドのうち半数しか正常ポリペプチドがないため，酵素活性 100 のものが半数生じることになるため，⑤は正解となる。

(4) ALDH の活性が高い人は，正常ポリペプチドの遺伝子をホモ接合で持っている人である。正常ポリペプチド A の遺伝子頻度を p，異常型ポリペプチド a の遺伝子頻度を q(p + q = 1) とすると，AA：Aa：aa = p^2：$2pq$：q^2 となり，AA の頻度は p^2 = 90/160，p = 3/4 = 0.75 となる。このため変異型の ALDH 遺伝子の頻度 q は，1 − 0.75 = 0.25 で，①が正解である。変異型の遺伝子頻度 q から求めようとすると，活性が低いかほとんどない人は，Aa と aa を含むので，$2pq + q^2 = 70/160$ を計算することになって時間がかかるので注意する。

年　　　組　　　　番

24(02)

EXERCISE

▶1〈化学進化〉 次の文章を読み，下の問いに答えよ。

　(a)誕生したばかりの地球はマグマで覆われた状態であった。その後，地球表面の温度が下がり，大気中の水蒸気が冷やされ，大量の雨が降り続いて原始海洋が形成された。地球に原始海洋が形成されると，海底の（　ア　）などで(b)海水中の無機物から簡単な構造の有機物が生成され，さらにそこからアミノ酸，リン脂質，タンパク質，核酸が生成されていったと考えられている。また，(c)核酸は最初に（　イ　）が生成され，それを遺伝物質として利用し最初の生命体が誕生したと考えられている。

(1) 文中の（　）に入る適語を答えよ。

(2) 下線部(a)に関して，誕生したばかりの地球の大気に含まれていたと考えられている物質を3つ答えよ。

(3) 原始大気の組成を想定した混合気体から，初めてアミノ酸を実験的に合成した人物は誰か。

(4) 下線部(b)の過程を何というか。

(5) 下線部(c)のような時代を何というか。

(6) 現在，生物が誕生したのは何億年前と考えられているか。最も適当なものを次の中から1つ選べ。
- ① 20億年前
- ② 30億年前
- ③ 40億年前
- ④ 46億年前

▶2〈初期の生物進化〉 次の文章を読み，下の問いに答えよ。

　最古とされる生物化石は約35億年前の地層から見つかっているが，その化石は（　ア　）生物であった可能性が高い。20億〜27億年前の地層からは，シアノバクテリアによって形成された（　イ　）が大量に見つかっている。シアノバクテリアが（　ウ　）を生成するようになると，その（　ウ　）を利用する好気性細菌や真核生物が出現した。最古の真核生物の化石は約21億年前の地層から見つかっている。約19億年前から大気中の（　ウ　）濃度が上昇し，成層圏に（　エ　）層が形成され，生物が陸上に進出できるようになった。

(1) 文中の（　）に入る適語を答えよ。

(2) 下線部に関連して，真核生物の細胞小器官であるミトコンドリアや葉緑体が，もともとは好気性細菌やシアノバクテリアであり，それらが他の生物に取り込まれて生じたとする説を何というか。

▶3〈初期の生物進化の過程〉 次の①〜⑧の出来事について，発生したと考えられている順に古い方から並べよ。
- ① DNAワールドのはじまり
- ② RNAワールドのはじまり
- ③ 生物の陸上進出
- ④ 原核生物の出現
- ⑤ ストロマトライトの形成のはじまり
- ⑥ 真核生物の出現
- ⑦ オゾン層の形成
- ⑧ 原始海洋の形成

▶1
(1) ア
　　イ
(2)

(3)
(4)
(5)
(6)

▶2
(1) ア
　　イ
　　ウ
　　エ
(2)

▶3
　　→　　　→　　　→
　　→　　　→　　　→

2 遺伝子の変化

1 遺伝子の変化と生物の多様性

種間や同種の個体間で見られる遺伝子の多様性は、突然変異によって生じる。

突然変異…DNA の塩基配列や染色体の構造・数が変化すること。

置換	1つの塩基が別の塩基に置き換わる。
欠失	1つの塩基が欠ける。
挿入	1つの塩基が差し込まれる。

例 鎌状赤血球貧血症…ヘモグロビン遺伝子内の1か所の塩基が置換することで起こる。

フレームシフト…欠失や挿入によりコドンの読み枠がずれること。

一塩基多型(SNP)…個体間で見られる1塩基単位での塩基配列の違い。ヒトの場合、約1000塩基に1個の割合で違いがあり、遺伝情報の個人差を調べる手がかりとなっている。

2 染色体の構成

多くの生物の体細胞では、同形・同大の染色体が対になっている。この対になった染色体を**相同染色体**という。雌雄異体の生物は、雌雄で共通する**常染色体**と、雌雄で異なり性を決定する**性染色体**をもつ。ヒトの場合、46本の染色体のうち、常染色体が44本(22対)、性染色体が2本(1対)である。性染色体には男女共通の**X染色体**と男性に特有の**Y染色体**の2種類があり、Y染色体をもつと男性になる。

●性決定の様式

様式	性染色体	生物例
XY 型	XX(雌)、XY(雄)	ヒト、キイロショウジョウバエ
XO 型	XX(雌)、XO(雄)	スズムシ、トノサマバッタ
ZW 型	ZW(雌)、ZZ(雄)	カイコガ、ニワトリ
ZO 型	ZO(雌)、ZZ(雄)	ドバト(カワラバト)、ミノガ

3 遺伝子座と対立遺伝子

染色体上の各遺伝子の位置を**遺伝子座**という。相同染色体の同じ遺伝子座に存在する遺伝子間で、塩基配列が異なる場合、その遺伝子を**対立遺伝子**という。

同じ遺伝子座の遺伝子がAとaの場合、相同染色体の遺伝子の組合せ(**遺伝子型**)がAAまたはaaの状態を**ホモ接合**、Aaの状態を**ヘテロ接合**という。

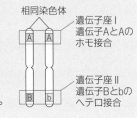

相同染色体
遺伝子座Ⅰ
遺伝子AとAの
ホモ接合

遺伝子座Ⅱ
遺伝子Bとbの
ヘテロ接合

□(1) DNA の塩基配列や染色体の構造・数が変化することを何というか。

□(2) 1つの塩基が別の塩基に置き換わる(1)を何というか。

□(3) 1つの塩基が欠ける(1)を何というか。

□(4) (3)や挿入などにより、コドンの読み枠がずれることを何というか。

□(5) 個体間で見られる1塩基単位での塩基配列の違いを何というか。

□(6) 体細胞にある同形・同大の2本の染色体を何というか。

□(7) 性を決定する染色体を何というか。

□(8) (7)以外の染色体を何というか。

□(9) (7)で、ヒトにおける男性特有の染色体を何というか。

□(10) (7)で、ヒトの男女が共通してもつ染色体を何というか。

□(11) ヒトと異なる性決定様式を1つ答えよ。

□(12) 染色体上の各遺伝子の位置を何というか。

□(13) (6)の同じ位置にあり、塩基配列が異なる遺伝子どうしを何というか。

□(14) アルファベットなどで表される、相同染色体の遺伝子の組合せを何というか。

□(15) (14)がAAであったとき、この状態を何というか。

□(16) (14)がAaであったとき、この状態を何というか。

EXERCISE

▶**4〈突然変異〉** 突然変異に関する説明として**誤っているもの**を，次の中から1つ選べ。

① ヒトゲノムでは，個体間で約1000塩基に1個の割合で塩基に違いがある。

② 鎌状赤血球貧血症は，ヘモグロビン遺伝子内の1箇所の塩基が別の塩基に置き換わることで起こる。

③ 1個の塩基が置き換わることでフレームシフトが起こる。

④ 1個の塩基が欠失または挿入されると，新たに終止コドンが生じることがある。

▶**5〈相同染色体と遺伝子座〉** 右図は，ある生物の体細胞の染色体を模式的に示している。次の問いに答えよ。

(1) 図のaの相同染色体はどれか。

(2) この生物の精子や卵の染色体数を答えよ。

(3) 図のa～hのうち，性染色体と考えられるものをすべて選べ。

(4) Aとa，Bとbがそれぞれ対立遺伝子であるとき，ホモ接合とヘテロ接合を示している図を，それぞれ次の中からすべて選べ。

▶**6〈性決定と染色体〉**

右図は，ある動物の体細胞の染色体を模式的に示している。次の問いに答えよ。

雌　　　　雄

(1) この動物の性決定様式は，次のうちどれか。

① ZW型　② ZO型　③ XY型　④ XO型

(2) 雌雄に共通の染色体を，性染色体に対して何というか。

(3) (2)の1組をAで表すとすると，この動物の雄がつくる精子の染色体構成はどのように表されるか。考えられる染色体構成を例にならってすべて答えよ。 例 2A＋Z

(4) この動物と性決定様式が同じ生物を，次の中から1つ選べ。

① ヒト　　　② ニワトリ　　③ トノサマバッタ

④ ミノガ　　⑤ カイコガ　　⑥ キイロショウジョウバエ

▶**4**
_____

▶**5**

(1)
_____
(2) $n =$
_____
(3)
_____
(4) ホモ接合

　　ヘテロ接合
_____

▶**6**

(1)
_____
(2)
_____
(3)
_____
(4)
_____

1章 生物の進化

5

3 遺伝子の組合せの変化①〜減数分裂〜

1 生殖の種類

　生殖には，親のからだの一部が分離するなどして子を生じる**無性生殖**と，配偶子（精子や卵など）が合体して子を生じる**有性生殖**がある。

●有性生殖

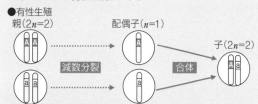

2 減数分裂と染色体の組合せ

　配偶子の形成過程では，染色体数を半減させる**減数分裂**が行われる。有性生殖では，減数分裂で生じた多様な配偶子が結びつき，遺伝的に多様な子が生じる。

●配偶子の多様性

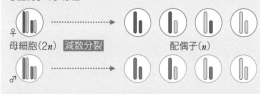

《第一分裂》
前期に染色体が太く短くなり，相同染色体が対合し二価染色体となる。中期に紡錘糸が動原体に結合し，二価染色体が赤道面に並ぶ。後期に相同染色体がわかれて両極へ移動し，終期には染色体が糸状に戻り，細胞質分裂が起こる。DNAを複製することなく第二分裂が始まる。

《第二分裂》
体細胞分裂とほぼ同じ過程。染色体が半減した４つの娘細胞が生じる。娘細胞のDNA量は最初の半分に減る。

ポイントチェック

□(1)　親のからだの一部が分離するなどして子を生じる生殖を何というか。

□(2)　配偶子が形成される過程で行われる，染色体数を半減させる分裂を何というか。

□(3)　配偶子が合体して子を生じる生殖を何というか。

□(4)　(2)では，2回の連続した分裂により娘細胞が形成される。この2回の分裂をそれぞれ何というか。

□(5)　相同染色体が対合するのは，(2)のどの時期か。

□(6)　相同染色体が紡錘糸に引かれて両極へ移動するのは，(2)のどの時期か。

□(7)　(2)では，1個の母細胞から何個の娘細胞が形成されるか。

□(8)　母細胞のDNA量が8のとき，(2)によって形成される娘細胞1個あたりのDNA量はいくつか。

間期	第一分裂			
	前期	中期	後期	終期
$2n=4$　細胞膜／核小体／核膜／核／中心体	二価染色体	紡錘糸／赤道面／動原体	紡錘体	

第二分裂				配偶子
前期	中期	後期	終期	
	n／赤道面			$n=2$

EXERCISE

▶**7〈減数分裂〉** 次の図 A ～ F は，ある細胞の減数分裂の各時期を模式的に示したものである。下の問いに答えよ。

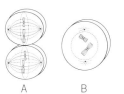

　　　A　　　　　B　　　　　C　　　　　D　　　　E　　　　　F

(1) 図 A ～ F を減数分裂の進む順に並べよ。

(2) この細胞の母細胞の染色体数を答えよ。

(3) 減数分裂における細胞 1 個あたりの DNA 量の変化を模式的に示したグラフを，次の中から 1 つ選べ。

① ② ③ ④

(4) 配偶子 1 個あたりの DNA 量を x とすると，図 C，E に示された細胞 1 個あたりの DNA 量はいくらになるか。

▶**8〈染色体と減数分裂〉** 右図は，ある生物の 1 つの二価染色体を模式的に示したものである。下の問いに答えよ。

(1) 二価染色体が観察できる時期として最も適当なものを，次の中から 1 つ選べ。

① 体細胞分裂前期　　　② 体細胞分裂中期

③ 減数分裂第一分裂前期　④ 減数分裂第一分裂後期

⑤ 減数分裂第二分裂前期　⑥ 減数分裂第二分裂中期

(2) ある生物の分裂中の細胞で二価染色体が 4 つ観察された。この生物の染色体数を答えよ。

(3) 図の A の部分には，細胞分裂時に紡錘糸が結合する。この部分の名称を答えよ。

▶**9〈減数分裂と染色体の組合せ〉** 右図は，ある生物の体細胞を模式的に示したものである。黒色は雄由来，白色は雌由来の染色体とする。下の問いに答えよ。

(1) この生物の染色体数を答えよ。

(2) この生物がつくる配偶子の染色体の組合せは何通り考えられるか答えよ。また，図を参考に，考えられる配偶子をすべて描け。ただし，乗換えは起こらないものとする。

(→p.8)

▶**7**

(1) 　　　→　　　→
　　　→　　　→

(2) $2n =$

(3)

(4) 図 C
　　 図 E

▶**8**

(1)

(2) $2n =$

(3)

▶**9**

(1) $2n =$

(2)

図 ⌈
　　⌊

1 章　生物の進化

4 遺伝子の組合せの変化②～乗換え，組換え～

1 1組の対立遺伝子の伝わり方

遺伝子型に基づいて実際に現れる形質を**表現型**という。遺伝子型が Aa の個体が AA の個体と同じ表現型になる場合，遺伝子 A を**顕性遺伝子**，a を**潜性遺伝子**という。

2 2組の対立遺伝子の伝わり方

2組の対立遺伝子が異なる染色体上にある場合を**独立**，同じ染色体上にある場合を**連鎖**という。それぞれの場合で，減数分裂によってできる配偶子の遺伝子型と分離比は異なる。

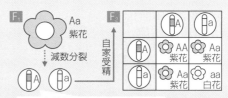

Aaの個体がつくる配偶子は2種類。

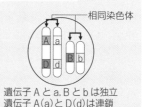

遺伝子 A と a，B と b は独立
遺伝子 A(a) と D(d) は連鎖

3 独立した2組の対立遺伝子の組合せ

●エンドウの種子の形と子葉の色の遺伝

表現型	種子の形：丸	種子の形：しわ	子葉の色：黄色	子葉の色：緑色
遺伝子	R（顕性）	r（潜性）	Y（顕性）	y（潜性）

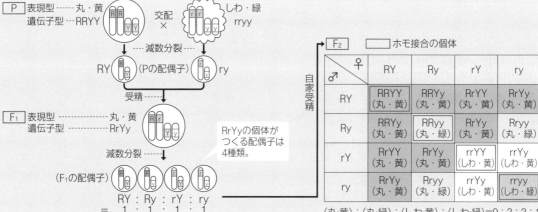

P 表現型 …… 丸・黄　交配　しわ・緑
　遺伝子型 … RRYY　×　rryy

…… 減数分裂 ……

RY （Pの配偶子） ry

受精 ……

F₁ 表現型 ……………… 丸・黄
　遺伝子型 ………… RrYy

RrYyの個体がつくる配偶子は4種類。

減数分裂 ……

（F₁の配偶子）
RY ： Ry ： rY ： ry
＝ 1 ： 1 ： 1 ： 1

F₂　□ホモ接合の個体

♂＼♀	RY	Ry	rY	ry
RY	RRYY (丸・黄)	RRYy (丸・黄)	RrYY (丸・黄)	RrYy (丸・黄)
Ry	RRYy (丸・黄)	RRyy (丸・緑)	RrYy (丸・黄)	Rryy (丸・緑)
rY	RrYY (丸・黄)	RrYy (丸・黄)	rrYY (しわ・黄)	rrYy (しわ・黄)
ry	RrYy (丸・黄)	Rryy (丸・緑)	rrYy (しわ・黄)	rryy (しわ・緑)

（丸・黄）：（丸・緑）：（しわ・黄）：（しわ・緑）＝9：3：3：1

4 連鎖した対立遺伝子の組合せ

減数分裂の際，対合した相同染色体間で**乗換え**が起こり，遺伝子の組合せが変わることを遺伝子の**組換え**という。

5 その他の遺伝子の組合せの変化

染色体突然変異…染色体の数や構造に変化が起こること。
例　数の変化：倍数体，異数体など
　　構造的な変化：欠失，重複，逆位，転座
遺伝子の重複…ある遺伝子が同じ配列を反復して2つ以上になること。
不等交叉…減数分裂で乗換えが生じた際に，相同染色体の異なる遺伝子座で交換が生じ，遺伝子の重複や欠失した遺伝子の組合せが生じること。
例　赤緑色覚異常…赤色オプシン遺伝子と緑色オプシン遺伝子の不等交叉により生じるものがある。

●遺伝子の組換え

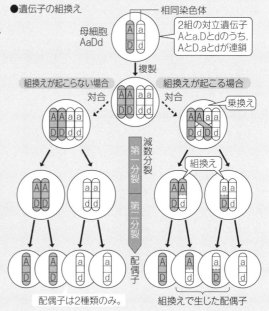

母細胞 AaDd

2組の対立遺伝子Aとa，Dとdのうち，AとD，aとdが連鎖

複製

組換えが起こらない場合　組換えが起こる場合
対合　　　　対合　　　乗換え

組換え

減数分裂　第一分裂　第二分裂　配偶子

配偶子は2種類のみ。　組換えで生じた配偶子

8

例題 1 ◆ 独立した 2 組の対立遺伝子の組合せ ▶12

ある植物の遺伝子型が AAbb の個体と aaBB の個体を交配して F_1 をつくり，さらに F_1 を自家受精させて F_2 をつくった。対立遺伝子 A(a) と B(b) は独立しているものとし，次の問いに答えよ。

(1) F_1 の遺伝子型を答えよ。

(2) F_1 の配偶子の遺伝子型とその分離比を答えよ。

(3) F_2 の遺伝子型とその分離比を答えよ。

(4) F_2 の中で遺伝子型が Aabb であるものは何％か。

ここがポイント

独立のとき，F_1(AaBb) の配偶子には A または a から 1 つ，B または b から 1 つが均等に分配される。その結果，AB，Ab，aB，ab の組合せの配偶子が理論上同数できる。

◆解法◆

(1) 両親がつくる配偶子は Ab，aB となるので，これらを交配して得られる F_1 は AaBb となる。

(2) F_1(AaBb) の配偶子は，A または a から 1 つ，B または b から 1 つ取った組合せであるから，AB，Ab，aB，ab となる。

(3) F_2 の遺伝子型は右の表のようになる。

(4) 右の表より，F_2 16 個体中 Aabb は 2 個体である。

よって，$\dfrac{2}{16} \times 100 = 12.5(\%)$

	AB	Ab	aB	ab
AB	AABB	AABb	AaBB	AaBb
Ab	AABb	AAbb	AaBb	Aabb
aB	AaBB	AaBb	aaBB	aaBb
ab	AaBb	Aabb	aaBb	aabb

答 (1) AaBb　(2) AB : Ab : aB : ab = 1 : 1 : 1 : 1

(3) AABB : AABb : AaBB : AaBb : AAbb :
Aabb : aaBB : aaBb : aabb
= 1 : 2 : 2 : 4 : 1 : 2 : 1 : 2 : 1　(4) 12.5 %

ポイントチェック

□(1) 2 組の対立遺伝子が異なる染色体上にある場合を何というか。

□(2) 2 組の対立遺伝子が同じ染色体上にある場合を何というか。

□(3) 3 組の対立遺伝子 A と a，B と b，D と d の染色体上の配置が図のような場合，A と独立の関係にある遺伝子をすべて答えよ。

□(4) (3)の図で，遺伝子 b と連鎖の関係にある遺伝子をすべて答えよ。

□(5) 減数分裂において，対合する相同染色体の間で染色体の一部が交換されることを何というか。

□(6) (5)が起こった染色体間で遺伝子の組合せが変わることを何というか。

□(7) 3 組の対立遺伝子 A と a，B と b，D と d が図のような配置の場合，この細胞から生じる配偶子の遺伝子型の組合せをすべて答えよ。ただし乗換えは起こらないものとする。

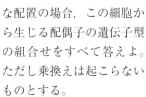

□(8) 染色体突然変異のうち，遺伝子の順番が逆転することを何というか。

□(9) 染色体突然変異のうち，染色体の一部が他の染色体とつながることを何というか。

□(10) 染色体突然変異によって，染色体の数が不足または過剰になったものを何というか。

□(11) ある遺伝子が同じ配列を反復し 2 つ以上になることを何というか。

EXERCISE

▶**10〈1 組の対立遺伝子〉** 次の文章を読み，下の問いに答えよ。

エンドウには背丈の高い系統(TT)と，低い系統(tt)がある。両者を交配してできた雑種第一代(F_1)はすべて背丈が高くなった。さらに F_1 どうしを自家受精させて雑種第二代(F_2)をつくったところ，背丈の高いものと低いものができた。

(1) 背丈の高い・低いはどちらが顕性形質か。

(2) F_1 の遺伝子型を答えよ。

(3) F_2 にできる個体のうち，背丈の高い個体の遺伝子型をすべて答えよ。

(4) F_2 の表現型の分離比を答えよ。

(5) これとは別の個体で，背丈の高い系統と低い系統を交配したところ，子に背丈の低い個体が現れた。交配した背丈が高い個体の遺伝子型として考えられるものをすべて答えよ。

▶**11〈遺伝子の独立と連鎖〉** 次の文章を読み，下の問いに答えよ。

2組以上の対立遺伝子に注目した場合，それぞれの対立遺伝子が異なる染色体上にある場合を(ア)，同じ染色体上にある場合を(イ)という。

(1) 文中の( )に入る適語を答えよ。

(2) ある植物の種子の形を丸にする遺伝子を A，しわにする遺伝子を a，花色を紫色にする遺伝子を B，赤色にする遺伝子を b とする。遺伝子 A(a)と B(b)が異なる染色体上にある場合，丸・紫色(AaBb)の個体がつくる配偶子の遺伝子型とその分離比を答えよ。

(3) 遺伝子 A と遺伝子 b，遺伝子 a と遺伝子 B が同じ染色体上にある場合，丸・紫色(AaBb)の個体がつくる配偶子の遺伝子型とその分離比を答えよ。ただし，組換えは起こらないものとする。

(4) X(x)，Y(y)，Z(z)のすべての対立遺伝子が(イ)の関係にあることを示す図として最も適当なものを，次の中から1つ選べ。

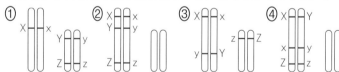

▶**12〈独立した2組の対立遺伝子〉** エンドウにおいて，緑色の子葉(緑)で丸い種子(丸)をもつ純系と黄色の子葉(黄)でしわの種子(しわ)をもつ純系を交配したところ，得られた F_1 はすべて黄・丸であった。得られた F_1 を自家受精させたところ，F_2 の子葉の色については黄：緑 = 5953：2070 となり，種子の形については丸：しわ = 6022：2001 であった。子葉の色についての顕性遺伝子を Y，潜性遺伝子を y としたとき，この実験で得られた F_2 について，黄色の子葉をもつエンドウの遺伝子型とその分離比を答えよ。

▶**10**

(1)

(2)

(3)

(4)

(5)

▶**11**

(1) ア

    イ

(2)

(3)

(4)

▶**12**

▶**13〈乗換えと組換え〉** 次の文章を読み，下の問いに答えよ。

　ショウジョウバエの体色を支配する遺伝子には，A(正常体色)，a(黒体色)があり，一方で翅の形状はD(正常翅)，d(痕跡翅)の1対の遺伝子で決められる。いま，正常体色・正常翅の個体(AADD)と黒体色・痕跡翅の個体(aadd)を交雑させたところ，F_1 はすべて正常体色・正常翅となった。

(1)　F_1 の遺伝子型を答えよ。

(2)　F_1 を黒体色・痕跡翅の個体(aadd)と交雑したところ，F_2 は正常体色・正常翅：正常体色・痕跡翅：黒体色・正常翅：黒体色・痕跡翅＝1：0：0：1となった。A(a)とD(d)の染色体上の位置関係はどのようになっているか。次の中から1つ選べ。

　①　AとDが同じ染色体上に存在する。

　②　Aとdが同じ染色体上に存在する。

　③　A，a，D，dはすべて異なる染色体上に存在する。

(3)　(2)と同様の実験を行った際，F_2 の分離比が以下のア～ウのようになった場合，A(a)とD(d)の染色体上の位置関係はどのようになっているか。(2)の選択肢①～③からそれぞれ1つずつ選べ。
　ア　1：9：9：1　　　イ　1：1：1：1　　　ウ　7：1：1：7

(4)　右図は体細胞における各遺伝子の遺伝子座を表している。F_1 と黒体色・痕跡翅の個体(aadd)の交雑した結果が，(3)のウのようになった場合，遺伝子a，D，dの位置はどこになるか。図の①～⑤のうちからそれぞれ選べ。

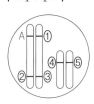

▶**14〈遺伝子の組合せの多様化〉** 次の文章を読み，下の問いに答えよ。

　有性生殖を行う生物では，（　ア　）によって多様な配偶子が形成されるため，遺伝的に多様な子が生じる。さらに，（　ア　）の際に遺伝子の（　イ　）が生じると，配偶子のもつ遺伝子の組合せはより多様になる。（　ア　）や（　イ　）以外にも，染色体の数や構造に変化が生じる（　ウ　）が起きても，遺伝子の組合せが多様になる。（　ウ　）によって，染色体の数が不足または過剰になったものを（　エ　），染色体の数が2倍，3倍になったものを（　オ　）という。さらに，染色体の構造が変化する，<u>欠失</u>，重複，逆位，転座などがある。

(1)　文中の（　）に適語を入れよ。

(2)　正常な染色体が図1のようである場合，下線部の変異が起きて遺伝子Bが欠けた場合の染色体を図示せよ。

| A | B | C | D | E |

図1

| A | C | B | D | E |

図2

(3)　図2の染色体には，(ウ)の欠失，重複，逆位，転座のどれが起きたと考えられるか。

(4)　（ア）で染色体の乗換えが生じた際に，相同染色体の異なる遺伝子座で交換が生じ，遺伝子の重複や欠失した遺伝子の組合せができることがある。この現象を何というか。またこれの例を次の中から1つ選べ。

　①　鎌状赤血球貧血症　　②　赤緑色覚異常　　③　一塩基多型

▶**13**

(1)

(2)

(3) ア

　　イ

　　ウ

(4) a

　　D

　　d

▶**14**

(1) ア

　　イ

　　ウ

　　エ

　　オ

(2)

(3)

(4) 現象

1章　生物の進化

11

5 進化のしくみ①

1 進化

生物の遺伝子構成の変化が世代をこえて受け継がれ，形質が変化していくことを**進化**という。

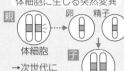

2 遺伝子プール

遺伝子プール…ある生物集団がもつ遺伝子全体のこと。
遺伝子頻度…集団内の対立遺伝子の割合のこと。

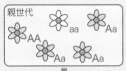

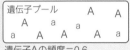

3 自然選択

生存や生殖に不利な変異が減少し，有利な変異が選択されて集団内に広まることを**自然選択**という。

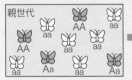
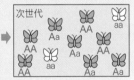

白色のガが目立ち，鳥類に捕食されやすくなる。
Aの頻度＝0.3，aの頻度＝0.7

茶色のガの割合が高くなる。
Aの頻度＝0.6，aの頻度＝0.4

性選択	異性をめぐる競争によって特定の遺伝的特徴が進化する。例 雄クジャクの飾り羽
共進化	互いに依存し合う生物が互いに影響を及ぼしながら進化する。例 ヤリハシハチドリとトケイソウ

4 遺伝的浮動

遺伝子頻度が世代間で偶然に変化する現象を**遺伝的浮動**という。

びん首効果…集団の個体数が激減すると遺伝的浮動の影響が大きくなり遺伝子頻度が変化する現象。

創始者効果…少数個体が移動して新しい集団をつくり，遺伝的浮動の影響が大きくなって遺伝子頻度が変化する現象。

□(1) 生物の遺伝子構成が時間の経過とともに変化することを何というか。

□(2) DNA の塩基配列や染色体の構造，数が変化することを何というか。

□(3) 体細胞と生殖細胞の，どちらに生じた(2)が子に遺伝するか。

□(4) ある生物集団がもつ遺伝子全体のことを何というか。

□(5) 集団内の対立遺伝子の割合を何というか。

□(6) 生存や生殖に有利な変異が集団内に広まり，不利な変異が減少することを何というか。

□(7) 異性をめぐる競争によって特定の遺伝的特徴が進化することを何というか。

□(8) 互いに依存し合う生物が互いに影響を及ぼしながら進化することを何というか。

□(9) (5)が世代間で偶然に変化することを何というか。

□(10) 集団の個体数が激減すると，(9)の影響が大きくなり(5)が変化することがある。この現象を何というか。

□(11) 少数個体が移動して新しい集団をつくると，(9)の影響が大きくなり(5)が変化することがある。この現象を何というか。

▶**15〈進化のしくみ①〉** 進化が起きるしくみに関する次の文章を読み，下の問いに答えよ。

　　生物の進化は，DNAの配列や染色体に生じた（　ア　）が，（　イ　）や（　ウ　）によって集団に広がることによって起こる。(a)（　イ　）は生存に有利な形質をもつ個体が，次世代に子を多く残すことをいうが，クジャクの雄の派手な飾り羽のように，生存に不利になるような形質でも，生殖において有利に働く場合，その形質は次世代に受け継がれることがある。（　ウ　）は世代を伝わるときに偶然により(b)遺伝子頻度が変化することをいい，小さな集団で起こりやすい。

(1) 文中の（　）に適語を入れよ。

(2) 下線部(a)に関して，（イ）に関連する説明として適当なものを，次の中から2つ選べ。

　① キリンは，より高い枝の葉を食べるために首を伸ばしたことで首が長くなり，その形質が子に遺伝した。

　② 長い乾期によってフィンチの主食の木の実が少なくなると，固い実を食べるのに適した大きなくちばしをもった個体だけが生き残った。

　③ アメリカ先住民の血液型にO型が多いのは，氷河期にアメリカ大陸に移動した祖先の集団が小さかったことに起因する。

　④ マラリアが多発するアフリカ西部などでは，鎌状赤血球症の原因となる遺伝子の頻度が他の地域に比べて高い。

(3) 下線部(b)に関して，ある地域に生息する植物がもつ対立遺伝子A，aについて，遺伝子型AA，Aa，aaをもつ個体の数を調べたところ，それぞれ250，200，50であった。対立遺伝子Aとaの遺伝子頻度をそれぞれ答えよ。

▶**16〈進化のしくみ②〉** 次の文章のうち，正しいものを1つ選べ。

　① 一般に，集団のサイズが何らかの原因で小さくなると，遺伝的浮動の影響は大きくなる。

　② 集団のうちの少数個体が移動して新しい集団を形成することで遺伝子頻度が変化することを，びん首効果という。

　③ 北アメリカ西海岸のキタゾウアザラシの遺伝的多様性が著しく低いのは，乱獲により個体数が減少したことが原因であり，これは創始者効果の例である。

　④ ヤリハシハチドリとトケイソウは，互いに影響を及ぼし合いながら，ヤリハシハチドリはくちばしの長さを伸長する方向に，トケイソウは花を長くする方向へ変化させてきた。このような例を共生という。

▶**15**

(1) ア ＿＿＿＿＿＿
　　イ ＿＿＿＿＿＿
　　ウ ＿＿＿＿＿＿

(2) ＿＿＿＿＿＿

(3) A ＿＿＿＿＿＿
　　a ＿＿＿＿＿＿

▶**16**

＿＿＿＿＿＿

6 進化のしくみ②

1 ハーディ・ワインベルグの法則

ハーディ・ワインベルグの法則…下の①〜⑤の条件を満たす集団では，集団内における遺伝子頻度は世代を重ねても変化しないという法則。

> ①個体数が十分に多い。
> ②外部との間で個体の出入りがない。
> ③突然変異が起こらない。
> ④自然選択がまったく働かない。
> ⑤自由に交雑が行われている。

ハーディ・ワインベルグの法則が成立しない場合，遺伝子頻度に変化が起こると進化につながる。

2 種分化

新しい種が生じることを**種分化**という。

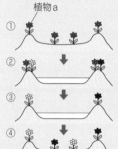

植物a

① ①植物aが広く分布していた。

② ②**地理的隔離**によって分断され，各集団に突然変異が起こった。

③ ③遺伝的浮動や自然選択によって各集団の遺伝子構成が変化した。

④ ④生殖にかかわる突然変異により，地理的隔離がなくなっても両者の間で交配はできなくなった（**生殖的隔離**）。

3 分子進化

DNA の塩基配列やタンパク質のアミノ酸配列は，一定の割合で変化する。その変化が蓄積していくことを**分子進化**という。

ポイントチェック

□(1) 集団の中で新しい遺伝子構成が定着して，新しい種が生じることを何というか。

□(2) (1)のうち，生息地が分断されることで，1つの集団が複数の集団にわかれることを何というか。

□(3) (1)のうち，生殖にかかわる突然変異により，その突然変異の形質をもつ個体とそれ以外の個体が交配できなくなることを何というか。

□(4) 塩基配列やアミノ酸配列が世代を経るにつれて変化していく進化を何というか。

□(5) 木村資生が唱えた，分子レベルの変異の多くは自然選択において有利でも不利でもないとする考えを何というか。

分子時計	分子進化の速度のこと。これを利用し共通祖先からの分岐時期などを推測できる。
中立説	DNA やタンパク質の分子レベルの変異の多くは，自然選択において有利でも不利でもないとする考え。木村資生が提唱。

計算問題のポイント

例題 2 ◆ 遺伝子頻度（ハーディ・ワインベルグの法則）　▶17

ある植物の種子を丸形にする顕性遺伝子を A，しわ形にする潜性遺伝子を a とする。ハーディ・ワインベルグの法則が成立しているこの集団において，丸形としわ形の種子の出現比が丸形：しわ形＝ 84：16 であった。この集団における A，a の遺伝子頻度を答えよ。

ここがポイント

対立遺伝子 A と対立遺伝子 a の遺伝子頻度を p，q（ただし $p+q=1$，$p>0$，$q>0$）とすると，ハーディ・ワインベルグの法則が成り立つとき，AA：Aa：aa $= p^2 : 2pq : q^2$ となる。

	p (A)	q (a)
p (A)	p^2 (AA)	pq (Aa)
q (a)	pq (Aa)	q^2 (aa)

◆解法◆

遺伝子 a の遺伝子頻度 q は

$$q^2 = \frac{16}{84+16} = \frac{16}{100} = 0.16 \quad q = \pm\sqrt{0.16} = \pm 0.4$$

$q>0$ より，$q = 0.4$

$p+q=1$ より，遺伝子 A の遺伝子頻度 p は

$$p+0.4=1 \quad p=1-0.4=0.6$$

答 A の遺伝子頻度－ 0.6
a の遺伝子頻度－ 0.4

EXERCISE

▶**17〈遺伝子頻度〉** 次の文章を読み，下の問いに答えよ。

　生物の進化は，何世代もかけて集団内の遺伝子頻度が変化して生じると考えられる。

　一定の条件のもとでは，ハーディ・ワインベルグの法則が成り立つことが知られている。例えば，この法則が成り立つある生物集団において，この生物の体色は対立遺伝子 A(黒色，顕性)と a(白色，潜性)で決まるとする。集団中の遺伝子 A の頻度が0.8，遺伝子 a の頻度が0.2だとすると，次の世代では遺伝子型が AA の個体の割合は(ア)，Aa の個体の割合は(イ)，aa の個体の割合は(ウ)となる。このときの遺伝子 A の頻度は(ア)＋(イ)÷2＝0.8となる。遺伝子 a の頻度についても同様で，次世代になっても変化していないことがわかる。

(1) 文中の( )に入る数値を答えよ。

(2) 下線部の条件について，**適切でないもの**を1つ選べ。

① 個体数が十分ある。　　② 自然選択が起こらない。

③ 自由に交配できる。　　④ 個体間の繁殖力に差がない。

⑤ 突然変異がある一定の割合で生じる。

⑥ 集団への移入や移出が起こらない。

(3) この生物の別の集団で，白色の個体が100匹中に9匹の割合で存在する場合，ヘテロ接合の個体は100匹中何匹の割合で存在すると推定されるか。

▶**18〈種分化〉** 種分化に関する次の文章を読み，下の問いに答えよ。

段階1：温帯気候のある平野に，ある種の鳥が集団で生息していた。

段階2：気候が熱帯化したため平野にすめなくなり，鳥の集団は平野よりも標高の高い2つの山に分かれてすむようになった。

段階3：その後，鳥の2つの集団には遺伝的浮動や突然変異が起こり，また( )を受け，それぞれの山の環境に適応した。

段階4：その後，気候がもとに戻って，2つの山に分かれてすんでいた鳥の集団が再び平野で一緒にすむようになったが，2つの集団の鳥どうしではすでに交配ができなくなっていた。

(1) 段階2の現象のような地理的な障害で生物が自由に交配できなくなることを何というか。

(2) 段階3の文中の( )に入る語句を，次の中から1つ選べ。

① 自然発生　　② すみ分け　　③ 自然選択

(3) 段階4のような現象を何というか。

(08 麻布大改)

▶**17**

(1) ア

　　イ

　　ウ

(2)

(3)

▶**18**

(1)

(2)

(3)

❶ 生物の進化と地球環境の変化について，次の①〜⑤のうちから正しいものをすべて選べ。

① 原始地球の大気では，二酸化炭素の濃度は現在よりも高かった。

② 仮説上の RNA ワールドでは，RNA が触媒機能と遺伝情報をもち，自己複製する。

③ シアノバクテリアの活動により放出された酸素が，海水中の鉄分を酸化して沈殿させた。

④ ストロマトライトは藻類が大繁栄した痕跡である。

⑤ 光合成細菌が出現した後に好気性細菌が大繁栄した。

_____

(21 上智大改)

❷ 生殖に関する次の文章を読み，下の問いに答えよ。

生物は，(a)生殖によって新しい個体をつくる。生殖には有性生殖と無性生殖がある。有性生殖では，(b)減数分裂によってつくられた(c)配偶子が合体して接合子となり，新しい個体がつくられる。

(1) 下線部(a)に関する記述として最も適当なものを，次の①〜⑤のうちから1つ選べ。

① 単細胞生物だけでなく，多細胞生物にも分裂によって増殖するものがある。

② 親のからだがほぼ同じ大きさに分かれる増殖方法を出芽という。

③ 同形配偶子の接合では，接合子の遺伝子の構成は親と同じである。

④ 栄養生殖は，植物の生殖器官から新しい個体がつくられる生殖方法である。

⑤ 同じ親から無性生殖によって生じた個体の集団は，遺伝的に多様な性質をもつ。

(1)_____

(2) 下線部(b)に関連して，減数分裂の第一分裂期と第二分裂期を区別する記述として**誤っているもの**を，次の①〜⑤のうちから1つ選べ。

① 相同染色体の対合が見られるのは第一分裂期である。

② 相同染色体間で乗換えが見られるのは第一分裂期である。

③ 相同染色体が両極に移動するのは第二分裂期である。

④ 紡錘体の極が，減数分裂を開始したもとの1個の細胞あたり4つ存在するのは第二分裂期である。

⑤ 体細胞分裂とほぼ同じような過程にあるのは第二分裂期である。

(2)_____

(3) 下線部(b)に関連して，テッポウユリ($2n=24$)の減数分裂のようすを光学顕微鏡で観察したとき，第一分裂中期と第二分裂中期の1つの赤道面に見える染色体の数をそれぞれ答えよ。ただし，染色体どうしが並んで接着したものは1つとみなすものとする。

(3)第一分裂中期_____

第二分裂中期_____

(4) 下線部(c)に関連して，多くの哺乳類と種子植物の配偶子に関する記述として最も適当なものを，次の①〜④のうちから1つ選べ。

① 配偶子の染色体構成はすべて n で表され，性染色体の有無にかかわらず，雌雄どちらの配偶子も染色体の組合せは1種類である。

② 配偶子の染色体構成はすべて n で表されるが，性染色体の見られる種では，雌雄どちらか一方に異なる性染色体をもつ2種類の配偶子が見られる。

③ 配偶子の染色体構成はすべて n で表されるが，性染色体の見られる種では，雌雄どちらにも異なる性染色体をもつ2種類の配偶子が見られる。

④ 配偶子の染色体構成はすべて $2n$ で表され，性染色体の有無にかかわらず，雌雄どちらの配偶子も染色体の組合せは1種類である。

(4)_____

(09・10・12 センター本試改)

❸　遺伝子の伝わり方に関する次の文章を読み，下の問いに答えよ。

　　個体は，それぞれ特有の形態や性質，すなわち形質をもっている。形質のうち，親から子へ_(a)遺伝するものを遺伝形質という。遺伝形質は，染色体上の_(b)遺伝子が決定するが，それは遺伝子型に対応する表現型として現れる。

⑴　下線部(a)に関連して，遺伝のしくみに関する記述として最も適当なものを，次の①〜④のうちから1つ選べ。

①　着目する対立形質に関して，互いに純系である両親の交配によって生じた雑種第一代では，潜性形質のみが現れる。

②　着目する対立形質に関して，互いに純系である両親の交配によって生じた雑種第二代では，顕性形質のみが現れる。

③　配偶子が形成されるとき，2組の対立遺伝子は，必ずそれぞれ独立して行動し，自由に組み合わさって各配偶子に入る。

④　常染色体上の遺伝子に関して，潜性形質を示す個体では，潜性の対立遺伝子は必ずホモ接合である。　　　　　　　　　　　　(1)

⑵　下線部(b)に関連して，ある植物の1組の対立遺伝子を W と w とする。この遺伝子は，メンデルの分離の法則にしたがって遺伝する。また，対立遺伝子の組合せから生じる3種類の遺伝子型(WW，Ww，ww)に対する表現型は，それぞれ区別できる。遺伝子型が WW と ww の個体間で交配を行い，雑種第一代(F_1)を得た。次に F_1 の全個体をそれぞれ自家受精させて，雑種第二代(F_2)を得た。さらに F_2 の全個体を自家受精させて，雑種第三代(F_3)を得た。

　　F_2 の全個体での遺伝子型の比率(WW：Ww：ww)を答えよ。　　(2)

⑶　(2)で，F_2 のうちの遺伝子型が Ww の1個体を考える。この個体が自家受精して生じる次世代の個体では，ホモ接合の個体の割合(%)はどのようになっているか。　　　　　　　　　　　　　　　　　(3)

⑷　(2)で，F_3 世代以降もさらに自家受精を繰り返したときの，3つの遺伝子型をもつ個体の比率の推移に関する記述として最も適当なものを，次の①〜⑤のうちから1つ選べ。

①　ヘテロ接合の個体の割合が，世代の経過とともに増加する。

②　ヘテロ接合の個体とホモ接合の個体の比率は一定である。

③　ホモ接合の個体の割合が，世代の経過とともに増加する。

④　ヘテロ接合の個体の割合は，増加と減少を交互に繰り返す。

⑤　3つの遺伝子型をもつ個体の比率は一定である。　　　　(4)

⑸　ヒトの性染色体には X 染色体と Y 染色体がある。このうち Y 染色体に関する記述として最も適当なものを，次の①〜④のうちから1つ選べ。

①　母親から娘に伝えられる。　　②　母親から息子に伝えられる。

③　父親から娘に伝えられる。　　④　父親から息子に伝えられる。　(5)

(05 センター追試改，06 センター本試改)

❹ 生物の進化に関する次の文章を読み，下の問いに答えよ。

　生物において，(a)同種の個体間に見られる形質の違いを変異という。変異には遺伝する変異（遺伝的変異）と遺伝しない環境変異がある。環境変異による多様性は進化には寄与しないが，遺伝的変異による多様性は進化に寄与することがある。種そのものが変化するような進化が起こるためには，(b)個体に生じた突然変異が集団全体に広がっていく必要がある。

　突然変異には，個体の生存や繁殖にかかわる形質に違いを生じさせるものがある。突然変異を起こした対立遺伝子の一部は，(c)自然選択のほか，［　ア　］によって集団内に広がることで，生物の進化を引き起こす。

(1) 上の文章中の［　ア　］に入る語句を答えよ。　　　　　　　(1) _____

(2) 下線部(a)に関連して，変異に関する記述として最も適当なものを，次の①～④のうちから1つ選べ。

　① 遺伝子の突然変異は，化学進化によって生じる。
　② 潜性遺伝子による変異は，遺伝的変異とならない。
　③ 染色体の乗換えで生じた変異は，遺伝的変異となる。
　④ 遺伝子の突然変異は生殖細胞にのみ起こる。　　　　　　(2) _____

(3) 下線部(b)に関連して，次の文章中の［　イ　］に入る語句を答えよ。

　自然界では，ゲノム中のDNAの塩基配列に起こる突然変異は，時間とともに一定の確率で生じる。その中で，［　イ　］的な突然変異の生じた遺伝子が，偶然的な遺伝子頻度の変動により集団全体に広がることが，分子進化を説明する［　イ　］説の基本的な考え方となっている。

　　　　　　　　　　　　　　　　　　　　　　　　　　　(3) _____

(4) 下線部(c)に関して，自然選択による適応進化は現在の生物にも見ることができる。その例を説明した次の文章中の［　ウ　］～［　カ　］に入る語句の組合せとして最も適当なものを，下の①～⑧のうちから1つ選べ。

　蜜を吸うために花筒の長い花を訪れる昆虫（訪花昆虫）においては，より長い口吻（突出した口器）をもつ個体は，花筒の奥の蜜を吸いやすく，生存や繁殖において有利であるため，口吻は長くなる傾向にある。一方，植物においては，訪花昆虫の口吻より［　ウ　］花筒をもつ個体は，蜜を吸われれやすく，昆虫のからだに花粉が付着［　エ　］ため，繁殖において［　オ　］であり，結果として花筒も長くなる傾向にある。このような種間の相互作用によって生じる進化を［　カ　］という。

	ウ	エ	オ	カ		ウ	エ	オ	カ
①	長い	しやすい	有利	共進化	②	長い	しやすい	有利	収束進化
③	長い	しにくい	不利	共進化	④	長い	しにくい	不利	収束進化
⑤	短い	しやすい	有利	共進化	⑥	短い	しやすい	有利	収束進化
⑦	短い	しにくい	不利	共進化	⑧	短い	しにくい	不利	収束進化

　　　　　　　　　　　　　　　　　　　　　　　　　　　(4) _____

（15センター本試改，16・17センター追試改）

❺　生物の進化に関する次の文章を読み，下の問いに答えよ。

特定の遺伝子の DNA の塩基配列を調べると，種間で違いが見られる。この違いは，共通の祖先から分岐した後に，種ごとに起きた突然変異と(a)遺伝子頻度の変化によるものである。生存や繁殖に有利な突然変異は集団中に広まるが，不利な突然変異は集団から取り除かれる。また，生存や繁殖に影響しない突然変異は，おもに　ア　によって集団中に広まる。このような過程を経て，(b)突然変異が蓄積していく。種間で見られる塩基配列の違いの多くは，生存や繁殖に　イ　突然変異に由来している。また，種間の塩基配列の違いは，共通の祖先から分岐した後に長い時間が経過しているほど　ウ　という傾向がある。

(1)　上の文章中の　ア　～　ウ　に入る語句の組合せとして最も適当なものを，次の①～⑧のうちから1つ選べ。

	ア	イ	ウ
①	遺伝的浮動	影響しない	大きい
②	遺伝的浮動	影響しない	小さい
③	遺伝的浮動	有利な	大きい
④	遺伝的浮動	有利な	小さい
⑤	生殖的隔離（生殖隔離）	影響しない	大きい
⑥	生殖的隔離（生殖隔離）	影響しない	小さい
⑦	生殖的隔離（生殖隔離）	有利な	大きい
⑧	生殖的隔離（生殖隔離）	有利な	小さい

(1)

(2)　下線部(a)に関連して，ある動物の集団について，2つの対立遺伝子 W と w の遺伝子頻度を調べたところ，W の遺伝子頻度は 0.8 であった。この動物の集団の多数の個体における各遺伝子型（WW，Ww，および ww）の個体数の割合を示したグラフとして最も適当なものを，次の①～⑥のうちから1つ選べ。ただし，W と w 以外の対立遺伝子は存在せず，この動物の集団ではハーディ・ワインベルグの法則が成立しているものとする。

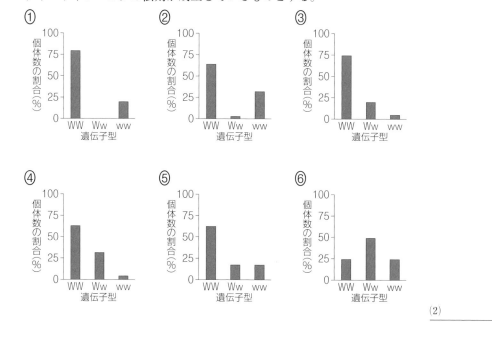

(2)

(3) 下線部(b)に関連して，遺伝子に生じた塩基置換はアミノ酸配列の変化を起こすもの(以後，非同義置換とよぶ)と，起こさないもの(以後，同義置換とよぶ)に分類することができる。ある遺伝子 X ～ Z について，それぞれの塩基配列をさまざまな動物種の間で比較し，非同義置換の率と同義置換の率を計算した結果を，表1に示した。表1のデータに基づき，遺伝子 X ～ Z について，突然変異が起きた場合に個体の生存や繁殖に有害な作用が起きる確率の大小関係として最も適当なものを，次の①～⑥のうちから1つ選べ。

表 1

	1 塩基あたり 100 万年あたりの塩基置換の率	
	非同義置換	同義置換
遺伝子 X	0.0	6.4×10^{-3}
遺伝子 Y	1.8×10^{-3}	4.3×10^{-3}
遺伝子 Z	0.6×10^{-3}	3.9×10^{-3}

① X < Y < Z ② X < Z < Y ③ Y < X < Z
④ Y < Z < X ⑤ Z < X < Y ⑥ Z < Y < X

(3) _____

(20 センター本試改)

6 適応と種分化に関する次の2つの研究 A・B について，下の問いに答えよ。

【A】 被子植物の種 A と種 B は互いにごく近縁な草本である。種 A は細長い葉をもち，日当たりのよい渓流沿いの，増水時には水没するような岩場に生息する。種 B は丸い葉をもち，薄暗い照葉樹林の林床に生息する。これらの環境条件下での2種の適応について調べるため，実験1・実験2を行った。

実験1 種 A と種 B をそれぞれ10個体ずつ準備した。各個体の根元を固定し，葉が自由に動く状態で，個体全体を水流にさらした。水流の流速とさらす時間は，種 A が生息する渓流の増水時に近い値にした。その後，個体ごとに水流でちぎれて失われた葉の数の割合を調べ，それぞれの種ごとに平均を求めたところ，図1に示す結果が得られた。

実験2 種 A と種 B の種子を発芽させ，同じ条件の下で30日間成長させた。その後，それぞれの種について，半数は渓流沿いの岩場と同じ程度の強い光の下，残りの半数は照葉樹林の林床と同じ程度の弱い光の下で栽培を続け，50日後に生存していた個体の数の割合(生存率)を調べたところ，図2に示す結果が得られた。

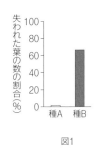

図1

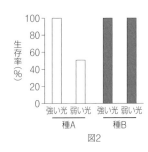

図2

(1) **実験 1・2** の結果から導かれる考察として**誤っているもの**を，次の①〜④のうちから 1 つ選べ。

① 種 A が渓流沿いの岩場に生息しているのは，流水にさらされる渓流の環境に適応しているからである。

② 種 B が渓流沿いの岩場に生息していないのは，流水にさらされる渓流の環境に適応していないからである。

③ 種 A が照葉樹林の林床に生息していないのは，暗い環境に適応していないからである。

④ 種 B が照葉樹林の林床に生息しているのは，明るい環境より暗い環境に適応しているからである。

(1)

【B】 マダラヒタキ (以後，マダラ) とシロエリヒタキ (以後，シロエリ) という小形の鳥類の種分化には，両種の祖先が氷河期に経験した地理的隔離が関わっている。マダラとシロエリの現在の分布域は一部が重なっており，図 3 のように，分布が重ならない地域 (異所的分布域) の，黒色の目立つマダラの雄 (黒型雄) はシロエリの雄とよく似ている。一方，分布が重なる地域 (同所的分布域) のマダラの雄の体色は茶色が目立つ (茶型雄)。また，マダラとシロエリの交配によってうまれた雑種個体の繁殖力は低い。これらのことから次の仮説を立てた。

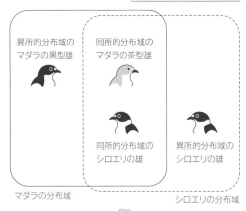

異所的分布域のマダラの黒型雄　同所的分布域のマダラの茶型雄　同所的分布域のシロエリの雄　異所的分布域のシロエリの雄

マダラの分布域　　　　シロエリの分布域

図3

「同所的分布域のマダラの雌はシロエリの雄とマダラの黒型雄との区別ができない。そのため，同所的分布域のマダラの雄ではシロエリの雄と間違われないような茶色の体色が進化し，同所的分布域のマダラの雌では茶型雄を選ぶような好みが進化した。」

この仮説を検証するために，マダラの雌に異なるタイプの雄を選ばせる**実験 3 〜 5** を行った。

実験 3 異所的分布域のマダラの雌 9 羽のそれぞれに，マダラの黒型雄 1 羽と茶型雄 1 羽を同時に提示し，どちらかの雄を交配相手として選ばせた。黒型雄を選んだ雌は 8 羽，茶型雄を選んだ雌は 1 羽であった。

実験 4 同所的分布域のマダラの雌 12 羽のそれぞれに，マダラの黒型雄 1 羽と茶型雄 1 羽を同時に提示し，どちらかの雄を交配相手として選ばせた。黒型雄を選んだ雌は ア 羽，茶型雄を選んだ雌は イ 羽であった。

実験 5 同所的分布域のマダラの雌 12 羽のそれぞれに，マダラの黒型雄 1 羽とシロエリの雄 1 羽を同時に提示し，どちらかの雄を交配相手として選ばせた。マダラの黒型雄を選んだ雌は ウ 羽，シロエリの雄を選んだ雌は エ 羽であった。

(2) **実験 3 〜 5** の結果は，仮説を支持するものであった。上の文章中の ア 〜 エ に入る数値を次の①〜④から 1 つずつ選べ。なお，同じものを複数回選んでもよい。

① 2　　② 6　　③ 8　　④ 10

(2)ア　　イ

　　ウ　　エ

（18 センター本試改）

7 生物の系統

1 分類と系統
分類…共通性に基づき多様な生物をグループ分けすること。
系統…生物がたどってきた進化の道筋。
系統分類…系統に基づいた生物の類縁関係によって生物を分類する方法。類縁関係を樹状に表した図を**系統樹**という。

2 系統の調べ方
　生物の系統関係は細胞の構造，細胞の構成成分，形態，生殖方法，発生過程などの比較で調べられる。生体を構成する物質の分子データをもとにつくられた系統樹を**分子系統樹**という。

3 分類体系
　分類の体系には，分類の基本単位である**種**から順に，**属，科，目，綱，門，界，ドメイン**に分けられる。
種…分類の基本単位。形態的・生理的な特徴が同じで，自然状態で交配することができ，生殖能力のある子孫を残す個体の集まりである。
五界説…生物を**原核生物界，原生生物界，植物界，菌界，動物界**の5つに分類する考え方。
3ドメイン説…rRNAの塩基配列の違いに基づいて，生物を**細菌（バクテリア），アーキア（古細菌），真核生物（ユーカリア）**の3つのドメインに分類する考え方。

●分類体系(例：ヒトとゾウリムシの場合)

階級	ヒト	ゾウリムシ
ドメイン	真核生物ドメイン	真核生物ドメイン
界	動物界	原生生物界
門	脊索動物門	繊毛虫門
綱	哺乳綱	少膜綱
目	サル目(霊長目)	ゾウリムシ目
科	ヒト科	ゾウリムシ科
属	ヒト属	ゾウリムシ属
種	ヒト	ゾウリムシ

4 学名
　世界共通の種名を**学名**という。**リンネ**が考案した**二名法**で表される。

ヒトの学名	*Homo*　*sapiens*	※種小名の後に命名者名
	(属名)　(種小名)	を加えることもある。

ポイントチェック

- □(1) 生物を共通性に基づきグループ分けすることを何というか。
- □(2) 生物がたどってきた進化の道筋を何というか。
- □(3) (2)に基づいた生物の類縁関係をもとに生物を分類する方法を何というか。
- □(4) 生物の類縁関係を樹状に表した図を何というか。
- □(5) DNAの塩基配列やタンパク質のアミノ酸配列をもとにつくられた(4)を何というか。
- □(6) 分類の基本となる単位を何というか。
- □(7) (6)の上位には階層的にいくつかの分類階級がある。近縁な(6)をまとめて何というか。
- □(8) 近縁な綱をまとめた分類階級を何というか。
- □(9) 近縁な(8)をまとめた分類階級を何というか。
- □(10) rRNAの塩基配列の違いに基づく分類で，界の上位にあたるのは何か。
- □(11) 生物を原核生物界，原生生物界，植物界，菌界，動物界に分ける考え方を何というか。
- □(12) rRNAの塩基配列の違いをもとに生物を3つのグループに分類する考え方を何というか。
- □(13) 原核生物は，(12)において，何と何に分けられるか。
- □(14) 世界共通の種表記は何か。
- □(15) (14)は属名の次に何を並べて表されるか。
- □(16) (14)の表記方法は何とよばれるか。

例題 3◆分子系統樹 ▶22

あるタンパク質のアミノ酸配列を5種類の生物種(ヒト, コイ, X, Y, Z)で比較し, 生物種間でのアミノ酸の違いを数で表したところ, 表1のようになった。

(1) アミノ酸の違いから予想される分子系統樹は図1のようなパターンになった。aとcはそれぞれ表1のX, Y, Zのどれに対応するか。最も適当な生物種をそれぞれ答えよ。

(2) ヒトとaの共通祖先からヒトとaに分岐したあと, ヒトには何個のアミノ酸置換が起こったと考えられるか。

(3) ヒトとaの共通祖先は1億年前にヒトとaに分岐したと推測されている。ヒトとaのアミノ酸の違いから, 1個のアミノ酸が置換されるのに必要な年数はおよそ何年と考えられるか。

表1

ヒト	0				
コイ	68	0			
X	16	65	0		
Y	37	75	43	0	
Z	27	71	26	49	0
生物種	ヒト	コイ	X	Y	Z

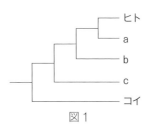

図1

(08 北里大改)

ここがポイント

生物間のアミノ酸配列や塩基配列の違いは, 分岐してからの時間が長いほど大きく, 近縁なほど小さいと考える。

◆解法◆

(1)(2) 表を縦に見て, アミノ酸の違いの数が少ないものほど近縁, 大きいものほど遠縁であると考えるとよい。

ヒト	0				
コイ	68	0			
X	16	65	0		
Y	37	75	43	0	
Z	27	71	26	49	0
生物種	ヒト	コイ	X	Y	Z

ヒトと最も近縁なのは, アミノ酸の違いが16個のXである。ヒトとXの共通祖先がヒトとXに分岐してから, それぞれ16÷2=8個のアミノ酸が置換したと考えられる。

ヒトとZのアミノ酸の違いは27個, XとZは26個である。これは, ヒトとXの共通祖先とZが分岐してから $\frac{26+27}{2} \div 2$ = 13.25個のアミノ酸が置換したと考えられる。

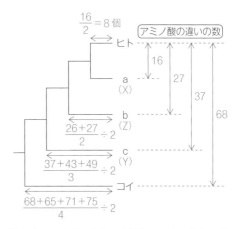

(3) (2)より, ヒトとa(X)に分岐してから1億年の間に8個のアミノ酸が置換したということになるので, アミノ酸1個が置換するのに必要となる年数を x とすると

1億年:8個 = x:1個
x = 1250万年

答 (1) a−X c−Y
(2) 8個
(3) 1250万年

EXERCISE

▶**19〈分類〉** 次の文章を読み，下の問いに答えよ。

　生物を分類する基本的な単位として種という概念が用いられる。生物の分類は，系統関係に基づいた階層的な体系になっている。近縁の種をまとめて（　ア　），近縁な（ア）をまとめて科，というように，順に種，（　ア　），科，目，（　イ　），門，（　ウ　），（　エ　）という分類階級が設けられている。現在のこの系統分類体系に至るまでは，生物界の分け方についていくつかの学説が提唱された。種の二名法を提案したリンネは生物を大きく2つに分ける説，その後ヘッケルは3つに分ける説，細菌や藻類の分類まで考慮したホイッタカーは，生物を原核生物界，原生生物界，植物界，菌界，動物界に分ける（　オ　）説を提唱した。さらに，リボソームRNAの塩基配列の違いに基づいて3つの（　エ　）に分ける説などが提唱された。

(1) 文中の（　）に入る適語を答えよ。
(2) 二名法による「ヒト」の学名をカタカナで答えよ。

（21 法政大改）

▶**20〈3ドメイン説〉** 次の文章を読み，（　）に入る適語を答えよ。

　メタン生成菌の研究をしていたアメリカのウーズらは，リボソームに含まれる（　ア　）の（　イ　）を解析し，新しい分類体系を提唱した。彼は生物を3つのドメインに分け，分類群の界より上位に置いた。1つはヒトが所属する（　ウ　）ドメインである。残る2つは，五界説では原核生物界にまとめられていたグループで，（　ウ　）に近い方は（　エ　）ドメイン，もう一方は（　オ　）ドメインとよばれている。

▶**21〈分子系統樹〉** 表は，ある生物の4つの系統A～Dについて，ある遺伝子の塩基配列で違いの見られた部位を示したものである。これらの系統のうち，系統Dが最も早く枝分かれしたことがわかっている。系統A～Cの枝分かれの順序を知るために，表のデータを用い，塩基の変化の回数が最少となるように系統樹を選択する方法（最節約法）により，図のような系統樹を作成した。図の①～③にあてはまるのは系統A～Cのどれか，それぞれ答えよ。

表

系統＼部位	1	2	3	4
系統A	G	T	C	T
系統B	A	T	C	T
系統C	G	A	C	T
系統D	A	T	T	G

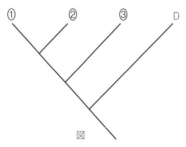

図

（18 立教大改）

▶19
(1) ア _____
　　イ _____
　　ウ _____
　　エ _____
　　オ _____
(2) _____

▶20
ア _____
イ _____
ウ _____
エ _____
オ _____

▶21
① _____
② _____
③ _____

▶22 〈分子系統樹〉 次の文章を読み，下の問いに答えよ。

DNA の塩基配列に変異が生じても，タンパク質のアミノ酸配列には変化を及ぼさないことが多い。このため，多くの突然変異は個体の生存や繁殖に影響を与えない。このような突然変異を含む遺伝子は（ ア ）ではなく，単なる確率的な過程によって，偶然に集団中に広がることがある。このようにして起こる偶然による遺伝子頻度の変化を（ イ ）といい，（ イ ）によって起こる進化は（ ウ ）とよばれる。また，さまざまな生物種の間で，特定の遺伝子の塩基配列を比較することで，生物種間の類縁関係を表す系統樹を描くことができる。

下の表は，ヒト，マグロ，ウマ，酵母の4種における，あるタンパク質のアミノ酸の置換数(異なる数)をまとめたものである。

ヒト	0			
マグロ	49	0		
ウマ	12	47	0	
酵母	72	77	73	0
	ヒト	マグロ	ウマ	酵母

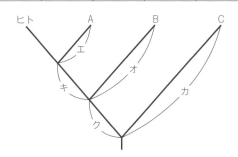

(1) 文中の（ ア ）～（ ウ ）に入る語句として最も適当なものを，下の①～⑥のうちからそれぞれ一つ選べ。
① 収束進化　　② 中立進化　　③ 分子進化
④ 遺伝的浮動　⑤ 地理的隔離　⑥ 自然選択

(2) 表の結果から上図のような分子系統樹を作成することができる。図の A ～ C に該当する生物名を答えよ。

(3) 分子系統樹のエ～クには，アミノ酸置換数(進化適距離)が入る。表の値をもとにそれぞれ答えよ。

(4) ヒトとウマが約8000万年前に分岐したとすると，このタンパク質のアミノ酸が1個置換するのに要した時間はおよそ何年か求めよ。

(5) (4)で求めた値をもとに，ヒトとマグロが分岐したのは何年前になるか。最も適当なものを，次の①～④のうちから一つ選べ。
① 2億3000万年前　　② 3億2000万年前
③ 4億9000万年前　　④ 6億4000万年前

(20 東邦大改)

▶22
(1) ア _____
　　イ _____
　　ウ _____
(2) A _____
　　B _____
　　C _____
(3) エ _____
　　オ _____
　　カ _____
　　キ _____
　　ク _____
(4) _____
(5) _____

8 人類の系統と進化

1 霊長類

霊長類(サル目)…森の中での生活に適応した哺乳類。
・前方を向いていて立体視できる範囲が広い眼。
・物を握るのに適した手足と平爪。
類人猿…約2500万年前に現れた，オランウータンや
　　ゴリラなどのヒトに近い霊長類。
・他の霊長類に比べ脳が大きい。
・尾がない。
●霊長類の系統樹

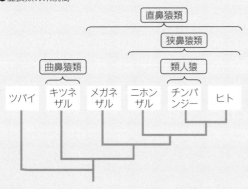

2 人類

人類…類人猿との共通の祖先から分岐し進化した。
・**直立二足歩行**を行う。　　・眼窩上隆起がない。
・小さな犬歯。　　　　　　　・おとがいが発達。

3 人類の進化

①初期の人類(**猿人**)
…約700万年前にアフリカで出現。直立二足歩行が
始まっていた。サヘラントロプス・チャデンシス，ア
ウストラロピテクス・アファレンシスなど。
②ホモ属の発展(**原人の出現**)
…約220万年前，猿人の一部から現れたホモ属。下
肢が長く，脳容積が増大。定型的な石器を使用。ホモ・
ハビリス，ホモ・エレクトスなど。
③**旧人**の出現
…約80万年前，アフリカで原人の中から誕生。発達
した石器や火を使用。ヨーロッパで発展した**ホモ・ネ
アンデルタレンシス**など。
④新人の出現と拡散
…約20万年前にアフリカで出現。眼窩上隆起がなく
なり，あごにおとがいがある。現生の人類は**ホモ・サ
ピエンス**の1種しか存在しない。ホモ・サピエンス
はほぼ全大陸に拡散し，原人や旧人を絶滅させた。

ポイントチェック

□(1)　森の中での生活に適応した
　　　哺乳類を何というか。

□(2)　(1)の特徴を2つあげよ。

□(3)　約2500万年前に現れた，
　　　オラウータンやゴリラなどの
　　　ヒトに近い(1)を何というか。

□(4)　(3)の特徴を2つあげよ。

□(5)　(3)との共通祖先から最初に
　　　分岐した人類を総称して何と
　　　いうか。

□(6)　初期の(5)の化石は，どこで
　　　見つかっているか。

□(7)　約220万年前，(5)の一部か
　　　ら現れたホモ属を何というか。

□(8)　(7)の具体的な種名を2つあ
　　　げよ。

□(9)　約80万年前，アフリカで
　　　(7)の中から現れたものを何と
　　　いうか。

□(10)　(9)のうち，約30万年前か
　　　らヨーロッパで発展した種は
　　　何か。

□(11)　約20万年前にアフリカに
　　　出現した人類を何というか。

□(12)　現生の(11)の種名を答えよ。

□(13)　(12)の特徴を2つあげよ。

□(14)　(11)の拡散は，同時代に生き
　　　ていた原人や旧人にどのよう
　　　な影響を与えたか。

EXERCISE

▶**23〈人類の進化①〉** 次の文章を読み，下の問いに答えよ。

　初期の人類は猿人とよばれ，最古のものは中央アフリカで発見された（　ア　）で，およそ700万年前に出現したと考えられている。エチオピアのおよそ440万年前の地層から発見された（　イ　）の一種であるラミダス猿人の化石からは，(a)初期の人類が直立二足歩行をしていたと推定される。400万年〜200万年前にかけて人類の多様性は劇的に増加し，この時期の多くの種はまとめて（　ウ　）類とよばれる。(b)これら初期人類は，類人猿と異なる特徴をもっている。約200万年前には，ホモ・エレクトスなどの原人が出現した。

　約80万年前には，より脳が発達した旧人が出現し，その中から30万年前頃にホモ・ネアンデルタレンシスが出現した。ホモ・ネアンデルタレンシスは現生人類と同じくらいの大きな脳をもち，狩猟用の道具もつくっていた。彼らはヨーロッパから西アジア，中央アジア，南シベリアへと広がったが，約3万年前に絶滅したと考えられている。現生人類であるホモ・サピエンスは約20万年前にアフリカで出現し，10〜5万年ほど前にアフリカから出た集団が全世界に広がったと考えられている。アフリカから出たホモ・サピエンスは，ヨーロッパや西アジアでホモ・ネアンデルタレンシスと共存していた可能性がある。

(1) 文中の（　）にあてはまる語句を次の中から1つずつ選べ。
　① アウストラロピテクス　　② サヘラントロプス
　③ パラントロプス　　　　　④ アルディピテクス
　⑤ オロリン　　　　　　　　⑥ ケニアントロプス
(2) 下線部(a)について，直立二足歩行をしていたと推定される根拠となる骨の特徴を2つ記せ。
(3) 下線部(b)について，直立二足歩行以外の特徴を2つ記せ。

（18 滋賀医大改）

▶**24〈人類の進化②〉** 次の文章を読み，下の問いに答えよ。

　私たち人間は，系統学的に脊椎動物門・哺乳綱・霊長目・ヒト科・ヒト属・ヒト（学名：*Homo sapiens*）に分類される。

(1) 図に示した系統樹のA〜Hに当てはまるものを，次の中から1つずつ選べ。
　① ニワトリ
　② チンパンジー
　③ 原人　　④ ニホンザル
　⑤ ウマ　　⑥ 猿人
　⑦ ヒト（新人）　⑧ 旧人
(2) ヒト以外のヒト属に含まれるものを(1)の選択肢の中からすべて選べ。

（20 東北大改）

▶**23**

(1) ア

　　イ

　　ウ

(2)

(3)

▶**24**

(1) A

　　B

　　C

　　D

　　E

　　F

　　G

　　H

(2)

❶ 生物の系統に関する次の文章を読み，下の問いに答えよ。

　　生命は 40 億年ほど前に共通祖先が誕生し，長い年月の進化を通して今の多様な生物に至っていると考えられている。今の生物は大きくバクテリア， ア ，ユーカリアの 3 つのドメインに分けられている。バクテリアと ア のほとんどは 1 mm よりずっと小さく，顕微鏡でようやくその形を観察することができる。ユーカリアはゾウのような大きな動物から，顕微鏡でようやく見えるパン酵母のような生物まで含まれる。動物の形状は多様であるが，化石の解析から，約 5 億 4 千万年前のカンブリア紀に動物の多様性が生じたことが知られている。

(1)　上の文章の ア にあてはまる語句を答えよ。
(1) _____

(2)　ユーカリアであるニホンコウジカビは *Aspergillus oryzae* という学名がついている。この学名は，リンネの二名法に基づいて名付けられている。二名法では *oryzae* にあたるものを何とよぶか。漢字 3 文字で答えよ。
(2) _____

(3)　生物の 3 つのドメイン分類に関し，ある生物が ア のドメインに属すると判断することが可能な情報として正しいものを，次の①〜⑤のうちから 1 つ選べ。
① rRNA 配列の分子系統樹　　② 嫌気呼吸を行っている
③ 核膜がある　　　　　　　④ 極限環境で増殖可能である
⑤ 細胞小器官と細胞質で別の種類のリボソームが存在する
(3) _____

(4)　生命の起源をたどるために分子系統樹が利用されることがある。分子系統樹はゲノムにおけるDNA の配列で描かれる場合とアミノ酸配列で描かれる場合がある。ヒトとチンパンジーのように，非常に近縁な種における分子系統樹を描く場合，DNA による分子系統樹とアミノ酸配列による分子系統樹のどちらが適していると考えられるか。また，その理由を簡潔に答えよ。

(4) _____

(5)　タンパク質のアミノ酸配列をもとに分子系統樹を作成すると，共通祖先のタンパク質に存在したアミノ酸配列を推定できることが知られている。その原理は図 1 の①〜③に示すとおりである。図 1 では系統樹を描くために並べたタンパク質の一部のアミノ酸を一文字表記しており，D はアスパラギン酸，E はグルタミン酸，K はリシン，N はアスパラギン酸を意味する。図 1 の①〜③の例にならい，④における(a)，⑤における(b)，⑥における(c)と(d)にあてはまるアミノ酸を推定し，それぞれ一文字表記で答えよ。複数の可能性がある場合は，図 1 の②の E ／ K のように答えよ。

(5)(a) _____
(b) _____
(c) _____
(d) _____

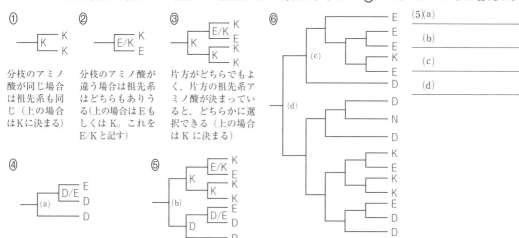

図 1　分子系統樹に基づく祖先型タンパク質の推定　　　　　　　(22 慶應義塾大改)

❷ 生物の系統と進化に関する次の文章を読み，下の問いに答えよ。

哺乳類に関して，ある研究では DNA の塩基配列をもとに，図のような系統関係を支持する系統樹が得られている。この系統樹の ┃ ア ┃ ～ ┃ ウ ┃ には，イヌ，ハツカネズミ，アフリカゾウのいずれかが入る。

イヌ，ハツカネズミ，アフリカゾウ，マッコウクジラ，およびキリンの間には，下の@，ⓑに示すような類縁関係があることがわかっている。

@ ハツカネズミは，アフリカゾウよりマッコウクジラと近縁である。

ⓑ キリンは，ハツカネズミよりイヌと近縁である。

このとき，図の ┃ ア ┃ ～ ┃ ウ ┃ に入る動物をそれぞれ答えよ。

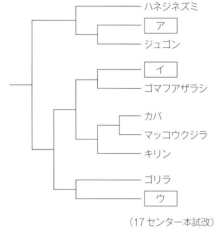

ア ＿＿＿＿＿＿＿＿＿＿

イ ＿＿＿＿＿＿＿＿＿＿

ウ ＿＿＿＿＿＿＿＿＿＿

(17 センター本試改)

❸ 生物の系統に関する次の文章を読み，下の問いに答えよ。

5種(種 A ～ E)のアブラムシの間の系統関係を明らかにするため，同じ DNA 領域の 1000 塩基対について，種間で配列を比較して異なる塩基の数(塩基の相違数)を数えたところ，次の表の結果が得られた。この結果から導かれる，5種のアブラムシの系統樹として最も適当なものを，下の①～⑤のうちから1つ選べ。ただし，種 E のアブラムシは最も早く枝分かれした種であることがわかっているとする。

表 アブラムシ5種間の塩基の相違数

種 B	5			
種 C	13	12		
種 D	9	8	12	
種 E	17	16	16	16
	種 A	種 B	種 C	種 D

読み方の例：種 A と種 B の間の塩基の相違数は 5 である

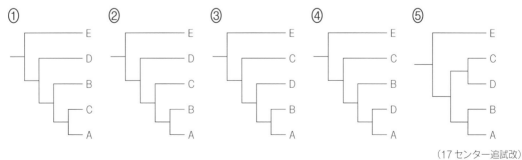

(17 センター追試改)

❹ 生物の進化に関する次の文章を読み，下の問いに答えよ。

地球上の生物種は，生物がもつ形質に基づいて，階層的に分類されている。例えば，近年絶滅が危惧されているニホンウナギが属する分類群を，綱より下位のものについて階層が高い方から表記すると，│ ア │・│ イ │・│ ウ │となる。

20世紀後半になり分子生物学の手法が発達すると，生物がもつタンパク質や核酸などの分子を調べて，系統関係を推定する分子系統解析が盛んに行われた。ウーズらは分子系統解析の結果から，界より上位の分類群であるドメインを設定し，すべての生物を3つのドメインに分類する説(3ドメイン説)を提唱した。また，ゲノムの一部は，異なった生物種間で伝えられることがある。このことを考慮に入れ，(a)分子から推定された系統関係を，枝分かれのみからなる系統樹の形ではなく，網目の形で表すことがある。

(1) 上の文章中の│ ア │～│ ウ │に入る語の組合せとして最も適当なものを，次の①～⑥のうちから1つ選べ。

	ア	イ	ウ		ア	イ	ウ
①	ウナギ属	ウナギ目	ウナギ科	②	ウナギ属	ウナギ科	ウナギ目
③	ウナギ目	ウナギ属	ウナギ科	④	ウナギ目	ウナギ科	ウナギ属
⑤	ウナギ科	ウナギ属	ウナギ目	⑥	ウナギ科	ウナギ目	ウナギ属

(1) _____

(2) 下線部(a)に関連して，図1は3ドメイン説に基づいた生物の系統関係を模式的に表しており，2本の破線は，葉緑体またはミトコンドリアの(細胞内)共生によって生じた系統関係を表している。図1のドメインA，Bの名称をそれぞれ答えよ。

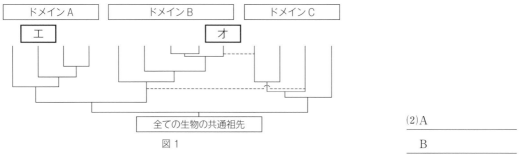

図1

(2)A _____

B _____

(3) 図1の│ エ │・│ オ │に入る生物種として最も適当なものを，次の①～⑨からそれぞれ1つずつ選べ。

① 緑色硫黄細菌　② メタン生成菌　③ シアノバクテリア
④ 大腸菌　⑤ 酵母菌　⑥ ヒト
⑦ バフンウニ　⑧ アメーバ　⑨ ゼニゴケ

(3)エ _____

オ _____

（19 センター試験改）

❺ ヒトの進化に関する次の文章を読み，下の問いに答えよ。

　₍ₐ₎ヒトの近縁種の系統関係を調べるため，チンパンジー，ゴリラ，オランウータンおよびニホンザルのそれぞれについて，遺伝子Aからつくられるタンパク質Aのアミノ酸配列を調べたところ，互いに異なっているアミノ酸の割合は，表1の通りであった。

(1) 下線部₍ₐ₎について，ヒトがもつ次の特徴①～④のうち，直立二足歩行に伴って獲得した特徴をすべて選べ。

① 手には，親指が他の指と独立に動く，拇指(母指)対向性がある。

② 大後頭孔が頭骨の底部に位置し，真下を向いている。

③ 眼が前方についている。

④ 骨盤は幅が広く，上下に短くなっている。

表1

	チンパンジー	ゴリラ	オランウータン
ゴリラ	0.9%	－	－
オランウータン	1.93%	1.77%	－
ニホンザル	4.90%	4.83%	4.85%

(1) _____

(2) _____

(2) 表1の結果から得られる系統樹として最も適当なものを，次の①～⑤のうちから1つ選べ。

(3) チンパンジーの祖先とオランウータンの祖先が分岐した年代が1300万年前，ヒトの祖先とチンパンジーの祖先が分岐した年代が600万年前とすると，分子時計の考え方により，表1を用いてヒト-チンパンジー間のアミノ酸配列の違いを予測できる。ところが，タンパク質Aにおけるヒト-チンパンジー間のアミノ酸配列の違いを実際に調べた値は，分子時計の考え方による予測値よりも小さかった。次の数値@～©のうち，分子時計の考え方による予測値はどれか。また，後の記述Ⅰ～Ⅲのうち，実際に調べた値が予測値よりも小さくなった原因に関する考察として適当なものはどれか。その組合せとして最も適当なものを，次の①～⑨のうちから1つ選べ。

@ 0.42%　　⑥ 0.89%　　© 4.18%

Ⅰ. 遺伝的浮動により，ヒトの集団内で，突然変異によって遺伝子Aに生じた新たな対立遺伝子の頻度が上がったため。

Ⅱ. ヒトにおいて生存のためのタンパク質Aの重要度が上がり，タンパク質Aの機能に重要なアミノ酸の数が増えたことで，突然変異によりタンパク質Aの機能を損ないやすくなったため。

Ⅲ. 医療の発達により，ヒトでは突然変異によってタンパク質Aの機能を損なっても，生存に影響しにくくなったため。

① @, Ⅰ　　② @, Ⅱ　　③ @, Ⅲ　　④ ⑥, Ⅰ　　⑤ ⑥, Ⅱ

⑥ ⑥, Ⅲ　　⑦ ©, Ⅰ　　⑧ ©, Ⅱ　　⑨ ©, Ⅲ

(3) _____

(22 共通テスト本試改)

9 生体を構成する物質と細胞①

1 生体の構成成分

水 (H, O)	溶媒，化学反応の場，比熱が大きいので体内の急な温度変化を防ぐ
タンパク質 (C, H, O, N, S)	基本単位：アミノ酸(20種類) 細胞骨格，酵素，ホルモン，抗体，受容体などの主成分
脂質 (C, H, O, P)	脂肪の構造：脂肪酸＋グリセリン エネルギー源，生体膜の成分(Pを含む)
炭水化物 (C, H, O)	基本単位：単糖(グルコース, フルクトースなど) エネルギー源，細胞壁の主成分
核酸 (C, H, O, N, P)	基本単位：ヌクレオチド 遺伝物質，タンパク質の合成に関与
無機塩類 (K$^+$, Cl$^-$, Na$^+$など)	体液濃度の調節，酵素の補助因子

2 細胞小器官

細胞膜…リン脂質とタンパク質からなる。

核…二重の生体膜からなる。内部に核小体とDNAがある。

ミトコンドリア…二重の生体膜からなり，独自のDNAをもつ。呼吸の場となる。

葉緑体…二重の生体膜からなり，独自のDNAをもつ。光合成の場となる。動物細胞には存在しない。

液胞…一重の生体膜からなる。植物細胞で発達。

ゴルジ体…一重の生体膜からなる扁平な袋状の構造。

小胞体…一重の生体膜からなる。リボソームが付着した粗面小胞体と，付着していない滑面小胞体がある。

リボソーム…rRNAとタンパク質からなる小粒。タンパク質合成の場となる。

細胞壁…細胞膜の外側の丈夫な構造。植物細胞ではセルロースが主成分。

ポイントチェック

☐(1) 生体の構成成分で最も多くの割合を占め，体内で溶媒として働くものは何か。

☐(2) DNAが核膜に包まれている細胞を何というか。

☐(3) 核膜がなく，細胞小器官が見られない細胞を何というか。

☐(4) 動物細胞には見られない構造を2つ答えよ。

☐(5) 細胞膜はおもにタンパク質と何で構成されているか。

☐(6) 二重の生体膜からなる細胞の構造を3つ答えよ。

☐(7) 扁平な袋状の構造が重なった細胞内の構造を何というか。

☐(8) 核膜の外膜とつながり，物質の合成と輸送にかかわる袋状の構造を何というか。

☐(9) (8)で，リボソームが付着したものを何というか。

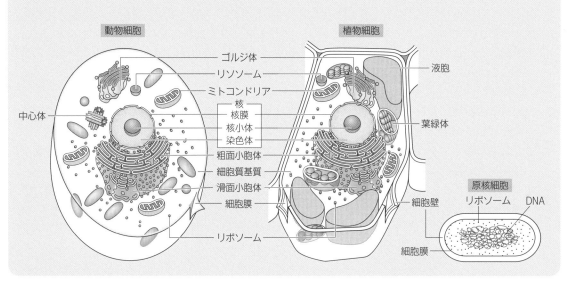

EXERCISE

▶**25〈生体の構成成分〉** 生体の構成成分について，次の問いに答えよ。

(1) 次の説明にあてはまる物質を，下の①～⑤からそれぞれ選べ。

  a 生体内の化学反応の場となる。

  b 筋肉や酵素，ホルモンなどの構成成分となる。

  c エネルギー源や細胞膜の主要な構成成分となる。

  d エネルギー源や植物の細胞壁の主要な構成成分となる。

  e 遺伝情報を担う物質である。

  ① 核酸 ② タンパク質 ③ 炭水化物 ④ 水 ⑤ 脂質

(2) 生体の構成成分の割合は，動物と植物で異なる。動物細胞と植物細胞で2番目に割合の多い成分を(1)の①～⑤からそれぞれ選べ。

(3) 生体の構成成分に関する記述として正しいものを，次の中から1つ選べ。

  ① デンプンは，グルコースが多数つながった多糖である。

  ② 細胞膜は，リン脂質が多数結合した流動性のない強固な構造である。

  ③ ペプチド結合は，2つのアミノ酸に水が結合してできる。

  ④ タンパク質は変性すると，一次構造が変化する。

▶**26〈細胞の構造と機能〉** 図1は電子顕微鏡で観察した動物細胞と植物細胞の模式図である。次の問いに答えよ。

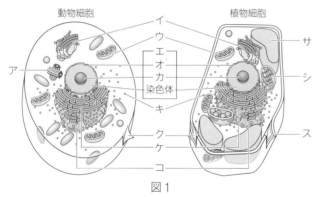

図1

(1) 図1のア～スの名称を答えよ。

(2) 図1のア～スの中から，次の説明にあてはまる細胞の構造をそれぞれすべて選べ。

  a 遺伝情報の本体を含む   b 細胞の保護と形態維持

  c 呼吸およびATP合成の場   d 光合成の場

  e 物質の分泌にかかわる   f 二重の生体膜をもつ

  g 合成されたタンパク質の輸送経路として働く

(3) 図1に見られるような細胞小器官をもたない生物を，次の中から2つ選べ。

  ① ヒト ② ネンジュモ ③ 大腸菌 ④ カサノリ

  ⑤ オオカナダモ ⑥ ゾウリムシ ⑦ ミジンコ

▶**25**

(1) a ___ b ___

    c ___ d ___

    e ___

(2) 動物細胞 ___

    植物細胞 ___

(3) ___

▶**26**

(1) ア ___

    イ ___

    ウ ___

    エ ___

    オ ___

    カ ___

    キ ___

    ク ___

    ケ ___

    コ ___

    サ ___

    シ ___

    ス ___

(2) a ___

    b ___

    c ___

    d ___

    e ___

    f ___

    g ___

(3) ___ , ___

2章 生命現象と物質

33

10 生体を構成する物質と細胞②

1 細胞膜を介した物質の輸送

細胞膜（生体膜）を通過できない大きな分子の場合，細胞膜が分子を取り込んで小胞をつくったり，分泌小胞と融合して細胞外へ放出したりして輸送される。

●エンドサイトーシス （飲食作用）　　　●エキソサイトーシス （開口分泌）

（細胞外）

細胞膜 ──── （細胞内）　分泌小胞

細胞膜の包み込みで小胞をつくり，物質を取り込む。

分泌小胞が細胞膜と融合し，細胞外へ物質を分泌する。

2 細胞骨格

細胞骨格は，細胞や細胞小器官の形を維持する繊維状の構造で，細胞内に網目状に分布している。

微小管 チューブリン 約25nm	チューブリンという球状のタンパク質が多数結合した管状構造。鞭毛の運動や物質の輸送，細胞分裂に関与。
中間径フィラメント 8〜12nm	繊維状の構造。細胞内に網目状に分布。細胞の形態保持に関与。
アクチンフィラメント アクチン 約7nm	アクチンという球状のタンパク質が連なった繊維状構造。細胞の収縮と伸展，アメーバ運動，筋収縮に関与。

3 細胞接着

細胞どうしの，あるいは細胞と細胞外の構造との接着を**細胞接着**という。

固定結合…接着結合，デスモソームによる結合，ヘミデスモソームによる結合がある。

密着結合…隣り合う細胞どうしがすきまなく密着する結合。

ギャップ結合…管状タンパク質が隣の細胞のものと結びつき，2つの細胞間で小さな分子が移動できる結合。

●密着結合　　　　　●ギャップ結合

細胞膜

接着タンパク質

細胞膜

管状の
タンパク質

ポイントチェック

- □(1) 細胞膜の包み込みで小胞をつくり，物質を取り込むことを何というか。
- □(2) 分泌小胞が細胞膜と融合し，内部の物質を細胞外へ分泌することを何というか。
- □(3) 細胞骨格の種類を3つ答えよ。
- □(4) (3)のうち，球状タンパク質のチューブリンが多数結合した管状構造を何というか。
- □(5) 細胞どうしや，細胞と細胞外との結合を何というか。
- □(6) 細胞膜を貫通する接着タンパク質によって細胞どうしがすきまなく密着する結合を何というか。
- □(7) 膜を貫通する中空の管状タンパク質で細胞どうしが結合されることを何というか。
- □(8) カドヘリンとアクチンフィラメントの結合で細胞どうしが固定されることを何というか。

●固定結合

接着結合

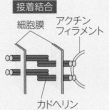

細胞膜　アクチンフィラメント

カドヘリン

細胞どうしをつなぎとめたカドヘリンが細胞骨格のアクチンフィラメントと結合する。

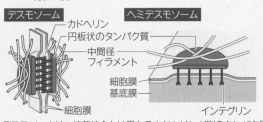

デスモソーム　　　ヘミデスモソーム

カドヘリン
円板状のタンパク質
中間径フィラメント
細胞膜
基底膜
細胞膜
インテグリン

デスモソームは，接着結合とは異なるカドヘリンが別のタンパク質を介して中間径フィラメントに結合させる。ヘミデスモソームは，インテグリンによって細胞を基底膜につなぎとめる。

EXERCISE

▶**27〈細胞骨格の働きと種類〉** 図1は，3種類の細胞骨格を模式的に示したものである。次の問いに答えよ。

(1) 図1のⅠ～Ⅲの名称を答えよ。

(2) 図1のⅠ～Ⅲの説明として適当なものを，次の中から2つずつ選べ。
   ① 細胞の構造を保持する
   ② 細胞分裂時に紡錘糸を形成する
   ③ アメーバ運動にかかわる
   ④ 細胞内に網目状に分布している
   ⑤ 筋収縮にかかわる
   ⑥ 鞭毛や繊毛の運動にかかわる

(3) 図1のⅠ～Ⅲの細胞内における分布状態はどのようになっているか。最も適当なものを，次の中からそれぞれ選べ。

①

②

③

図1

(4) 図1のⅠ～Ⅲを直径の大きい順に答えよ。

(5) Ⅱは何というタンパク質が連なってできているか。

▶**28〈細胞接着〉** 図は，小腸の上皮細胞の細胞接着を模式的に示したものである。次の問いに答えよ。

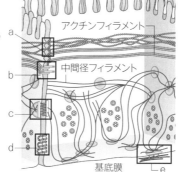
アクチンフィラメント
中間径フィラメント
基底膜

(1) 図のa～eの結合の名称を答えよ。

(2) 図のa～eの結合の説明として適当なものを，次の中から1つずつ選べ。
   ① 細胞と細胞外基質を結合する。
   ② 細胞膜を貫通する中空の管状タンパク質を介して結合し，イオンや糖などを通す。
   ③ 接着タンパク質によりすきまなく密着させ，消化液が細胞間に漏れ出ないようにする。
   ④ 細胞膜に埋め込まれたタンパク質を介して細胞骨格の中間径フィラメントと結合し，細胞どうしをボタン状に固定する。
   ⑤ 細胞膜に埋め込まれたタンパク質を介して細胞骨格のアクチンフィラメントと結合し，細胞の形態を保持する。

(3) 固定結合に関与し，細胞どうしをつなぎとめるタンパク質は何か。

(4) (3)に対して，細胞と細胞外基質を結合するタンパク質は何か。

▶**27**

(1) Ⅰ ＿＿＿＿＿＿＿
   Ⅱ ＿＿＿＿＿＿＿
   Ⅲ ＿＿＿＿＿＿＿

(2) Ⅰ ＿＿＿，＿＿＿
   Ⅱ ＿＿＿，＿＿＿
   Ⅲ ＿＿＿，＿＿＿

(3) Ⅰ ＿＿＿＿＿＿＿
   Ⅱ ＿＿＿＿＿＿＿
   Ⅲ ＿＿＿＿＿＿＿

(4) ＿＿＿＿＿＿＿

(5) ＿＿＿＿＿＿＿

▶**28**

(1) a ＿＿＿＿＿＿＿
   b ＿＿＿＿＿＿＿
   c ＿＿＿＿＿＿＿
   d ＿＿＿＿＿＿＿
   e ＿＿＿＿＿＿＿

(2) a ＿＿＿＿＿＿＿
   b ＿＿＿＿＿＿＿
   c ＿＿＿＿＿＿＿
   d ＿＿＿＿＿＿＿
   e ＿＿＿＿＿＿＿

(3) ＿＿＿＿＿＿＿

(4) ＿＿＿＿＿＿＿

2章 生命現象と物質

11 タンパク質の構造と機能

1 タンパク質の基本構造

　タンパク質を構成するアミ
ノ酸は，1個の炭素原子に，
アミノ基(−NH₂)，**カルボキ
シ基**(−COOH)，**水素原子**(−
H)，側鎖が結合した構造で，側鎖の構造の違いによっ
て20種類に分けられる。

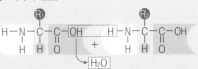

　必須アミノ酸：ヒトが合成できないアミノ酸。

　アミノ酸は**ペプチド結合**で多数つながりポリペプチ
ドを形成している。この構造を**一次構造**という。

●ペプチド結合

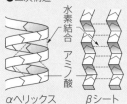

2 タンパク質の立体構造

　タンパク質は一次構造を基本に，複雑な立体構造を
とる。

●二次構造　　　　　　　●三次構造

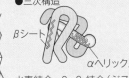

αヘリックス　　βシート

水素結合，S−S 結合(ジス
ルフィド結合)によってさら
に折りたたまれる

●四次構造(例：ヘモグロビン)

いくつかのポリペプチド鎖が
組み合わさる

S-S結合(ジスルフィド結合)…2つのシステイン(硫
　黄を含むアミノ酸)の側鎖からそれぞれ水素原子が
　とれて，硫黄どうしがつながってできる結合。

3 タンパク質の変性

　加熱や強酸・強アルカリによりタンパク質の水素結
合などが切れ，立体構造が壊れてタンパク質の性質が
変化することを**変性**という。このとき一次構造は変化
しない。また，変性によりタンパク質の機能が失われ
ることを**失活**という。

- □(1)　タンパク質は何が多数結合
　した構造となっているか。

- □(2)　タンパク質の構成元素をす
　べて答えよ。

- □(3)　アミノ酸の基本構造は，1
　つの炭素原子に水素原子，側
　鎖，アミノ基と，何が結合し
　ているか。

- □(4)　側鎖の構造の違いによって，
　アミノ酸は何種類に分けられ
　るか。

- □(5)　2つのアミノ酸がペプチド
　結合するとき，アミノ酸のカ
　ルボキシ基とアミノ基から何
　が1分子取れるか。

- □(6)　アミノ酸がペプチド結合で
　多数つながったものを何とい
　うか。

- □(7)　(6)のアミノ酸配列を何構造
　というか。

- □(8)　(6)の鎖がらせん状となった
　立体構造を何というか。

- □(9)　(6)の鎖がじぐざぐに折れ曲
　がったシート状の立体構造を
　何というか。

- □(10)　(8)や(9)のような立体構造を
　何構造というか。

- □(11)　タンパク質に見られる，シ
　ステインの側鎖どうしで形成
　される結合を何というか。

- □(12)　ポリペプチド鎖が立体的に
　組み合わさった構造を何とい
　うか。

- □(13)　熱などによってタンパク質
　の性質が変化することを何と
　いうか。

- □(14)　(13)によりタンパク質の機能
　が失われることを何というか。

EXERCISE

▶29〈タンパク質の基本構造〉 次の文章を読み，下の問いに答えよ。

タンパク質を構成するアミノ酸は，（ ア ）の違いにより（ イ ）種類に分けられる。アミノ酸は，図のように中心に炭素原子を1つもち，それに（ ウ ）基，（ エ ）基，水素原子およびRと表記された（ ア ）が結合した構造である。アミノ酸どうしは，1個の（ オ ）分子がとれて（ カ ）結合し，多数のアミノ酸が鎖状に長くつながった（ キ ）鎖を形成している。

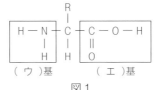

図1

(1) 文中の（ ）に入る適語または数値を答えよ。

(2) 2個のアミノ酸が（カ）結合した図を，図1にならって答えよ。ただし，アミノ酸の（ア）をそれぞれR_1，R_2とする。

(3) 下線部に関して，ヒトが合成できないアミノ酸を何というか。

▶30〈タンパク質の立体構造〉 次の文章を読み，下の問いに答えよ。

タンパク質は，アミノ酸配列に応じた立体構造をとり，ある特定の立体構造をとったときに，十分に機能を発揮する。

ポリペプチドを構成するアミノ酸の配列をタンパク質の（ ア ）構造という。ポリペプチドの分子中に（ イ ）結合ができ，らせん状になった構造を（ ウ ），ジグザグに折れ曲がったシート状の構造を（ エ ）という。このような部分的な立体構造を（ オ ）構造という。部分的に（ オ ）構造をもちながらさらに折りたたまれて，立体的になったポリペプチド全体がつくる構造を（ カ ）構造という。さらに，ヘモグロビンのように，複数のポリペプチドが立体的に組み合わさった（ キ ）構造をつくるものもある。

(1) 文中の（ ）に入る適語を答えよ。

(2) 下線部に関して，2つのシステインの側鎖どうしがつながった結合を何というか。

▶31〈タンパク質の変性〉 次の文章を読み，下の問いに答えよ。

タンパク質は，熱や強い酸・アルカリ，アルコールなどの影響を受けると，その立体構造が変化し，性質も変化することがある。これを，タンパク質の（ ア ）という。（ ア ）によって，タンパク質の働きが失われてしまうことを（ イ ）という。卵をゆでてできるゆで卵の白身は，卵アルブミンが加熱によって（ ア ）し，タンパク質どうしの分子がくっつき，水に溶けにくい状態となったものである。

(1) 文中の（ ）に入る適語を答えよ。

(2) 下線部に関して，立体構造が変化する際に切れてしまう結合を2つ答えよ。

▶29

(1) ア

　　イ

　　ウ

　　エ

　　オ

　　カ

　　キ

(2)

(3)

▶30

(1) ア

　　イ

　　ウ

　　エ

　　オ

　　カ

　　キ

(2)

▶31

(1) ア

　　イ

(2)

12 タンパク質の働き① ～酵素～

1 触媒作用

化学反応が起こるときに必要となるエネルギーを**活性化エネルギー**という。**触媒**は，この活性化エネルギーを小さくし，反応を起こしやすくする物質である。触媒作用をもつタンパク質を**酵素**という。

2 酵素の基質特異性

酵素が作用する物質を**基質**という。酵素は化学反応を促進する際，基質と結合して**酵素－基質複合体**となる。基質との結合部分である**活性部位**は特有の立体構造をもち，特定の基質にのみ作用を及ぼす（**基質特異性**）。

3 酵素反応の最適条件

酵素はタンパク質が主成分のため，高温やpHにより変性し失活する。酵素にはそれぞれ反応速度が最大になる**最適温度**，**最適pH**がある。

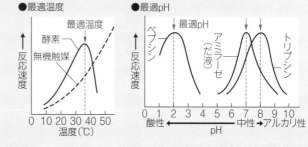

4 酵素の反応速度

酵素の反応速度は基質濃度が高くなるにつれ増すが，ある濃度以上になると一定になる。このときの速度を**最大反応速度**という。

酵素の反応速度は，酵素－基質複合体の濃度に比例し，酵素－基質複合体の濃度が最大になると，反応速度はそれ以上大きくならない。酵素濃度を半分にしたとき，最大反応速度もほぼ半分となる。

●反応速度の変化

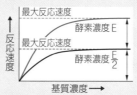

5 酵素反応の調節

競争的阻害	基質と似た構造の阻害物質が活性部位に結合し，基質と結合できる酵素が減少して反応速度が低下すること。
非競争的阻害	酵素の活性部位とは別の部位に阻害物質が結合し，酵素の立体構造が変化して基質と反応できなくなることで反応速度が低下すること。
フィードバック調節	反応系の最終生成物が，初期の反応に働いた酵素に作用し，反応系全体を調節すること。活性部位とは別に特定の分子に対する結合部位（**アロステリック部位**）をもつ酵素を**アロステリック酵素**といい，アロステリック部位に最終生成物が結合することで酵素反応が抑制されることを**フィードバック阻害**という。

●競争的阻害

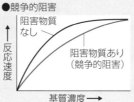

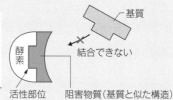

●非競争的阻害

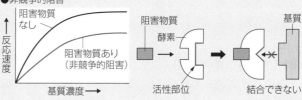

●フィードバック阻害

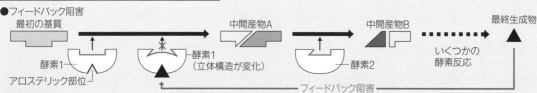

6 酵素と補酵素

酵素には，反応に**補酵素**を必要とするものがある。補酵素は低分子の有機物で，熱に比較的強い。半透膜を用いた透析で酵素と補酵素を分離できる。

例 NAD^+，$NADP^+$，FAD

●補酵素

□(1) 化学反応が進行する際に必要となるエネルギーを何というか。

□(2) (1)を低下させ，小さいエネルギーで化学反応を進行させる物質を何というか。

□(3) タンパク質からなり，生体内で働く(2)を何というか。

□(4) (3)が作用する物質を何というか。

□(5) 基質に結合して作用する酵素の部位を何というか。

□(6) (5)に基質が結合した状態のものを何というか。

□(7) 酵素が特定の物質にしか反応しない性質を何というか。

□(8) 酵素の反応速度が最大となるときの温度を何というか。

□(9) 酵素の反応速度が最大となるときのpHを何というか。

□(10) 胃液に含まれ，pH2で酵素反応が最大となる酵素は何か。

□(11) トリプシンの反応速度が最大となるときのpHは，およそどれくらいか。

□(12) だ液に含まれるアミラーゼの反応速度が最大となるときのpHは，およそどれくらいか。

□(13) 高温などで酵素のタンパク質が変性し，酵素の活性が失われることを何というか。

□(14) 酵素濃度を一定にして基質濃度を高めていくと，ある濃度以上で酵素の反応速度は一定になる。このときの反応速度を何というか。

□(15) 基質が十分にあるとき，酵素濃度を2倍にすると，(14)はどうなるか。

□(16) 基質に似た構造の物質が酵素の活性部位に結合し，酵素反応を阻害することを何というか。

□(17) (16)で，阻害物質の濃度が一定の場合，酵素反応が阻害物質の影響を受けにくくなるのは，基質濃度が低いときと高いときのどちらか。

□(18) 酵素の活性部位とは別の部位に基質以外の物質が結合し，酵素反応を阻害することを何というか。

□(19) 活性部位とは別に特定の分子が結合して酵素反応を調節する酵素の部位を何というか。

□(20) 反応系の最終生成物が，初期の反応に作用した酵素に働き，反応系全体を抑制することを何というか。

□(21) 酵素の活性部位に基質が結合するために必要となる補助因子で，低分子の有機物からなるものを何というか。

□(22) (21)の例を1つあげよ。

E X E R C I S E

▶**32〈酵素の特徴〉** 次の文章を読み，下の問いに答えよ。

　酵素は，生体内の化学反応の（　ア　）を低下させ，反応を促進する触媒である。(a)酵素が作用する物質を（　イ　）という。酵素には，（　ウ　）触媒にはない性質がある。それは，高温で酵素が変性・（　エ　）し，また，活性が最大となる（　オ　）と(b)最適温度があることである。これらの性質は，酵素の主成分が（　カ　）であることによる。ヒトの体内で働くある酵素を用い，一定の温度，（　イ　）濃度，酵素濃度の条件下で酵素反応を行ったところ，生成物の量と反応時間の関係は右図のXのようになった。

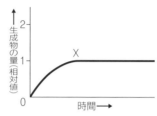

(1) 文中の（　）に入る適語を答えよ。

(2) 下線部(a)に関して，酵素は特定の（イ）としか反応しない。このような性質を何というか。

(3) 下線部(b)に関して，ヒトのもつ酵素の最適温度はおよそ何℃か。次の中から最も適当なものを1つ選べ。

　① 0〜10℃　② 30〜40℃　③ 50〜60℃　④ 70〜80℃

(4) 次のA〜Cに条件を変えて実験を行うと，どのようなグラフが得られるか。あてはまるものを右図の①〜⑤からそれぞれ選べ。

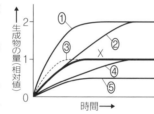

　A 酵素濃度だけを2倍にした場合
　B 基質濃度だけを2倍にした場合
　C 温度を20℃に下げた場合

(5) 反応時間が経過するにつれてグラフが水平になるのはなぜか。最も適当な理由を，次の中から1つ選べ。

　① 酵素が分解されたから。
　② 反応する基質がなくなったから。
　③ 酵素の働きが失われたから。

▶**33〈消化にかかわる酵素〉** 次の文章を読み，下の問いに答えよ。

　食物がヒトの口内に入ると，だ液に含まれる酵素（　ア　）によりデンプンの一部が消化される。次に，胃の中の特殊な環境下でよく働く酵素（　イ　）によりタンパク質の分解が始まり，かゆ状になる。さらに，十二指腸ですい液中に含まれる酵素（　ウ　）により消化が進行する。

(1) 文中の（　）に入る適語を答えよ。

(2) 消化酵素ア，イ，ウの酵素活性とpHの関係を示したグラフとして最も適当なものを，右図の①〜⑤からそれぞれ選べ。

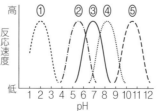

▶**32**

(1) ア _____
　イ _____
　ウ _____
　エ _____
　オ _____
　カ _____

(2) _____

(3) _____

(4) A _____
　B _____
　C _____

(5) _____

▶**33**

(1) ア _____
　イ _____
　ウ _____

(2) ア _____
　イ _____
　ウ _____

▶**34〈酵素の変性〉** 次の文章を読み，下の問いに答えよ。

　肝臓に含まれるカタラーゼの反応の特徴を調べるため，ブタの肝臓片をすりつぶしてつくったカタラーゼ液と，比較のために酸化マンガン(Ⅳ)を用いて実験を行った。

(1) 試料と添加物を混合し過酸化水素水を加えた結果，気体が発生した試験管は①～⑥のうちどれか。すべて答えよ。

試験管	試料	添加物	過酸化水素水
①	カタラーゼ液　1 mL	水　1 mL	2 mL
②	100 ℃で5分間加熱したカタラーゼ液　1 mL	水　1 mL	2 mL
③	カタラーゼ液　1 mL	10 ％水酸化ナトリウム水溶液　1 mL	2 mL
④	酸化マンガン(Ⅳ)　0.5 g	水　2 mL	2 mL
⑤	100 ℃で5分間加熱した酸化マンガン(Ⅳ)　0.5 g	水　2 mL	2 mL
⑥	酸化マンガン(Ⅳ)　0.5 g	水　1 mL 10 ％水酸化ナトリウム水溶液　1 mL	2 mL

(2) この実験で発生した気体は何か。

▶**35〈競争的阻害〉** 次の①～④のうち，正しいものを1つ選べ。
① 酵素の働きは，その基質とよく似た物質によって阻害される場合がある。この阻害効果をアロステリック効果という。
② 酵素の働きは，その基質と構造の似ていない物質によって阻害される場合があり，これを一般に非競争的阻害という。
③ 阻害物質が基質に結合し，酵素への結合を阻害することを競争的阻害という。
④ 競争的阻害では，酵素濃度と阻害物質の濃度が一定のとき，基質濃度が高くなるほど阻害物質の影響が大きくなる。

▶**36〈補酵素と酵素〉** 次の文章を読み，下の問いに答えよ。

　酵母をすりつぶした抽出液をセロハン袋に入れ，右図のように蒸留水に数時間浸し，その後，溶液A～Dを作成した。溶液A～Dは，単独では触媒作用を示さなかったが，ある2つの溶液を混合したところ触媒作用を示した。

溶液A：蒸留水から取り出したセロハン袋内の抽出液
溶液B：溶液Aを煮沸したもの
溶液C：セロハン袋を取り出したビーカー内の液を濃縮したもの
溶液D：溶液Cを煮沸したもの

(1) 触媒作用を示したと考えられる溶液の組合せは，次のうちどれか。あてはまるものをすべて答えよ。
① AとB　　② AとC　　③ AとD
④ BとC　　⑤ BとD　　⑥ CとD
(2) 溶液Cに含まれると考えられる低分子の有機物を何というか。

▶**34**
(1)
(2)

▶**35**

▶**36**
(1)
(2)

13 タンパク質の働き② ～物質輸送と情報伝達～

1 物質輸送

イオンや分子量の大きな物質は，細胞膜にある輸送タンパク質によって細胞を出入りする。

細胞膜を介した物質の輸送には，濃度勾配に基づく拡散によって起こる**受動輸送**と，濃度勾配に逆らって起こる**能動輸送**とがある。

●受動輸送

チャネル（イオンチャネル，アクアポリン）

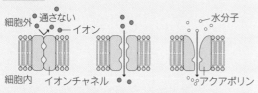

輸送体（グルコース輸送体）

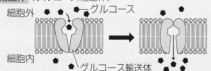

●能動輸送

ポンプ（ナトリウムポンプ）

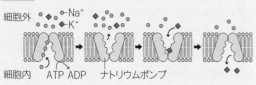

2 情報伝達

細胞間の情報伝達は，**受容体**が仲立ちをする。受容体はタンパク質からなる。

●神経と情報伝達

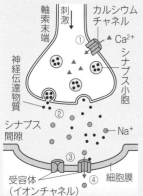

①軸索末端まで刺激が到達すると，末端の**カルシウムチャネル**が開き，Ca^{2+}が流入する。

②**シナプス小胞**から神経伝達物質がシナプス間隙に放出される。

③隣接するニューロンの受容体（**イオンチャネル**）に神経伝達物質が結合するとチャネルが開く。

④Na^+が細胞内に流入し，活動電位が発生する。

ペプチドホルモン…親水性で細胞膜を通過できないため，細胞膜上の受容体と結合して情報を伝達する。

ステロイドホルモン…疎水性のため細胞膜を通過する。細胞内の受容体と結合して遺伝子発現を調節する。

ポイントチェック

□(1) 濃度勾配に基づいて行われる，細胞膜を介した物質の輸送を何というか。

□(2) 濃度勾配に逆らって行われる，細胞膜を介した物質の輸送を何というか。

□(3) エネルギーを必要とする物質の輸送は，(1)と(2)のどちらか。

□(4) 濃度勾配にしたがって，特定のイオンを選択的に膜の反対側へ通過させる輸送タンパク質を何というか。

□(5) 水分子だけを通過させる輸送タンパク質を何というか。

□(6) 運搬する物質と結合することで立体構造が変化し，物質を膜の反対側へ受動輸送する輸送タンパク質を何というか。

□(7) Na^+やK^+の能動輸送にかかわる輸送タンパク質を何というか。

□(8) 細胞間の情報伝達において，情報を受け取るタンパク質を何というか。

□(9) インスリンやグルカゴンなどのように，アミノ酸が連結してできるホルモンを総称して何というか。

□(10) ステロイドホルモンは親水性，疎水性のどちらか。

□(11) 細胞内に受容体があるのは，(9)とステロイドホルモンのどちらか。

EXERCISE

▶**37〈細胞膜による物質の輸送〉** 次の文章を読み，下の問いに答えよ。

　細胞膜を介した物質の移動のしやすさは，物質によって異なる。O_2 や CO_2 などの小さな分子は，細胞膜を構成する（　ア　）の二重層を通過できる。これに対し，イオンは（　ア　）の二重層を通過できないので，(a) 濃度勾配にしたがった（　イ　）輸送を行う（　ウ　）や，(b) 濃度勾配に逆らった（　エ　）輸送を行う（　オ　）などを介して輸送される。この他に，糖やアミノ酸などの特定の物質と結合し，濃度勾配にしたがって輸送する（　カ　）がある。

(1)　文中の（　）に入る適語を答えよ。

(2)　下線部(a)に関して，水分子を輸送する（ウ）を何というか。

(3)　下線部(b)に関して，細胞内外のイオンを比較すると，K^+ は細胞内で濃度が高く，Na^+ は細胞外で高く維持されている。このような濃度の偏りを維持する（オ）を何というか。

▶**38〈情報伝達とタンパク質〉** 次の文章を読み，下の問いに答えよ。

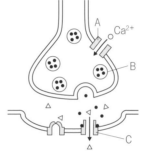

　図は，あるニューロンのシナプスを模式的に示したものである。A は Ca^{2+} の輸送にかかわるタンパク質で（　ア　）という。刺激が到達すると A が開いて Ca^{2+} が細胞内に流入する。この Ca^{2+} の働きで B の（　イ　）からアセチルコリンなどの（　ウ　）がシナプス間隙に放出される。

　図の C はイオンチャネルとして働く（　ウ　）の（　エ　）であり，シナプス間隙に放出された（　ウ　）が結合すると，細胞内に Na^+ が流入し，電位の変化が起こって情報が伝達される。

(1)　文中の（　）に入る適語を答えよ。

(2)　下線部に関して，B が細胞膜と融合し，細胞外へ物質を分泌することを何というか。

▶**39〈ホルモンによる情報伝達〉** 次の表中の（　）に入る適語を答えよ。

（　ア　）ホルモン	（　イ　）性のため細胞膜を通過できない。細胞膜にある（　ウ　）に結合して情報を伝達する。 例 インスリン，グルカゴン
（　エ　）ホルモン	（　オ　）性のため細胞膜を通過できる。細胞内にある（　ウ　）に結合して情報を伝達する。 例 糖質コルチコイド，鉱質コルチコイド

▶**37**

(1) ア

　　イ

　　ウ

　　エ

　　オ

　　カ

(2)

(3)

▶**38**

(1) ア

　　イ

　　ウ

　　エ

(2)

▶**39**

ア

イ

ウ

エ

オ

2章　生命現象と物質

❶ 細胞膜に関する次の文章を読み，下の問いに答えよ。

真核生物の細胞の内部には，さまざまな(a)細胞小器官が存在し，細胞の生命活動を担っている。(b)細胞膜はリン脂質を主成分とする脂質二重層(脂質二重膜)からできており，そこにさまざまなタンパク質がモザイク状に配置されている。細胞膜の流動性を調べるため，**実験1**・**実験2**を行った。

実験1 図1のように，細胞膜を構成する脂質分子に結合する色素を用いて，ある細胞の細胞膜全体を均一に染色した後，枠で示した領域A内の染色の強さ(領域A内の細胞膜が染色されている度合い)を連続して測定したところ，図2の結果が得られた。

実験2 実験1で用いた色素は，強いレーザー光を短時間照射することによって退色させることができる。**実験1**と同様に細胞膜を染色した後，領域A内の染色の強さを連続的に測定しながら，領域Aに強いレーザー光を短時間照射することによって領域A内の色素のみを退色させた。レーザー光照射終了後も領域A内の染色の強さを測定し続けた。

図1

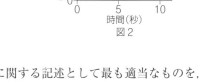

図2

(1) 下線部(a)に関連して，内外2枚の生体膜で囲まれた細胞小器官を，次の①〜④のうちからすべて選べ。
① 核 ② 液胞 ③ ゴルジ体 ④ 葉緑体

(1) _____

(2) 下線部(b)に関して，細胞膜における物質の透過性と輸送に関する記述として最も適当なものを，次の①〜⑤のうちから1つ選べ。
① チャネルによる物質の輸送は能動輸送である。
② ナトリウムポンプは，ナトリウムイオンを細胞外に放出し，カルシウムイオンを細胞内に取り込む。
③ ナトリウムイオンは，ナトリウムチャネルを通過する。
④ ナトリウムポンプは，物質の輸送にADPのエネルギーを利用する。
⑤ アクアポリンは，水分子の輸送に関わるポンプである。

(2) _____

❓(3) **実験2**の結果から，この細胞の細胞膜は，流動性が高いことがわかった。**実験2**の結果として最も適当なものを，次の①〜④のうちから1つ選べ。ただし，この色素による細胞膜の染色およびレーザー光の照射は，細胞の状態や細胞膜の流動性に影響を与えないものとする。なお，図の横軸は，レーザー光照射終了時を0秒としている。

(3) _____

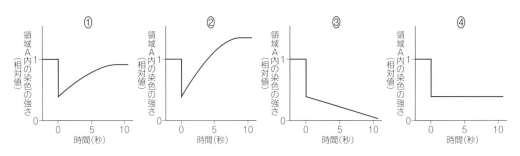

(18・19センター本試改)

❷ 細胞膜を介した物質の移動に関する次の文章を読み，下の問いに答えよ。

動物細胞では，細胞内でつくられて細胞外へ放出される<u>タンパク質</u>は，　ア　で合成されて小胞体に移動した後に　イ　で濃縮され，小胞（分泌顆粒）に貯蔵される。タンパク質に限らず小胞に蓄えられた物質は，小胞が細胞膜と融合することによって細胞外に放出される（この現象を以後，現象 E とよぶ）。

神経細胞が興奮するときには，細胞質基質の Ca^{2+} 濃度が上昇して現象 E が生じる。この Ca^{2+} の供給源を調べるため，細胞膜を介した Ca^{2+} の移動を妨げる試薬 X，および小胞体膜を介した Ca^{2+} の移動を妨げる試薬 Y を用いて次の**実験 1** を行った。

実験 1　環形動物のヒルに存在する，ある種の神経細胞を電気刺激によって興奮させると，現象 E が生じる。この神経細胞をある色素が入った培養液中で興奮させると，現象 E の生じた部位が，図 1 のように斑点状に色素で標識される。このとき，標識された点の数は，細胞質基質の Ca^{2+} 濃度上昇の程度を反映している。

　実験では，培養液中（細胞外）の Ca^{2+}，試薬 X，および試薬 Y がある条件，ない条件を組み合わせて神経細胞を一定時間興奮させた。その後，神経細胞上に標識された点を数えたところ，図 2 の結果が得られた。

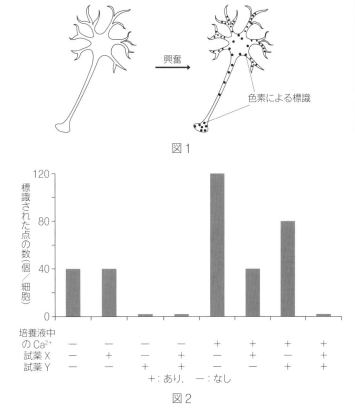

図 1

図 2

+：あり，　−：なし

(1) 下線部に関する記述として適当なものを，次の①〜⑤のうちから 1 つ選べ。

　① タンパク質を熱で変性させると，タンパク質の一次構造が大きく変わる。

　② あるアミノ酸のアミノ基と別のアミノ酸のカルボキシ基が反応すると，二酸化炭素 1 分子が除かれて，ペプチド結合ができる。

　③ ジスルフィド結合（S-S 結合）は，1 本のポリペプチド鎖の中でのみ形成され，異なるポリペプチド鎖の間で形成されることはない。

　④ 立体構造が変化することによって，タンパク質の機能が，調節されることはない。

　⑤ タンパク質には，その機能を果たすために金属イオンを必要とするものがある。

(2) 上の文章中の　ア　・　イ　に入る語句をそれぞれ答えよ。

(3) **実験 1** に関して，現象 E が生じるときに必要な Ca^{2+} の供給源として最も適当なものを，次の①〜③のうちから 1 つ選べ。

　① 細胞外　　② 細胞外と小胞体　　③ 小胞体

(1) ＿＿＿＿＿＿

(2)ア ＿＿＿＿＿

　イ ＿＿＿＿＿

(3) ＿＿＿＿＿＿

（15・16 センター本試改）

❸ タンパク質に関する次の文章を読み，下の問いに答えよ。

酵素によるタンパク質の分解速度を調べる実験を行った。酵素と基質を混合した後，40℃で一定時間反応させてから停止させ，反応生成物の量を測定したところ，右の図1のような結果となった。

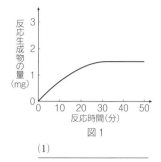
図1

(1) 下線部に関して，タンパク質の二次構造を形成するために必要な結合として最も適当なものを，次の①〜⑥のうちから1つ選べ。
  ① イオン結合　　　② ギャップ結合　　　③ S−S結合
  ④ 水素結合　　　　⑤ 共有結合　　　　　⑥ リン酸結合

(1) _____

(2) 下線部に関して，タンパク質の立体構造が壊れ，その性質が変化することによって起こる現象として最も適当なものを，次の①〜⑤のうちから1つ選べ。
  ① ヒトの赤血球を蒸留水に入れると，細胞膜が破れる。
  ② 酸素の少ない条件に酵母をおくと，アルコール発酵をはじめる。
  ③ すりつぶした肝臓のろ液に塩酸を加えると，カタラーゼの活性が低下する。
  ④ リゾチームが細菌を破壊する。
  ⑤ 唾液とデンプンを入れた試験管を氷水で冷やすと，反応が低下する。

(2) _____

(3) 図1が示すように，酵素によるタンパク質の分解は30分以降ほとんど進行していない。その理由を簡潔に述べよ。

(3) _____

(4) 次の(i)，(ii)の場合，反応時間と反応生成物の量の関係はどのようになるか。それぞれ次の①〜④のうちから1つずつ選べ。ただし，もとの反応時間と生成物量の関係を破線で示している。
  (i) 他の条件は変えずに，反応開始時に酵素の量を2倍にする。
  (ii) 他の条件は変えずに，反応開始時に基質の量を2倍にする。ただし，基質濃度は十分に高いものとする。

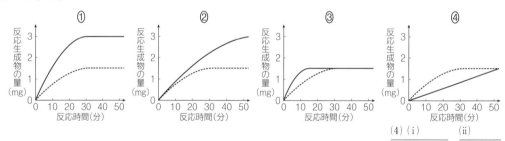

(4)(ⅰ) _____　(ⅱ) _____

(5) 一定の酵素の量に対し，さまざまに基質の量を変え，基質と化学構造が似ている阻害物質を一定量加えた場合，基質の量と反応速度の関係はどのようになるか。最も適当なものを，次の①〜④のうちから1つ選べ。
  ① 酵素に阻害物質が結合して酵素が結合できなくなるため，基質の量が少ない場合は大きく反応速度が低下するが，基質が多量にある場合はあまり影響を受けない。
  ② 酵素に阻害物質が結合して失活してしまうため，基質の量にかかわらず反応速度は低下する。
  ③ 酵素に阻害物質が結合するが，すぐに離れてしまうため，どの基質の量でもそれほど大きな阻害は受けない。
  ④ 基質の量が少ない場合は，すべての酵素に阻害物質が結合するため，大きく反応速度が低下するが，基質が多量にある場合は，まったく影響を受けない。

(5) _____

(20 デジタルハリウッド大改)

❓❹ 酵素に関する次の文章を読み、下の問いに答えよ。

　アミラーゼはデンプンをマルトースに分解する酵素である。このアミラーゼを使って以下の**実験1**〜**実験3**を行い、酵素の働きについて調べた。

実験1　一定量のアミラーゼを含む溶液と一定量のデンプンを含む溶液を等量ずつ混合し、4つの温度条件(30℃、40℃、50℃、60℃)でアミラーゼの反応速度を調べた。その結果、図1に示すような温度と反応速度の関係が得られた。この実験はアミラーゼの最適 pH で行った。

実験2　さまざまな量のデンプンを含む溶液をつくり、それぞれを一定量のアミラーゼを含む溶液と等量ずつ混合し、40℃でアミラーゼの反応速度を調べた。その結果、図2の実線で示すようなデンプンの量と反応速度の関係が得られた。この実験はアミラーゼの最適 pH で行った。

実験3　一定量のアミラーゼを含む溶液と一定量のデンプンを含む溶液を等量ずつ混合し、40℃で反応時間に対するマルトースの生成量を調べた。その結果、図3の実線で示すような反応時間とマルトースの生成量の関係が得られた。この実験はアミラーゼの最適 pH で行った。

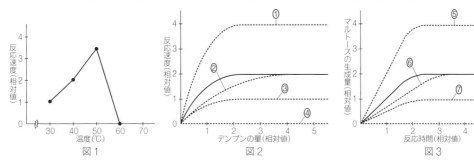

(1)　以下の(i)〜(vi)のように条件を変えて**実験2**と同様の実験を行ったとき、どのようなデンプンの量と反応速度の関係が得られるか。図2の点線①〜④のうちから最も適当なものをそれぞれ1つずつ選べ。同じ選択肢を2回以上選んでもよい。ただし、適当なものがない場合はなしと答えよ。

(i)　溶液中のアミラーゼの量を減らして、他の条件はそのままにした。

(ii)　溶液中のアミラーゼの量を増やして、他の条件はそのままにした。

(iii)　温度を30℃にして、他の条件はそのままにした。

(iv)　温度を70℃にして、他の条件はそのままにした。

(v)　アミラーゼの活性部位に結合して競争的阻害を引き起こす物質を一定量加え、他の条件はそのままにした。

(vi)　アミラーゼの活性部位とは別の場所に結合して非競争的阻害を引き起こす物質を、酵素活性を完全に阻害しない程度の量だけ加え、他の条件はそのままにした。

(1)(i)

(ii)

(iii)

(iv)

(v)

(vi)

(2)　以下の(i)〜(vi)のように条件を変えて**実験3**と同様の実験を行ったとき、どのような反応時間とマルトース生成量の関係が得られるか。図3の点線⑤〜⑧のうちから最も適当なものをそれぞれ1つずつ選べ。同じ選択肢を2回以上選んでもよい。ただし、適当なものがない場合はなしと答えよ。

(i)　溶液中のアミラーゼの量を減らして、他の条件はそのままにした。

(ii)　溶液中のアミラーゼの量を増やして、他の条件はそのままにした。

(iii)　溶液中のデンプンの量を減らして、他の条件はそのままにした。

(iv)　溶液中のデンプンの量を増やして、他の条件はそのままにした。

(v)　温度を30℃にして、他の条件はそのままにした。

(vi)　温度を70℃にして、他の条件はそのままにした。

(20 上智大改)

(2)(i)

(ii)

(iii)

(iv)

(v)

(vi)

❺ 生命現象と物質に関する次の文章を読み，下の問いに答えよ。

　タンパク質は，隣り合うアミノ酸のカルボキシ基とアミノ基が脱水して結合したポリペプチドである。1つのポリペプチド鎖は，離れたアミノ酸の間の相互作用によって，らせん状の α ヘリックス構造や _(a)じぐざぐの β シート構造をとるなどし，特定の立体構造を形成する。タンパク質には，生体内でのさまざまな反応を触媒する酵素のほかに，標的細胞へ情報を伝達する_(b)ホルモン，細胞骨格を形成するタンパク質などがある。

　_(c)細胞骨格にはアクチンフィラメント，　ア　，微小管があり，微小管の上を移動するモータータンパク質としてはキネシンとダイニンが知られている。細胞膜に埋め込まれているタンパク質として，アミノ酸や糖を細胞内に輸送するタンパク質のほかに，水だけを通す　イ　，細胞どうしの接着に関与する　ウ　などがある。

(1) 上の文章中の　ア　～　ウ　に入る語句の組合せとして最も適当なものを，次の①～④のうちから1つ選べ。

	ア	イ	ウ
①	ミオシンフィラメント	シャペロン	インテグリン
②	ミオシンフィラメント	アクアポリン	グロブリン
③	中間径フィラメント	フィブリン	インテグリン
④	中間径フィラメント	アクアポリン	カドヘリン

(1) ＿＿＿＿＿＿＿＿＿

(2) 下線部(a)に関して，β シートは，アミノ酸の側鎖どうしの何という結合によって形成されるか，答えよ。

(2) ＿＿＿＿＿＿＿＿＿

(3) 下線部(b)に関して，アミノ酸が連結してできたペプチドホルモンの説明として最も適当なものを，次の①～④のうちから1つ選べ。
　① ペプチドホルモンは，細胞膜を通過して，細胞質に存在する受容体タンパク質と結合し，細胞内の情報伝達にかかわる情報伝達物質の量を調節したり，リン酸化酵素などの活性を変化させたりする。
　② ペプチドホルモンは，細胞膜を通過して，細胞質に存在する受容体タンパク質と結合し，ペプチドホルモンと受容体タンパク質の複合体が調節タンパク質として働き，遺伝子発現の調節に関与する。
　③ ペプチドホルモンは，細胞膜に存在する受容体タンパク質と結合し，細胞内の情報伝達にかかわる情報伝達物質の量を調節したり，リン酸化酵素などの活性を変化させたりする。
　④ ペプチドホルモンは，細胞膜に存在する受容体タンパク質と結合し，ペプチドホルモンと受容体タンパク質の複合体が調節タンパク質として働き，遺伝子発現の調節に関与する。

(3) ＿＿＿＿＿＿＿＿＿

(4) 下線部(c)に関する記述として最も適当なものを，次の①～④のうちから1つ選べ。
　① アクチンフィラメントは，細胞の収縮や伸展にかかわる役割を果たす。
　② アクチンフィラメントは，繊毛の運動を引き起こす役割を果たす。
　③ 微小管は，細胞膜を貫通し，ミトコンドリアの形を保つ役割を果たす。
　④ 微小管は，核内にのみ存在し，核の形を保つ役割を果たす。

(4) ＿＿＿＿＿＿＿＿＿

（15 関西大改，17 センター本試・追試改）

❻ 生命現象と物質に関する次の文章を読み，下の問いに答えよ。

　動物の上皮を形成する組織(上皮組織)は，上皮細胞どうしが水平方向にしっかりと接着してシートを形成することによって，微生物の侵入や体液の喪失を防いでいる。上皮細胞どうしを接着させているタンパク質Xの性質について調べるため，マウスの上皮組織から単離した上皮細胞を用いて，次の**実験1〜5**を行った。

実験1　上皮細胞どうしは，Ca^{2+}を加えると互いに接着した。その後，Ca^{2+}を除去すると，上皮細胞は解離した。

実験2　Ca^{2+}を加えて接着させた上皮細胞を，トリプシンで処理しても，上皮細胞どうしは接着したままであった。

実験3　Ca^{2+}を除去して解離させた上皮細胞を，トリプシンで処理した後Ca^{2+}を加えても，上皮細胞どうしは再び接着することはなかった。

実験4　マウスのタンパク質Xをウサギに2週間おきに数回注射し，その2週間後にウサギから血清を得た。得られた血清で処理した上皮細胞は，その後Ca^{2+}を加えても，接着することはなかった。

実験5　マウスのタンパク質Xを注射していないウサギから得られた血清で処理した上皮細胞は，Ca^{2+}を加えると互いに接着した。

(1)　**実験1〜3**の結果がタンパク質Xの性質のみを反映しているとき，タンパク質Xの性質に関する記述として適当なものを，次の①〜⑥のうちから2つ選べ。

①　Ca^{2+}が存在するときに，上皮細胞を接着させる。

②　Ca^{2+}が存在しないときに，上皮細胞を接着させる。

③　Ca^{2+}の有無にかかわらず，上皮細胞を接着させる。

④　Ca^{2+}が存在するときに，トリプシンによって分解される。

⑤　Ca^{2+}が存在しないときに，トリプシンによって分解される。

⑥　Ca^{2+}の有無にかかわらず，トリプシンによって分解される。

(1) ＿＿＿＿＿＿＿＿

(2)　**実験4・5**の結果が得られた理由として最も適当なものを，次の①〜⑤のうちから1つ選べ。

①　上皮細胞を接着させるフィブリノーゲンが，**実験4**の血清には含まれていなかったが，**実験5**の血清には含まれていたから。

②　上皮細胞の接着を促進する赤血球が，**実験4**の血清には含まれていなかったが，**実験5**の血清には含まれていたから。

③　上皮細胞を異物として攻撃する白血球が，**実験4**の血清には含まれていたが，**実験5**の血清には含まれていなかったから。

④　上皮細胞の接着を妨げる抗体が，**実験4**の血清には含まれていたが，**実験5**の血清には含まれていなかったから。

⑤　Ca^{2+}の濃度を減少させるパラトルモンが，**実験4**の血清には含まれていたが，**実験5**の血清には含まれていなかったから。

(2) ＿＿＿＿＿＿＿＿

(3)　上皮細胞どうしを接着させているタンパク質Xとして最も適当なものを，次の①〜④のうちから1つ選べ。

①　インテグリン　　②　カドヘリン

③　チューブリン　　④　グロブリン

(3) ＿＿＿＿＿＿＿＿

(16 センター追試改)

14 呼吸と発酵①

1 代謝とエネルギー

生体内における物質の合成や分解の過程を**代謝**という。代謝は**同化**と**異化**に大別される。代謝におけるエネルギーの出入りや変換をエネルギー代謝といい，エネルギーの受け渡しは **ATP** が担う。

2 呼吸

異化には，酸素を利用し有機物を分解する**呼吸**と，酸素を利用せずに有機物を分解する**発酵**がある。呼吸は，発酵に比べて，同じ量の有機物からより多くの ATP を合成できる。異化の過程で分解される有機物を**呼吸基質**という。

3 呼吸のしくみ（グルコースを呼吸基質とする場合）

呼吸の過程は，細胞質基質で行われる**解糖系**，ミトコンドリアで進行する**クエン酸回路**と**電子伝達系**の３つの反応系からなる。

①解糖系

細胞質基質で１分子のグルコースが２分子の**ピルビン酸**に分解される過程。解糖系では差し引き２分子の ATP がつくられる。

$$C_6H_{12}O_6 + 2NAD^+ \rightarrow 2C_3H_4O_3 + 2NADH + 2H^+ + エネルギー（2ATP）$$

②クエン酸回路

ミトコンドリアのマトリックスで，ピルビン酸から二酸化炭素，H^+，e^- が取り除かれる過程。H^+，e^- は，**脱水素酵素**の補酵素 NAD^+ または FAD に渡される。クエン酸回路では２分子の ATP がつくられる。

$$2C_3H_4O_3 + 6H_2O + 8NAD^+ + 2FAD \rightarrow 6CO_2 + 8NADH + 8H^+ + 2FADH_2 + エネルギー（2ATP）$$

③電子伝達系

解糖系とクエン酸回路で生じた NADH と $FADH_2$ がミトコンドリアの内膜にある電子伝達系に運ばれ，水が生じる過程。e^- の酸化還元反応で生じるエネルギーを利用し，ATP 合成酵素によってグルコース１分子あたり最大34分子の ATP が合成される**（酸化的リン酸化）**。

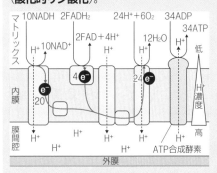

$$10(NADH + H^+) + 2FADH_2 + 6O_2$$
$$\rightarrow 12H_2O + 10NAD^+ + 2FAD$$
$$+エネルギー（最大34ATP）$$

ATP（アデノシン三リン酸）

アデノシン ── 高エネルギーリン酸結合

アデニン ── リボース

ADP（アデノシン二リン酸）

●ミトコンドリア

マトリックス
クリステ
内膜
外膜

④呼吸全体の反応

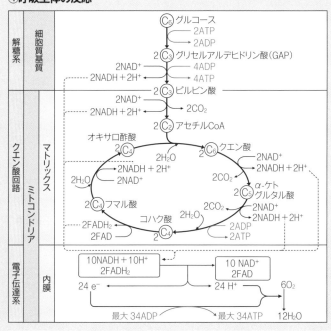

$$C_6H_{12}O_6 + 6O_2 + 6H_2O \rightarrow 6CO_2 + 12H_2O +エネルギー（最大38ATP）$$

□(1)　体内における物質の化学変化を何というか。

□(2)　(1)において，複雑な物質を簡単な物質に分解する過程を何というか。

□(3)　代謝の過程におけるエネルギーの出入りを何というか。

□(4)　(3)でエネルギーの受け渡しを担う物質は何か。

□(5)　生物が酸素を使って有機物を分解し，エネルギーを得る反応を何というか。

□(6)　(5)の過程で分解される有機物を何というか。

□(7)　(5)において，グルコース1分子からピルビン酸2分子が合成される過程を何というか。

□(8)　(7)の過程は細胞のどこで行われるか。

□(9)　(5)において，ピルビン酸から CO_2，H^+，e^- が取り除かれ，NADHとFADH$_2$ を生じる経路を何というか。

□(10)　(9)の過程はミトコンドリアのどこで行われるか。

□(11)　(5)において，酸化的リン酸化によってATPが合成される反応系を何というか。

□(12)　(11)の過程はミトコンドリアのどこで行われるか。

□(13)　呼吸の反応では，1分子のグルコースからATPは最大で何分子合成されるか。

2章　生命現象と物質

計算問題のポイント

例題 4 ◆ 呼吸の反応式からの計算 ▶44

次の式は，細胞内でグルコースが完全に分解されたときの反応式である。原子量を $H=1$，$C=12$，$O=16$ とし，下の問いに答えよ。

$$C_6H_{12}O_6 + 6O_2 + 6H_2O → 6CO_2 + 12H_2O + エネルギー$$

(1)　呼吸で90gのグルコースが完全に分解されたとき，消費された酸素は何gか。

(2)　呼吸で66gの二酸化炭素が発生したとき，消費されたグルコースは何gか。

ここがポイント

呼吸で必要となる各物質の1molあたりの量的関係から，比例計算で求める。

	$C_6H_{12}O_6$	+	$6O_2$	+	$6H_2O$	→	$6CO_2$	+ $12H_2O$ + エネルギー
物質量	1 mol		6 mol				6 mol	
分子量	$12×6+1×12+16×6=180$		$16×2=32$				$12+16×2=44$	
質量	1 mol×180 g/mol		6 mol×32 g/mol				6 mol×44 g/mol	

◆解法◆

(1)　$C_6H_{12}O_6$ と $6O_2$ の比例計算で求める。

$$C_6H_{12}O_6 \qquad 6O_2$$
$$180\,g \qquad 6×32\,g$$
$$90\,g \qquad x\,g$$
$$180\,g : 6×32\,g = 90\,g : x\,g$$
$$x = \frac{6×32×90}{180} = 96$$

(2)　$C_6H_{12}O_6$ と $6CO_2$ の比例計算で求める。

$$C_6H_{12}O_6 \qquad 6CO_2$$
$$180\,g \qquad 6×44\,g$$
$$y\,g \qquad 66$$
$$180\,g : 6×44\,g = y\,g : 66\,g$$
$$y = \frac{180×66}{6×44} = 45$$

答　(1)　**96 g**　　(2)　**45 g**

EXERCISE

▶**40 〈代謝とエネルギー〉** 次の文章を読み，下の問いに答えよ。

　体内における物質の合成や分解などの化学変化を（　ア　）という。（　ア　）のうち，(a)複雑な物質を簡単な物質に分解する過程を（　イ　）といい，(b)簡単な物質から複雑な物質を合成する過程を（　ウ　）という。これらの過程においてエネルギーの仲立ちをするのは（　エ　）である。

(1) 文中の（　）に入る適語を答えよ。

(2) 下線部(a)と(b)のそれぞれの過程にあてはまるものを，次の中からすべて選べ。
　① 光合成　　② 呼吸　　③ 発酵

(3) 下線部(a)と(b)の過程のうち，エネルギーが放出されるのはどちらか。

(4) 文中の（ア）に関連して，エネルギーの出入りやエネルギーの変換の側面から見た（ア）を何というか。

▶**41 〈ATP の構造〉** 次の文章を読み，下の問いに答えよ。

　生体内のエネルギー代謝で重要な働きをしている ATP は，（　ア　）という塩基と（　イ　）という糖が結合した物質に(a)3 個の（　ウ　）が結合してできた物質である。（　ウ　）どうしの結合が切れると多量のエネルギーが放出され，(b)さまざまな生命活動に使われる。

(1) 文中の（　）に入る適語を答えよ。

(2) 右図は，ATP の構造を模式的に示したものである。A，B をそれぞれ何というか。

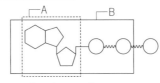

(3) 下線部(a)に関連して，（ウ）どうしの結合を何というか。

(4) 下線部(b)に関して，ATP の分解で放出されたエネルギーを利用して行われる生命活動を，次の中からすべて選べ。
　① 有機物の合成　　② 筋収縮　　③ 受動輸送
　④ 有機物の分解　　⑤ 能動輸送

▶**42 〈呼吸〉** 呼吸に関する次の問いに答えよ。

(1) 右図は，呼吸の場となる細胞小器官を模式的に示している。この細胞小器官の名称を答えよ。

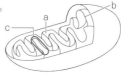

(2) 図の a ～ c の名称を次の中からそれぞれ選べ。
　① 外膜　　② 内膜　　③ ストロマ　　④ マトリックス
　⑤ チラコイド　　⑥ グラナ　　⑦ クリステ

(3) 図の a，b で行われる呼吸の過程として最も適当なものを，次の中からそれぞれ選べ。
　① カルビン回路　　② 電子伝達系　　③ 発酵
　④ クエン酸回路　　⑤ 解糖系

▶**40**

(1) ア ____
　　イ ____
　　ウ ____
　　エ ____
(2) (a) ____
　　(b) ____
(3) ____
(4) ____

▶**41**

(1) ア ____
　　イ ____
　　ウ ____
(2) A ____
　　B ____
(3) ____
(4) ____

▶**42**

(1) ____
(2) a ____
　　b ____
　　c ____
(3) a ____
　　b ____

▶**43〈呼吸のしくみ〉** 次の文章を読み，下の問いに答えよ。

真核生物の呼吸の反応は，（　ア　）で行われる解糖系，ミトコンドリアで進行する（　イ　）回路と（　ウ　）の3つの過程からなる。解糖系では，1分子のグルコースが2分子の（　エ　）にまで分解され，NADH が生じる。この過程では（　オ　）分子の ATP が使われ，（　カ　）分子の ATP が生じるので，差し引き2分子の ATP が生じる。（　イ　）回路は，ミトコンドリアの（　キ　）で行われる反応で，（　エ　）が分解されて（　ク　）および NADH と H^+，$FADH_2$ が生じる。この過程では（　ケ　）分子の ATP が生じる。（　ウ　）は，ミトコンドリアの（　コ　）で行われる反応で，NADH や $FADH_2$ によって運ばれた e^- が（　ウ　）を経て，最後に（　サ　）へ受容され，H^+ と反応して水を生じる。この過程では最大（　シ　）分子の ATP が生じる。

(1) 文中の（　）に入る適語または数値を答えよ。
(2) 文中の（ウ）の過程で ATP が合成される反応を何というか。

▶**44〈呼吸のしくみ〉** 図はグルコース1分子が呼吸で分解される過程を示したものである。次の問いに答えよ。

(1) 図のア〜キに入る物質名や化学式を答えよ。
(2) 図の@〜eに入る数値を答えよ。
(3) 図の A 〜 C の過程の名称を答えよ。また，それらの過程が起こる場所を次の中からそれぞれ選べ。
  ① ミトコンドリアの内膜
  ② ミトコンドリアの外膜
  ③ ミトコンドリアのマトリックス
  ④ 細胞質基質

(4) 図のウとエは1分子あたりそれぞれ何個の炭素原子を含むか。
(5) e^- が図の C を通るときに放出されるエネルギーを使って，ある膜を介した H^+ の濃度勾配がつくられる。この濃度勾配を解消するために H^+ は ATP 合成酵素を通って，どこからどこへ輸送されるか。
(6) グルコース 45 g が呼吸で完全に分解されたとき，使用された酸素と発生した二酸化炭素は，それぞれ何 g になるか。なお，原子量は H = 1，C = 12，O = 16 とする。

▶**43**
(1) ア ____
ア ____
イ ____
ウ ____
エ ____
オ ____
カ ____
キ ____
ク ____
ケ ____
コ ____
サ ____
シ ____
(2) ____

▶**44**
(1) ア ____
イ ____
ウ ____
エ ____
オ ____
カ ____
キ ____
(2) @ ____
ⓑ ____
ⓒ ____
ⓓ ____
ⓔ ____
(3)

	過程	場所
A		
B		
C		

(4) ウ ____
エ ____
(5) [____]
(6) 酸素 ____
二酸化炭素 ____

15 呼吸と発酵②

1 代謝経路

呼吸基質として最もよく使われる有機物は炭水化物（グルコースなど）であるが，脂肪やタンパク質も呼吸基質に使われている。

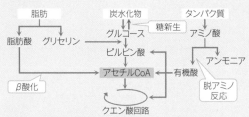

- ・脂肪…グリセリンと脂肪酸に分解される。グリセリンは解糖系に入り，脂肪酸は**β酸化**を経てアセチルCoAになって呼吸に用いられる。
- ・アミノ酸…脱アミノ反応によってアミノ基が遊離され，残りの部分が有機酸に変換されて呼吸に用いられる。
- **糖新生**…炭水化物以外の物質からグルコースが合成される反応経路。

2 発酵

酸素を用いずに有機物を分解し，エネルギーを得る反応を**発酵**という。

アルコール発酵…グルコースなどをエタノールと二酸化炭素に分解してエネルギーを得る反応。酵母などで行われる。

$$C_6H_{12}O_6 \rightarrow 2C_2H_5OH + 2CO_2 + \text{エネルギー}(2ATP)$$

乳酸発酵…グルコースなどを乳酸に分解してエネルギーを得る反応。乳酸菌などで行われる。動物の組織内でも同様の反応が起こり，これを**解糖**という。

$$C_6H_{12}O_6 \rightarrow 2C_3H_6O_3 + \text{エネルギー}(2ATP)$$

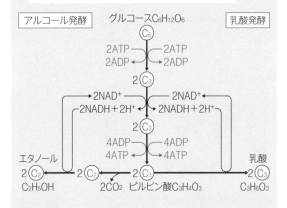

□(1) 脂肪が分解して生じる脂肪酸が CoA との反応後に分解され，アセチル CoA が生じる反応を何というか。

□(2) アミノ酸のアミノ基が取り除かれ，各種の有機酸とアンモニアが生じる反応を何というか。

□(3) タンパク質分解で得られたアミノ酸や解糖で生じた乳酸からグルコースが合成される反応経路を何というか。

□(4) 酸素を用いずに有機物を分解し，エネルギーを得る反応を何というか。

□(5) (4)のうち，グルコースをエタノールと二酸化炭素に分解し，エネルギーを得る反応を何というか。

□(6) (5)の反応は以下のように表現できる。ア，イに入る化学式を答えよ。
$C_6H_{12}O_6 \rightarrow 2(\quad ア \quad)$ ア
$+ 2(\quad イ \quad) + \text{エネルギー}$ イ

□(7) (5)を行う生物を１つ答えよ。

□(8) (4)のうち，グルコースを乳酸に分解してエネルギーを得る反応を何というか。

□(9) (8)の反応は以下のように表現できる。アに入る化学式を答えよ。
$C_6H_{12}O_6$
$\rightarrow 2(\quad ア \quad) + \text{エネルギー}$ ア

□(10) (8)を行う生物を１つ答えよ。

□(11) (4)のうち，筋肉の細胞で行われ，グルコースを乳酸に分解してエネルギーを得る反応を何というか。

EXERCISE

▶**45〈呼吸基質の分解経路のしくみ〉** 図はさまざまな呼吸基質が動物体内で代謝される経路を示したものである。下の問いに答えよ。

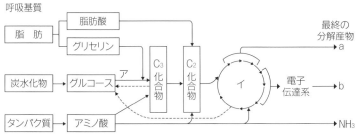

(1) 図中のa，bにあてはまる物質名を答えよ。

(2) 図中のア，イの反応経路を何というか。

(3) ヒトには，図の破線で示されるような，アやイの途中で生じる物質からグルコースを合成する反応系が備わっている。この反応系を何というか。

▶**46〈呼吸と発酵〉** 図は生体内でグルコースが分解される過程の一部を示したものである。次の問いに答えよ。

(1) 図のa～dのうち，呼吸の過程に該当するものをすべて答えよ。

(2) 図のa～dのうち，アルコール発酵の過程に該当するものをすべて答えよ。

(3) 次の化学反応式は，図中のa～dのどの過程に該当するか。すべて答えよ。

ア $C_6H_{12}O_6 \rightarrow 2C_3H_6O_3 + エネルギー$

イ $C_6H_{12}O_6 \rightarrow 2C_2H_5OH + 2CO_2 + エネルギー$

ウ $C_6H_{12}O_6 + 6H_2O + 6O_2 \rightarrow 6CO_2 + 12H_2O + エネルギー$

エ $C_6H_{12}O_6 + 2NAD^+ \rightarrow 2C_3H_4O_3 + 2NADH + 2H^+ + エネルギー$

(4) 図中のa～dのうち，最も多くのATPが合成される過程はどれか。

▶**47〈アルコール発酵〉** 酵母によるアルコール発酵を確かめるため，次の実験を行った。下の問いに答えよ。

1. 煮沸したグルコース溶液を室温まで冷まし，これに乾燥酵母を加え発酵液とする。

2. 注射器で発酵液を吸い取り，余分な空気を除いてから，先端をゴム栓でふさぐ。

3. 40℃の温水の入った水槽で保温し，一定時間ごとに注射器にたまった気体の体積を記録する。

(1) 下線部について，グルコース溶液を煮沸させた理由を簡単に説明せよ。

(2) 実験の3で発生した気体は何か。

▶45

(1) a _____

　　 b _____

(2) ア _____

　　 イ _____

(3) _____

▶46

(1) _____

(2) _____

(3) ア _____

　　 イ _____

　　 ウ _____

　　 エ _____

(4) _____

▶47

(1)
〔
〕
(2)

2章　生命現象と物質

16 光合成

1 光合成と葉緑体

葉緑体の**チラコイド**には光エネルギーを吸収する**光合成色素**が含まれている。光合成色素には**クロロフィルa**，**クロロフィルb**，カロテン，キサントフィルなどがある。

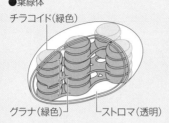

●葉緑体
チラコイド(緑色)
グラナ(緑色)
ストロマ(透明)

吸収スペクトル…光の波長と吸収の関係を表したもの。
作用スペクトル…光の波長と光合成速度の関係を表したもの。

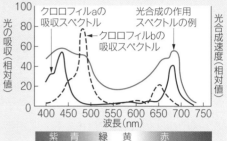

●光合成色素の吸収スペクトルと光合成の作用スペクトルの例

クロロフィルaの吸収スペクトル
光合成の作用スペクトルの例
クロロフィルbの吸収スペクトル
光の吸収(相対値)
光合成速度(相対値)
波長(nm)
紫 青 緑 黄 赤

2 光合成のしくみ

《チラコイドでの反応》

①吸収された光エネルギーは，光化学系のクロロフィルに集められる。クロロフィルが活性化され，電子e^-を放出する。

②光化学系IIのクロロフィルはH_2Oの分解で生じたe^-を受け取り，元の状態に戻る。

③光化学系IIから放出されたe^-はエネルギーを放出しながら**電子伝達系**を移動し，**光化学系I**に入る。このエネルギーを利用してストロマのH^+がチラコイド内に移動する。

④光化学系Iから放出されたe^-は，H^+と$NADP^+$に渡り**NADPH**を生じる。

⑤チラコイド内のH^+が**ATP合成酵素**を通ってストロマに戻り，ATPが合成される(光リン酸化)。

《ストロマでの反応》

チラコイド膜でつくられたNADPHとATPを用いて，気孔で吸収したCO_2を**カルビン**(カルビン・ベンソン回路)で還元し有機物を合成する。

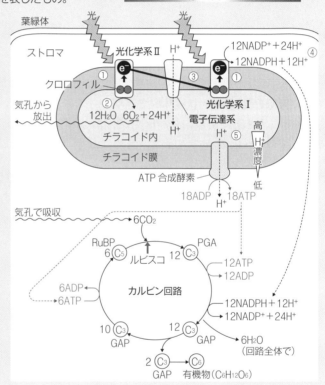

葉緑体
光 光
ストロマ
光化学系II
H^+
$12NADP^+ + 24H^+$ ④
$12NADPH + 12H^+$
クロロフィル ①
③
①
気孔から放出
②
$12H_2O$ $6O_2 + 24H^+$
光化学系I
電子伝達系
チラコイド内
H^+
H^+
高 H^+濃度 低
チラコイド膜
ATP合成酵素
$18ADP$ $18ATP$
H^+
気孔で吸収
$6CO_2$
$RuBP$
6 C_5
ルビスコ
12 C_3 PGA
$12ATP$
$12ADP$
$6ADP$
$6ATP$
カルビン回路
$12NADPH + 12H^+$
$12NADP^+ + 24H^+$
10 C_3
GAP
12 C_3
GAP
$6H_2O$
(回路全体で)
2 C_3 C_6
GAP 有機物($C_6H_{12}O_6$)

$$6CO_2 + 12H_2O + 光エネルギー \rightarrow C_6H_{12}O_6 + 6O_2 + 6H_2O$$

3 C₃植物，C₄植物，CAM植物

C₃植物	CO_2を直接カルビン回路でC_3化合物として固定する。	例 多くの植物
C₄植物	CO_2を**葉肉細胞**でC_4化合物(オキサロ酢酸)として固定したあと，**維管束鞘細胞**でC_4化合物からCO_2を取り出し，カルビン回路に取り込む。強光・高温の環境に適応。	例 トウモロコシ，サトウキビ
CAM植物	夜間CO_2をC_4化合物として固定しリンゴ酸などに変換して液胞に蓄え，昼間気孔を閉じて，蓄えたリンゴ酸からCO_2を取り出しカルビン回路に取り込む。乾燥した環境に適応。	例 ベンケイソウ，パイナップル

4 細菌の光合成

緑色硫黄細菌と紅色硫黄細菌は光合成色素として**バクテリオクロロフィル**をもち，硫化水素(H_2S)を用いて光合成を行う。

$$6CO_2 + 12H_2S + 光エネルギー$$
$$\rightarrow C_6H_{12}O_6 + 12S + 6H_2O$$

□(1) チラコイドに存在し，光の吸収に働く色素をまとめて何というか。

□(2) 光の波長と(1)の光の吸収の関係を示すグラフを何というか。

□(3) 光の波長と光合成速度の関係を示すグラフを何というか。

□(4) チラコイド膜にあり，光エネルギーを吸収して水を分解する反応系を何というか。

□(5) (4)で，光エネルギーはどこに集められるか。

□(6) 光化学系Ⅱから放出されたe⁻がエネルギーを放出しながら光化学系Ⅰに移動するときの反応系を何というか。

□(7) (6)において，ストロマからチラコイド内に輸送されるものは何か。

□(8) 光合成において，光エネルギーがもとになってATPが合成される反応を何というか。

□(9) 二酸化炭素を還元して有機物を合成する光合成の過程を何というか。

□(10) (9)の過程は，葉緑体のどこで行われるか。

□(11) CO_2を葉肉細胞でC_4化合物に固定したあと，維管束鞘細胞で再固定する植物を何とよぶか。

□(12) 緑色硫黄細菌と紅色硫黄細菌がもつ光合成色素は何か。

2章 生命現象と物質

計算問題のポイント

例題 5◆Rf値の計算

薄層クロマトグラフィー(TLC)で，緑色の葉に含まれる光合成色素を分離した。展開終了後，ろ紙を取り出し，原点から分離した色素の中心までの距離を調べた。次の問いに答えよ。

(1) 図の色素A～Dの名称を答えよ。

(2) 色素DのRf値(移動率)を求めよ。

図：原点からの距離 20.0 / 18.1 A(橙黄色) / 13.6 B(黄色) / 10.2 C(青緑色) / 8.0 D(黄緑色) / 0 原点。展開液の前線。TLCプレート，抽出液，展開液 (cm)

ここがポイント

(1) ペーパークロマトグラフィーでは，光合成色素は上(前線側)から，カロテン，キサントフィル，クロロフィルa，クロロフィルbの順に分離することがわかっている。

(2) 各色素のRf値(移動率)は，ろ紙や展開液，温度などの条件が同じであれば一定であり，Rf値と色から色素を同定することができる。Rf値は次の式で求められる。

$$Rf値 = \frac{原点から色素の中心点までの距離}{原点から展開液の前線までの距離}$$

Rf値の例

色素名	Rf値	色
カロテン	0.9～1.0	橙黄
キサントフィル	0.6～0.8	黄
クロロフィルa	0.4～0.6	青緑
クロロフィルb	0.2～0.5	黄緑

◆解法◆

(1) 前線側から，色の順番を見て判断する。

(2) $Rf値 = \frac{8.0 \text{ cm}}{20.0 \text{ cm}} = 0.4$

答 (1) A-カロテン B-キサントフィル
C-クロロフィルa D-クロロフィルb

(2) 0.4

EXERCISE

▶**48〈葉緑体の構造と働き〉** 次の文章を読み，下の問いに答えよ。

右図は，葉緑体の構造を模式的に示したものである。葉緑体は二重の膜に囲まれており，内部には（　ア　）という膜構造が存在する。（　ア　）がところどころで重なった部分は（　イ　）とよばれる。

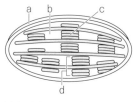

（　ウ　）には，光合成に関する多くの酵素が含まれている。

(1) 文中の（　）に入る適語を答えよ。

(2) 文中のア〜ウの構造を，図のa〜dの中からそれぞれ選べ。

(3) 光合成色素が含まれる部分を，図のa〜dの中からすべて選べ。

(4) 次のA〜Dに示す光合成の反応過程は，それぞれ図のa〜cのどこで起こるか。

A ATPを合成する反応

B 水を分解し，還元物質と酸素を生成する反応

C 二酸化炭素を固定する反応

D 光合成色素が光エネルギーを吸収し，活性化する反応

▶**49〈光の波長と光合成色素〉** 次の文章を読み，下の問いに答えよ。

光合成では，光の吸収のためにさまざまな光合成色素が働いている。それぞれの光合成色素がどの波長の光をどの程度吸収

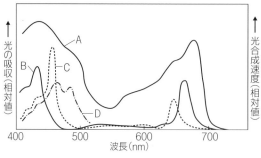

するかを示したグラフを（　ア　）という。また，光の波長と光合成速度の関係を示したグラフを（　イ　）という。図のAは（　イ　）を示しており，B〜Dはある植物の光合成色素の（　ア　）を示している。

(1) 文中の（　）に入る適語を答えよ。

(2) 図のB〜Dが示す光合成色素は何か。次の中からそれぞれ選べ。

① カロテン　　② クロロフィルa　　③ クロロフィルb

(3) 650〜700 nmの波長は何色光か。最も適当な色を次の中から1つ選べ。

① 赤色光　　② 青色光　　③ 黄色光　　④ 紫色光

(4) この植物の説明として適当なものを，次の中からすべて選べ。

① 緑色光をよく吸収している。

② 緑色光をよく反射もしくは透過している。

③ 緑色光は光合成にまったく利用されていない。

④ 430 nmと670 nmの波長の光は光合成に利用されやすい。

▶**48**

(1) ア
　　　イ
　　　ウ

(2) ア
　　　イ
　　　ウ

(3)

(4) A
　　　B
　　　C
　　　D

▶**49**

(1) ア
　　　イ

(2) B
　　　C
　　　D

(3)

(4)

▶**50 〈光合成における ATP の合成〉** 図は，光合成の反応の一部を模式的に示したものである。次の文章を読み，下の問いに答えよ。

葉緑体の（　ア　）膜には，光化学系Ⅰ，光化学系Ⅱという2種類の色素タンパク質複合体が存在する。光エネルギーは，光化学系Ⅰと光化学系Ⅱの反応中心にある（　イ　）を活性化させて

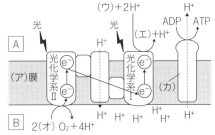

電子(e^-)を放出させる。光化学系Ⅰから放出された e^- は（　ウ　）に渡り（　エ　）の合成に利用され，光化学系Ⅱから放出された e^- は光化学系Ⅰに移動し（　イ　）の再還元に利用される。また，（　オ　）の分解や電子伝達系により H^+ の濃度勾配が（　ア　）膜を介して形成され，それが（　カ　）の駆動力となる。このような ATP 合成の過程は（　キ　）とよばれる。

(1) 文中の（　）に入る適語を答えよ。
(2) 図中の A，B のうち，(ア)の内側はどちらか。

▶**51 〈光合成の反応〉** 図は，光合成のしくみを模式的に示したものである。下の問いに答えよ。

(1) 図の A，B が示す葉緑体内の部位の名称を答えよ。
(2) 図の a，b に入る反応系の名称を答えよ。
(3) 図のア～オに入る適語を答えよ。
(4) CO_2 が C_5 化合物の RuBP に結合する反応を触媒する酵素の名称を略称で答えよ。

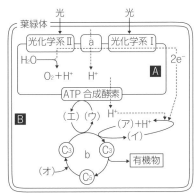

▶**52 〈C_3 植物と C_4 植物，CAM 植物〉** 次の文章を読み，下の問いに答えよ。

C_3 植物は，大気中の CO_2 を直接（　ア　）回路に取り込み，C_3 化合物のホスホグリセリン酸を最初につくる植物である。一方，C_4 植物は，（　ア　）回路のほかに CO_2 を効率よく固定できる反応系を（　イ　）細胞の中にもっており，リンゴ酸のような C_4 化合物を最初につくる植物である。C_4 化合物は（　ウ　）細胞で C_3 化合物と CO_2 に分解され，CO_2 は（　ア　）回路に入って固定される。

砂漠地帯などに育つ多肉植物の中には，水分の損失を抑えるように適応した（　エ　）植物がある。これは夜間に気孔を開いて吸収した CO_2 をリンゴ酸などの C_4 化合物に変えて（　オ　）ため，昼間に CO_2 に戻して（　ア　）回路に取り込む。

(1) 文中の（　）に入る適語を答えよ。
(2) C_4 植物と文中(エ)植物の例をそれぞれ1つ答えよ。

▶50
(1) ア
　　イ
　　ウ
　　エ
　　オ
　　カ
　　キ
(2)

▶51
(1) A
　　B
(2) a
　　b
(3) ア
　　イ
　　ウ
　　エ
　　オ
(4)

▶52
(1) ア
　　イ
　　ウ
　　エ
　　オ
(2) C_4 植物
　　(エ)植物

2章　生命現象と物質

演習問題 代謝

❶ 呼吸に関する次の文章を読み，下の問いに答えよ。

呼吸は多くの生物の生命活動に必要な ATP を合成する ア の過程であり，(a)解糖系，クエン酸回路，電子伝達系の3段階に大きく分けられる。グルコースは，解糖系で何種類もの酵素の働きによりピルビン酸となり，次に，クエン酸回路の基質となる。クエン酸回路では イ と ウ が生成され，電子伝達系のタンパク質複合体に電子を受け渡す。最終的に，(b)ATP 合成酵素によりATP が合成される。

(1) 上の文章中の ア ～ ウ に入る語句の組合せとして最も適当なものを，次の①～⑥のうちから1つ選べ。

	ア	イ	ウ		ア	イ	ウ
①	同化	NAD⁺	FAD	②	同化	NADH	FADH₂
③	同化	NADPH	FADH₂	④	異化	NAD⁺	FAD
⑤	異化	NADH	FADH₂	⑥	異化	NADPH	FADH₂

(1) _____

(2) 下線部(a)に関して，二酸化炭素が発生する段階として最も適当なものを，次の①～③のうちからすべて選べ。

① 解糖系　　② クエン酸回路　　③ 電子伝達系

(2) _____

(3) 下線部(a)に関して，酸素が消費される段階として最も適当なものを，(2)の選択肢のうちからすべて選べ。

(3) _____

(4) 下線部(b)に関して，ATP 合成酵素はミトコンドリアの膜を貫通する状態で存在している。ATP 合成酵素の記述として最も適当なものを，次の①～④のうちから1つ選べ。

① ATP 合成酵素は，ミトコンドリア外膜で，ATP を合成する部位を細胞質基質と接する側に向けて存在している。

② ATP 合成酵素は，ミトコンドリア外膜で，ATP を合成する部位をミトコンドリア外膜と内膜の間の空間に向けて存在している。

③ ATP 合成酵素は，ミトコンドリア内膜で，ATP を合成する部位をミトコンドリア外膜と内膜の間の空間に向けて存在している。

④ ATP 合成酵素は，ミトコンドリア内膜で，ATP を合成する部位をミトコンドリアのマトリックス側に向けて存在している。

(4) _____

(15 立命館大改)

❷ 生命現象と物質に関する次の文章を読み，下の問いに答えよ。

生物がさまざまな生命活動を営むためには，エネルギーが必要である。酸素を用いて有機物を分解してエネルギーを取り出す過程を呼吸といい，酸素を用いずに有機物を分解してエネルギーを取り出す過程を発酵という。呼吸によってグルコースが分解される過程は，大きく分けると，(a)解糖系，クエン酸回路および電子伝達系の過程からなる。

呼吸によって分解される物質を呼吸基質といい，生物が呼吸基質として何を使っているかは，(b)呼吸商(呼吸で発生した CO_2 と消費した O_2 の体積比，$CO_2／O_2$)を調べることで，ある程度推測することができる。

(1) 下線部⒜の過程に関する記述として最も適当なものを，次の①〜⑤のうちから１つ選べ。

① O_2 が使われる。　　② CO_2 が発生する。　　③ ATP を消費する反応はない。

④ クエン酸が生じる。　　⑤ NADH が生じる。

(1) _____

❓(2) 酵母は，酸素の供給が十分でない環境ではアルコール発酵を行う。グルコースを含む培地で酵母を培養したとき，ある条件下ではグルコース１分子あたりに１分子のエタノールの生成が見られた。このとき，グルコース１分子あたりに生成した CO_2 と消費された O_2 の分子の数をそれぞれ答えよ。ただし，この条件下では，グルコースからはエタノール，CO_2 および H_2O 以外のものは生じないものとする。

(2) CO_2 _____

O_2 _____

❓(3) 下線部⒝に関して，炭水化物，タンパク質あるいは脂肪が呼吸基質である場合，呼吸商はそれぞれ 1.0，0.8，0.7 となる。植物 A，B および C の発芽種子のそれぞれについて，以下のような計測を行った。

図１の容器 I と II を準備し，それぞれの容器に同量の発芽種子を入れた。さらに容器 I には二酸化炭素の吸収剤の入ったビーカーを入れ，容器 II には水の入ったビーカーを入れた。一定時間培養したあとに，着色液の移動から容器内の気体の体積の変化を読み取り，表１の結果を得た。植物 A，B および C の発芽種子は，それぞれ呼吸基質としておもに何を利用していると考えられるか。組合せとして最も適当なものを，次の①〜⑨のうちから１つ選べ。

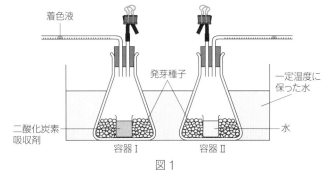

図 1

表 1

	容器内の気体の減少量(μL)		
培養容器	植物 A	植物 B	植物 C
容器 I	833	986	1476
容器 II	18	286	28

	植物 A	植物 B	植物 C
①	炭水化物	タンパク質	脂肪
②	炭水化物	脂肪	炭水化物
③	炭水化物	タンパク質	炭水化物
④	タンパク質	脂肪	炭水化物
⑤	タンパク質	脂肪	タンパク質
⑥	タンパク質	炭水化物	タンパク質
⑦	脂肪	タンパク質	炭水化物
⑧	脂肪	炭水化物	脂肪
⑨	脂肪	タンパク質	脂肪

(3) _____

(15 センター追試改)

❸ 呼吸に関する次の文章を読み，下の問いに答えよ。

コハク酸脱水素酵素はコハク酸に作用する酵素であり，その酵素反応は**反応式1**で表される。コハク酸脱水素酵素の酵素反応実験を行う場合，ニワトリの胸筋などを水を加えてすりつぶし，これをガーゼでこしたろ液を酵素液とする。ツンベルク管の主室に酵素液を入れ，副室にはメチレンブルー(Mb)を含むコハク酸ナトリウム溶液を入れる。アスピレーターで<u>ツンベルク管内の空気を排気した後に管を密閉し</u>，管を傾けて副室内の液を主室に注ぎ入れ，40℃に保温する。その結果，ツンベルク管の主室内で**反応式1**の反応に続いて**反応式2**の反応が起こることにより，メチレンブルーの色が変化する。

反応式1で示した反応では，コハク酸から生成物 X が生成し，酵素液に含まれている FAD から $FADH_2$ が生成する。

反応式1　　$HOOC-CH_2-CH_2-COOH + FAD \rightarrow HOOC-CH=CH-COOH + FADH_2$
　　　　　　　　　　コハク酸　　　　　　　　　　　　　　　　　生成物X

反応式2　　$FADH_2 + Mb \rightarrow FAD + MbH_2$
　　　　　　　（青色）　　　（無色）

(1) 生成物 X の名称は何か。次の①～④のうちから1つ選べ。

　① クエン酸　　　　　② フマル酸

　③ アセチル CoA　　④ オキサロ酢酸　　　　　　　　　　　　　(1) ＿＿＿＿＿＿＿＿

(2) この反応において FAD はどのような働きをしているか。次の文章中の空欄 a・b から正しい語句をそれぞれ選べ。

　　脱水素反応の際，コハク酸から a（ 水素 ・ 酸素 ）　　　(2) a ＿＿＿＿＿＿＿

　分子を b（ 奪う ・ 付加する ）働き。　　　　　　　　　　　　 b ＿＿＿＿＿＿＿

❓(3) 下線部について，この操作を行う理由を簡潔に述べよ。

(3)

(4) **反応式1**も**反応式2**も酸化還元反応である。それぞれの反応におい　(4) 反応式1 ＿＿＿＿
　て酸化される分子は，コハク酸，FAD，$FADH_2$，Mb のどれか。　　　反応式2 ＿＿＿＿

(5) マロン酸($HOOC-CH_2-COOH$)はコハク酸と構造がよく似た化合物であるが，コハク酸脱水素酵素の作用は受けない。しかし，この酵素反応において，コハク酸ナトリウムの濃度を一定に保ったままマロン酸ナトリウムを加えると生成物 X の生成量が減少する。なぜこのような現象が起こるのか，最も適切な説明を次の①～④のうちから1つ選べ。ただし，マロン酸ナトリウムの添加によって pH は変化しないものとする。

　① マロン酸がコハク酸脱水素酵素の活性部位に結合する競争的阻害が生
　　じるから。

　② マロン酸がコハク酸脱水素酵素のアロステリック部位に結合する競
　　争的阻害が生じるから。

　③ マロン酸がコハク酸脱水酵素の活性部位に結合する非競争的阻害が
　　生じるから。

　④ マロン酸がコハク酸脱水素酵素のアロステリック部位に結合する非
　　競争的阻害が生じるから。　　　　　　　　　　　　　　　　　　(5) ＿＿＿＿＿＿＿

(6) $FADH_2$ などの電子は電子伝達系を経て最終的に酸素に渡され，この過程で放出されるエネルギーが ATP の合成に利用される。この一連の ATP 合成反応を特に何というか。

　　　　　　　　　　　　　　　　　　　　　　　　　　　　　　　　(6) ＿＿＿＿＿＿＿

（18 大阪薬科大改）

❹ 発酵に関する次の文章を読み，下の問いに答えよ。

坂瀬さんは，生物の授業で(a)発酵を学び，(b)乳酸発酵を利用してヨーグルトやチーズが，(c)アルコール発酵を利用して酒やパンがつくられることを知った。

(1) 下線部(a)に関する記述として最も適当なものを，次の①〜④のうちから1つ選べ。

① グルコースを基質として呼吸が行われる場合と，グルコースを基質として乳酸発酵が行われる場合とにおいて，共通の反応過程は存在しない。

② ヒトの筋肉では，酸素の供給が十分でない場合，乳酸発酵と同じ過程でグルコースが分解され，ATP が合成される。

③ アルコール発酵の過程では，ミトコンドリアの内膜を挟んでつくられた H^+ の濃度勾配を利用することによって，ATP がつくられる。

④ 1分子のグルコースを基質として呼吸が行われる場合と，1分子のグルコースを基質としてアルコール発酵が行われる場合とにおいて，合成される ATP の量は同じである。

(1) _____

(2) 下線部(b)に関する次の文章中の ア ～ ウ に入る語句の組合せとして最も適当なものを，次の①〜⑧のうちから1つ選べ。

1分子のグルコースは， ア における イ という反応系によって，2分子のピルビン酸にまで分解される。 イ では，最終的に2分子の ATP と2分子の NADH とがつくられる。ピルビン酸は NADH によって ウ され，乳酸になる。

	ア	イ	ウ
①	ミトコンドリア	電子伝達系	還元
②	ミトコンドリア	電子伝達系	酸化
③	ミトコンドリア	解糖系	還元
④	ミトコンドリア	解糖系	酸化
⑤	細胞質基質	電子伝達系	還元
⑥	細胞質基質	電子伝達系	酸化
⑦	細胞質基質	解糖系	還元
⑧	細胞質基質	解糖系	酸化

(2) _____

❓(3) 下線部(c)に関連して，坂瀬さんはパンづくりにおけるアルコール発酵の役割について考えた。パンづくりのあるレシピによると，材料として小麦粉，パン酵母(酵母菌)，砂糖，水，ショートニング(植物性脂肪)，および塩を混ぜてつくった生地を20℃で2時間発酵させ，この生地を成型し，さらに膨らませた後にパンを焼くとあった。

レシピに示される材料にはアルコール発酵の基質となるグルコースがないため，調べたところ，小麦粉に含まれるデンプンや，砂糖は，何らかの方法で分解されてグルコースを生じうることが分かった。また，脂肪が分解されてできるモノグリセリド(グリセリン)も解糖系に入ると教科書にあった。そこで，パンづくりにおけるアルコール発酵について調べるため，**実験1〜5**を行った。

実験1 レシピ通りにパンづくりを行ったところ，生地は2時間の発酵で2倍程度の大きさになっていた。

実験2 生地の材料から砂糖を除き，それ以外はレシピ通りにパンづくりを行ったところ，2時間の発酵で生地は膨らみはしたが，1.5倍程度の大きさにしかならなかった。

実験3 生地の材料からショートニングを除き，それ以外はレシピ通りにパンづくりを行ったところ，2時間の発酵で生地は2倍程度の大きさになった。

実験4　生地の材料はレシピ通りで温度を15℃にしたところ，2時間の発酵で生地は膨らみはしたが，2倍程度の大きさにまではならなかった。しかし，発酵時間を4時間にすると，生地は2倍程度の大きさになった。

実験5　生地の材料はレシピ通りで温度を30℃にしたところ，1時間の発酵で生地は2倍程度の大きさに膨らんだ。その1時間後，さらに生地が膨れてガスが生地から漏れ，強いアルコール臭がした。

　実験1〜5の結果から導かれる考察として適当なものを，次の①〜⑧のうちから2つ選べ。ただし，解答の順序は問わない。

① 発酵の基質の由来は，砂糖のみである。
② 発酵の基質の由来は，小麦粉のみである。
③ 発酵の基質の由来は，砂糖と小麦粉の両方である。
④ 発酵の基質の由来は，ショートニングのみである。
⑤ 発酵の基質の由来は，ショートニングと小麦粉の両方である。
⑥ 発酵における酵素反応の速度は，20℃や30℃より，15℃の方が速い。
⑦ 発酵における酵素反応の速度は，15℃や30℃より，20℃の方が速い。
⑧ 発酵における酵素反応の速度は，15℃や20℃より，30℃の方が速い。

(3) _____

（20 センター追試改）

❺ 光合成に関する次の〔A〕，〔B〕の文章を読み，下の問いに答えよ。

〔A〕光合成の反応過程を調べるために，^{14}Cで標識したCO_2を含む空気中に植物を置き，一定時間ごとに植物から有機物を抽出し，^{14}Cで標識されたC_3化合物とC_5化合物の量の変化を調べたところ，右図のような結果が得られた。ただし，図の条件（ i ）は1％のCO_2を含む空気中で光を照射している。

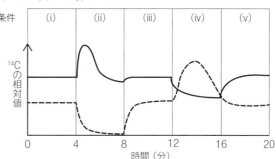

(1) 図の条件（ii）〜（v）に当てはまるものを，次の①〜④のうちから1つずつ選べ。ただし，同じ選択肢を何度選んでもよい。なお，図中の実線はC_3化合物を，破線はC_5化合物を表している。

① 1％ CO_2，光照射
② 1％ CO_2，暗黒
③ 0.003％ CO_2，光照射
④ 0.003％ CO_2，暗黒

(1)(ii) _____ (iii) _____
(iv) _____ (v) _____

(2) 図の条件（iv）の時にC_5化合物が増加し，C_3化合物が減少する理由を簡潔に記せ。

(2) _____

(3) 二酸化炭素が有機物に取り込まれる反応を，CO_2，C_3化合物，C_5化合物を使って次のように表した。 ア 〜 エ に入る数字を記せ。

$6CO_2 +$ ア C イ 化合物 → ウ C エ 化合物

(3)ア _____
イ _____
ウ _____
エ _____

64

〔B〕クロレラの光合成量を求めるために次の実験を行った。クロレラの懸濁液をよく混ぜ，1 L ずつ A，B，C の 3 個の培養ビンに入れ密閉した。培養ビン A は実験開始時に懸濁液中の酸素量を測定した。培養ビン B は 5 時間明所に置いた後に，懸濁液中の酸素量を測定した。培養ビン C は 5 時間明所に置き，さらに 19 時間暗所に置いた後に，懸濁液中の酸素量を測定した。その実験結果を表に示す。

培養ビン	A	B	C
測定時間	実験開始時	5 時間明所に置いた後	5 時間明所に置き，さらに 19 時間暗所に置いた後
酸素量	7.6 mg	11.9 mg	9.4 mg

(4) 使用したクロレラの真の光合成量を，1 L，1 時間あたりの酸素量〔mg〕で表せ。答えは小数点以下第 3 位を四捨五入せよ。

(4) _____

(5) 培養ビン A と培養ビン C のクロレラ(各 1 L)の乾燥重量の差はどれくらいと予想されるか。ただし，光合成の産物と呼吸の基質はすべてグルコースであると仮定する。C = 12，H = 1，O = 16 として，答えは小数点以下第 3 位を四捨五入せよ。

(5) _____

(13 愛知医科大改)

❻ 光合成に関する次の文章を読み，下の問いに答えよ。

ある双子葉植物の緑色の葉を使って，次の(i)〜(iv)の手順で薄層クロマトグラフィーによる光合成色素の分離実験を行った。

(i) 緑色の葉を乳鉢に入れて，少量の硫酸ナトリウムを加えてすりつぶし，ジエチルエーテルを加えて抽出液をつくった。

(ii) 薄層クロマトグラフィー用シートの下端から 2 cm の位置に鉛筆で線を引き，細いガラス管を用いて(i)でつくった抽出液を線の中央につけた（原点）。乾いたら再び抽出液をつけ，この操作を 5 〜 10 回繰り返した。

(iii) 5 mm ほどの深さに展開液を入れた試験管の中に，(ii)のシートの下部が浸かるように入れ，栓をして静置した。

(iv) 展開液がシートの上端近くまで上がってきたら，シートを取り出し，分離した各色素の輪郭と展開液の上端を鉛筆でなぞった。

実験の結果，抽出液を展開したシートには，上から a(橙色)，b(青緑色)，c(黄緑色)，d(黄色)，e(黄色)の色素が分離した。図 1 は，シートと鉛筆でなぞった色素の輪郭を示す。

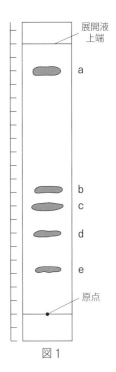

図 1

(1) 分離されたそれぞれの色素の移動率を表す指標として Rf 値が使われる。図 1 の結果から，Rf 値が 0.4 だったのはどの色素か。a 〜 e の中から 1 つ選べ。

(1) _____

(2) 図 1 の a 〜 e の色素のうち，クロロフィル a はどれか。

(2) _____

(21 川崎医科大改)

17 DNA の構造と複製のしくみ

1 DNA の構造

DNA は，2本の**ヌクレオチド鎖**がねじれた二重らせん構造となっている。ヌクレオチド鎖には方向性があり，2本のヌクレオチド鎖は逆方向を向いている。

●ヌクレオチド鎖

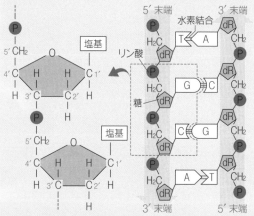

2 DNA と染色体

真核生物の DNA は**ヒストン**とよばれるタンパク質に巻き付いて**ヌクレオソーム**を形成し，さらにそれらが折りたたまれた**クロマチン**という繊維状構造を形成して核内に分散している。一方，大半の原核生物の DNA は環状の構造で，細胞質基質に分散している。

3 DNA の複製のしくみ

①DNA の**複製起点**が出発点となり，酵素によって塩基間の水素結合が切断され，部分的に1本鎖になる。
②開裂した部分に**プライマー**が合成される。
③**DNA 合成酵素（DNA ポリメラーゼ）**によって，5′末端→3′末端方向にヌクレオチド鎖が合成される。
④ラギング鎖では，**岡崎フラグメント**が酵素によって連結される。

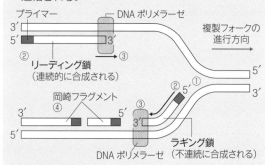

半保存的複製は，メセルソンとスタールの行った実験により証明された。

- □(1) DNA を構成している2本のヌクレオチド鎖において，中央の塩基どうしは何とよばれる結合でつながっているか。
- □(2) ヌクレオチド鎖末端のリン酸側を何とよぶか。
- □(3) 真核生物の DNA は何とよばれるタンパク質に巻き付いているか。
- □(4) (3)に DNA が巻き付いた構造を何というか。
- □(5) (4)が折りたたまれてできた繊維状構造を何というか。
- □(6) 原核生物の DNA は，一般にどのような形状か。
- □(7) DNA の複製の開始に必要となる短いヌクレオチド鎖を何というか。
- □(8) DNA のヌクレオチド鎖は何という酵素によって合成されるか。
- □(9) ヌクレオチド鎖の伸長の方向は「何末端→何末端」か。
- □(10) DNA の複製が連続的に行われる方のヌクレオチド鎖を何というか。
- □(11) DNA の複製が不連続に行われてできる短いヌクレオチド鎖の断片を何というか。
- □(12) (11)が酵素によってつながれてできるヌクレオチド鎖を何というか。
- □(13) DNA の複製は，鋳型となる一方の鎖がそのまま受け継がれることから何とよばれるか。
- □(14) (13)を証明した2人は誰か。

EXERCISE

▶53 〈DNAと染色体〉 図は真核生物の染色体の構造を模式的に示したものである。下の問いに答えよ。

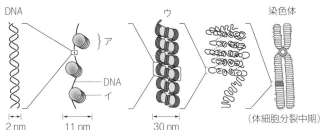

(1) DNAを構成するヌクレオチドの糖と塩基をそれぞれ答えよ。ただし，塩基は略称（アルファベット）ですべて答えよ。

(2) ヌクレオチド鎖の3′末端は，糖がある側とリン酸がある側のどちらか。

(3) 図中のア〜ウの名称をそれぞれ答えよ。

(4) 図中のイを構成する物質を，次の中から1つ選べ。
   ① 塩基　②脂質　③タンパク質　④リン酸

(5) 原核生物のDNAにあてはまるものを，次の中からすべて選べ。
   ① 核内に存在　　② 1本鎖　　③ 環状構造
   ④ 細胞質基質中に存在　　⑤ 二重らせん構造

▶54 〈複製のしくみ〉 次の文章を読み，下の問いに答えよ。

　DNAの複製は，(a)2本鎖のDNAが1本鎖にほどかれることで始まる。DNAの2本鎖は互いに逆向きに並んでおり，新しく合成される鎖のうち一方の鎖は，(b)2本鎖DNAがほどけていく方向と同じ方向に連続的に合成される。これに対してもう一方の新しく合成される鎖は，(c)2本鎖DNAがほどけていく方向とは逆向きに，断続的に合成される。

(1) 下線部(a)の複製が開始される部分を何というか。

(2) 下線部(b)で合成されるヌクレオチド鎖を何というか。

(3) 下線部(b)に対して，下線部(c)のように合成されるヌクレオチド鎖を何というか。

(4) 下線部(c)で合成されるヌクレオチド鎖の断片を何というか。

(5) (4)が合成され，最終的につなぎ合わされるまでの流れを説明した次の文章を読み，（　）に入る適語を答えよ。

　2本鎖のDNAがほどけて1本鎖の部分がある程度の長さになると，（　ア　）とよばれる短いヌクレオチド鎖が合成され，1本鎖DNAに結合する。（　ア　）に続いて（　イ　）が2本鎖DNAのほどけていく方向とは逆方向に新しいヌクレオチド鎖を合成する。（　ア　）は最終的に除去され，不連続に合成されたヌクレオチド鎖の断片は酵素によってつなぎ合わされる。

(6) DNAの複製は，鋳型となったヌクレオチド鎖を受け継ぐことから何とよばれるか。

▶53

(1) 糖 _____

　　塩基 _____

(2) _____

(3) ア _____

　　イ _____

　　ウ _____

(4) _____

(5) _____

▶54

(1) _____

(2) _____

(3) _____

(4) _____

(5) ア _____

　　イ _____

(6) _____

1 セントラルドグマ ↻

　DNA の遺伝情報は，RNA に転写され，RNA の塩基配列が翻訳されてタンパク質が合成される。このように，遺伝情報が DNA →RNA →タンパク質の一方向に流れているという概念を**セントラルドグマ**とよぶ。

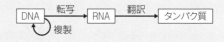

2 タンパク質合成にかかわる RNA

mRNA （伝令 RNA）	DNA の遺伝情報を写し取る RNA。連続する 3 つの塩基（**コドン**）が 1 個のアミノ酸を指定する。
tRNA （転移 RNA）	mRNA のコドンと相補的な塩基配列（**アンチコドン**）をもつ部位と，アミノ酸が結合する部位があり，コドンに対応したアミノ酸を mRNA まで運ぶ。
rRNA （リボソーム RNA）	翻訳の場となるリボソームを構成する RNA。リボソームは大サブユニットと小サブユニットからなり，rRNA とタンパク質から構成される。

3 真核生物の転写と翻訳

① DNA の**プロモーター**に **RNA ポリメラーゼ**（**RNA 合成酵素**）が結合する。

② RNA ポリメラーゼは DNA の 2 本鎖を開きながら，一方の鎖を鋳型として RNA（mRNA 前駆体）を合成する。

③ mRNA 前駆体が DNA から離れると，核内で DNA の**イントロン**に対応する部分が取り除かれ，**エキソン**だけがつなぎ合わされて mRNA となる（**スプライシング**）。

④細胞質基質中へ移動した mRNA にリボソームが結合し，コドンの情報にしたがって tRNA がアミノ酸を運んでくる。

⑤アミノ酸どうしがペプチド結合でつながりポリペプチドが形成される。

センス鎖…DNA の 2 本鎖のうち，RNA に転写されない方の鎖。

アンチセンス鎖…DNA の 2 本鎖のうち，RNA に転写される方の鎖。

エキソン…塩基配列のうち，タンパク質に翻訳される領域。

イントロン…塩基配列のうち，スプライシングで取り除かれ，タンパク質に翻訳されない領域。

選択的スプライシング…同じ遺伝子領域から複数の種類の mRNA がつくられること。

遺伝暗号表（**コドン表**）…コドンとアミノ酸の対応をまとめた表。

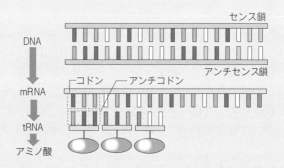

●スプライシング

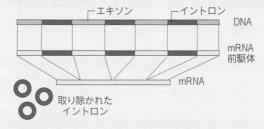

取り除かれたイントロン

●選択的スプライシング

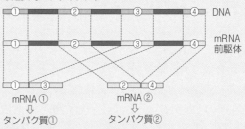

4 原核生物の転写・翻訳

　原核生物の DNA には一般にイントロンがない。細胞質基質中で mRNA への転写が始まると，翻訳も同時に行われる。

●原核生物の転写・翻訳

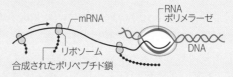

□(1) DNA が RNA に転写され, 翻訳によりタンパク質が合成されるという, 遺伝情報の流れを何というか。

□(2) RNA を構成する糖は何か。

□(3) RNA を構成する4種類の塩基をすべて答えよ。

□(4) タンパク質に翻訳される塩基配列の情報をもつ RNA を何というか。

□(5) DNA の塩基配列を鋳型にして(4)が合成されることを何というか。

□(6) (4)で, 1つのアミノ酸を指定する連続した3つの塩基配列を何というか。

□(7) (6)のうち, 翻訳の開始を指定するものを何というか。また, いくつあるか。

□(8) (6)のうち, 翻訳の終了を指定するものを何というか。また, いくつあるか。

□(9) (6)に対応したアミノ酸を運ぶ RNA を何というか。

□(10) (9)がもつ, (6)と相補的な塩基配列を何というか。

□(11) 転写の際, DNA の2本鎖を開きながら, 一方のヌクレオチド鎖を鋳型として相補的なヌクレオチド鎖を合成する酵素を何というか。

□(12) (11)が最初に結合するのは, DNA の何という領域か。

□(13) DNA の2本鎖のうち, 転写で鋳型となる側の鎖を何とよぶか。

□(14) DNA の2本鎖のうち, 転写で鋳型とならない側の鎖を何とよぶか。

□(15) mRNA の塩基配列の一部が GCCACG であったときの, これに対応する(13)と(14)の塩基配列をそれぞれ答えよ。　(13)　(14)

□(16) mRNA の塩基配列をもとに, タンパク質が合成される過程を何というか。

□(17) 真核生物の塩基配列で, タンパク質のアミノ酸配列に関与する領域を何というか。

□(18) 真核生物の塩基配列で, タンパク質のアミノ酸配列に関与しない領域を何というか。

□(19) (18)が取り除かれ, 残りがつなぎ合わされて mRNA となる過程を何というか。

□(20) (19)において, 同じ遺伝子領域から異なる(17)の組合せの mRNA がつくられることを何というか。

□(21) (19)は細胞のどこで行われるか。

□(22) 真核生物において, 翻訳が行われるのは細胞質基質と核のどちらか。

□(23) 翻訳は, mRNA に何が結合して開始されるか。

□(24) コドンとアミノ酸20種類の対応をまとめた表は, 何とよばれるか。

□(25) 原核生物の転写は, 細胞内のどこで行われるか。

3章 遺伝情報の発現と発生

EXERCISE

▶**55〈転写と翻訳〉** 次の文章を読み，下の問いに答えよ。

　生物の遺伝情報は DNA の塩基配列として蓄えられている。遺伝情報に基づくタンパク質の合成では，まず，(a)DNA 上の遺伝情報がRNA に写し取られる。この過程に働く酵素を（　ア　）という。遺伝情報を写し取った RNA には（　イ　）が結合し，(b)3つの塩基の並びから1種類のアミノ酸を指定していく。指定されたアミノ酸は（　ウ　）結合で多数結合し，タンパク質がつくられる。

　以上のように，遺伝情報が DNA → RNA →タンパク質の順に一方向へ伝わることを（　エ　）という。

(1)　文中の（　）に入る適語を答えよ。

(2)　下線部(a)の過程を何というか。

(3)　下線部(a)は，（ア）が DNA 上の特定の塩基配列をもった領域に結合することで開始される。（ア）が結合する領域を何というか。

(4)　下線部(b)の過程を何というか。

(5)　下線部(b)に関して，1つのアミノ酸を指定する RNA の3つの塩基の並びは何とよばれるか。

▶**56〈遺伝情報の発現〉** 次の文章を読み，下の問いに答えよ。

　真核生物の転写は（　ア　）で行われる。最初に DNA 上の（　イ　）に(a)RNA を合成する酵素が結合する。そして，(b)タンパク質へ翻訳される部分を含む塩基配列と(c)タンパク質に翻訳されない塩基配列とがまとめて転写された後，（　ア　）で(d)タンパク質に翻訳されない塩基配列が切除され mRNA が合成される。mRNA は（　ウ　）を通って細胞質基質に移行しリボソームと結合する。リボソームでは mRNA のコドンに対応するアミノ酸が（　エ　）により運ばれてきて，ペプチド結合によりポリペプチドが合成される。

(1)　文中の（　）に入る適語を答えよ。

(2)　下線部(a)に関して，DNA に結合して mRNA を合成する酵素を何というか。

(3)　下線部(b)と下線部(c)の配列は，それぞれ何とよばれるか。

(4)　下線部(d)の過程を何というか。

▶**57〈遺伝暗号の解読〉** 次の文章を読み，下の問いに答えよ。

　コドンのアミノ酸への変換はリボソームで行われる。実際には，アミノ酸を運搬し，コドンをアミノ酸に変換するのは（　ア　）である。（　ア　）には（　イ　）という，コドンと結合する塩基配列があり，（　ア　）の末端にはコドンに対応するアミノ酸が結合している。

　次の図は，あるポリペプチド鎖の先頭から4番目・5番目・6番目のアミノ酸を指定する DNA の塩基配列を示している。DNA を構成する2本のヌクレオチド鎖のうち，一方のみが鋳型となり，転写・翻訳される。

▶**55**

(1) ア _____

　　イ _____

　　ウ _____

　　エ _____

(2) _____

(3) _____

(4) _____

(5) _____

▶**56**

(1) ア _____

　　イ _____

　　ウ _____

　　エ _____

(2) _____

(3) (b) _____

　　(c) _____

(4) _____

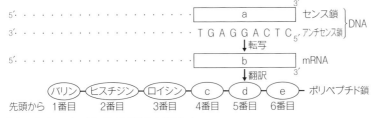

(1) 文中の( )に入る適語を答えよ。

(2) 鋳型となる鎖と相補的な塩基配列をもつセンス鎖（図の a）の塩基配列を答えよ。

(3) 鋳型となる鎖が転写されてできた mRNA（図の b）の塩基配列はどのようになるか。

(4) 図の c, d, e に入るアミノ酸を，下の遺伝暗号表から求めよ。

(5) アンチセンス鎖の塩基配列の左端の T（チミン）が C（シトシン）に置換した場合，c は何のアミノ酸になるか答えよ。

(6) c のアミノ酸がアスパラギンである場合，アンチセンス鎖の左から何番目の塩基が何から何に置換したと考えられるか。

1番目の塩基	2番目の塩基				3番目の塩基
	U	C	A	G	
U	UUU UUC }フェニルアラニン　UUA UUG }ロイシン	UCU UCC UCA UCG }セリン	UAU UAC }チロシン　UAA（終止）UAG（終止）	UGU UGC }システイン　UGA（終止）UGG トリプトファン	U C A G
C	CUU CUC CUA CUG }ロイシン	CCU CCC CCA CCG }プロリン	CAU CAC }ヒスチジン　CAA CAG }グルタミン	CGU CGC CGA CGG }アルギニン	U C A G
A	AUU AUC }イソロイシン　AUA　AUG メチオニン(開始)	ACU ACC ACA ACG }トレオニン	AAU AAC }アスパラギン　AAA AAG }リシン	AGU AGC }セリン　AGA AGG }アルギニン	U C A G
G	GUU GUC GUA GUG }バリン	GCU GCC GCA GCG }アラニン	GAU GAC }アスパラギン酸　GAA GAG }グルタミン酸	GGU GGC GGA GGG }グリシン	U C A G

▶**58〈原核生物の転写・翻訳〉** 下の問いに答えよ。

(1) 図は，原核生物の転写と翻訳の過程を模式的に表したものである。図中の a ～ c の名称を答えよ。

(2) 図の a と c の進行方向を図の①～④からそれぞれ選べ。

(3) 原核生物の転写・翻訳の記述として**誤っているもの**を，次の中から１つ選べ。

　① イントロンが除去される。

　② 転写と翻訳は細胞質基質で起こる。

　③ 転写が終了する前に翻訳が始まる。

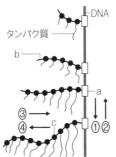

19 遺伝子の発現調節

1 遺伝子の発現調節

遺伝子の発現調節にかかわる DNA 上の領域を**調節領域**という。遺伝子の発現は，**調節遺伝子**が発現してできた**調節タンパク質**が，調節領域に結合することで調節されている。

2 原核生物の遺伝子発現調節

オペロン	同時に発現が調節される，機能的に関連のある一連の遺伝子。
オペレーター	オペロンの調節タンパク質が結合する調節領域。
リプレッサー	転写を抑制する調節タンパク質。
プロモーター	RNA ポリメラーゼが結合する DNA 領域。

●ラクトースオペロンの転写の調節

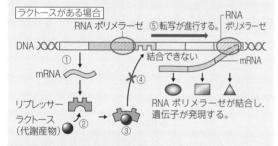

3 真核生物の遺伝子発現調節

真核生物の転写は，クロマチンがゆるんだ状態で行われる。プロモーターに多数の**基本転写因子**と **RNA ポリメラーゼ**が結合し，さらに**調節タンパク質**が結合して複合体をつくることで，転写が調節される。

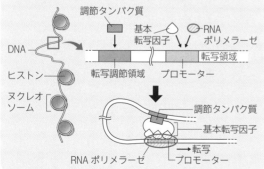

□(1) DNA の遺伝情報に基づいてタンパク質が合成されることを，遺伝子の何というか。

□(2) 転写の調節にかかわる DNA 領域を何というか。

□(3) (2)に結合して発現を調節するタンパク質を何というか。

□(4) (3)は，何という遺伝子が発現してできたものか。

□(5) 同時に発現が調節される，機能的に関連のある遺伝子のまとまりを何というか。

□(6) (5)の調節タンパク質が結合する調節領域を何というか。

□(7) 転写を抑制する調節タンパク質を何というか。

□(8) RNA ポリメラーゼが結合する DNA 領域を何というか。

□(9) ラクトースオペロンの転写調節において，グルコースがなくラクトースがある場合，リプレッサーはオペレーターに結合できるか。

□(10) (9)の結果，ラクトースオペロンは転写されるか。

□(11) 転写の際，染色体の構造がゆるんでいなければ RNA ポリメラーゼが DNA に結合できないのは，原核生物と真核生物のどちらか。

□(12) 真核生物において，RNA ポリメラーゼとともにプロモーターに結合して，転写を開始させる調節タンパク質を何というか。

□(13) 真核生物において，調節タンパク質が結合して転写を調節する DNA 領域を何というか。

EXERCISE

▶**59〈原核生物の遺伝子発現調節〉** 次の文章を読み，下の問いに答えよ。

　大腸菌の(a)ラクトース分解酵素遺伝子群の発現を誘導するDNA領域には，タンパク質のアミノ酸配列を決める領域以外に，（　ア　），（　イ　），および（　ウ　）がある。（　ア　）が（　エ　）に転写され，それがさらに翻訳され合成された産物は（　オ　）とよばれ，（　ウ　）に結合したり離れたりすることによって，(b)転写を調節している。

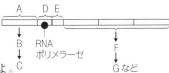

(1)　文中の（　）に入る適語を答えよ。

(2)　文中のア〜オは，それぞれ図のA〜Gのどれに相当するか。

(3)　下線部(a)に関して，ラクトース分解酵素遺伝子群のような，同時に発現が調節される遺伝子群のことを何というか。

(4)　下線部(b)に関して，ラクトース分解酵素遺伝子群の転写が起こるときの説明として最も適当なものを，次のうちから1つ選べ。

　① 培地にグルコースがあってラクトースがないとき。

　② 培地にグルコースがなく，ラクトースだけがあるとき。

　③ 培地にグルコースとラクトースがともにあるとき。

▶**60〈真核生物の遺伝子発現調節〉** 次の文章を読み，下の問いに答えよ。

　真核生物では，DNAはタンパク質の（　ア　）に巻き付いて（　イ　）を形成し，さらに折りたたまれて（　ウ　）を形成している。転写が行われるためには，転写に適したDNAの状態，(a)転写を行う酵素，RNAの材料であるヌクレオチドに加えて，（　エ　）とよばれる(b)調節タンパク質が必要となる。（　エ　）は転写を行う酵素とともに（　オ　）とよばれる領域に結合し，また，さまざまな調節タンパク質が（　カ　）とよばれるDNAの領域に結合することで転写のしかたを調節する。

(1)　文中の（　）に入る適語を答えよ。

(2)　下線部(a)に関して，この酵素の名称を答えよ。

(3)　下線部(b)に関して，調節タンパク質の説明として最も適当なものを，次の中から1つ選べ。

　① 1つの調節タンパク質は決まった1つの遺伝子にのみ作用し，転写を活性化，あるいは抑制するように働く。

　② 1つの調節タンパク質は複数の遺伝子に作用し，ある遺伝子には転写を活性化するように働き，ある遺伝子には転写を抑制するように働く。

　③ 1つの調節タンパク質は，決まった1つの遺伝子にのみ作用し，常に転写を抑制するように働く。

　④ 1つの調節タンパク質は複数の遺伝子に作用するが，転写の活性化，あるいは抑制のどちらかしか行えず，遺伝子ごとに作用を変えることはできない。

(15 順天堂大改)

▶**59**

(1) ア＿＿＿＿＿＿＿＿
　　イ＿＿＿＿＿＿＿＿
　　ウ＿＿＿＿＿＿＿＿
　　エ＿＿＿＿＿＿＿＿
　　オ＿＿＿＿＿＿＿＿

(2) ア＿＿＿＿イ＿＿＿＿
　　ウ＿＿＿＿エ＿＿＿＿
　　オ＿＿＿＿＿＿＿＿

(3)＿＿＿＿＿＿＿＿

(4)＿＿＿＿＿＿＿＿

▶**60**

(1) ア＿＿＿＿＿＿＿＿
　　イ＿＿＿＿＿＿＿＿
　　ウ＿＿＿＿＿＿＿＿
　　エ＿＿＿＿＿＿＿＿
　　オ＿＿＿＿＿＿＿＿
　　カ＿＿＿＿＿＿＿＿

(2)＿＿＿＿＿＿＿＿

(3)＿＿＿＿＿＿＿＿

❶ DNA とその複製に関する次の文章を読み，下の問いに答えよ。

　遺伝子の本体は DNA であり，その構造は，(a)ヌクレオチドが多数結合した鎖状のヌクレオチド鎖が(b)二重らせんをなしている。この DNA の複製の方式は，メセルソンとスタールの次のような実験によって明らかにされた。あらかじめ，普通の ^{14}N よりも重い ^{15}N だけを窒素源とした培地で培養しておいた大腸菌(0 世代とする)を，^{14}N だけを窒素源とした培地に移し，その後(c)分裂・増殖して得られた各世代の大腸菌の DNA の密度を調べて，DNA は半保存的に複製されることを示した。

　DNA の複製は，二重らせん構造の一部がほどかれて始まる。ヌクレオチド鎖には向きの違いがあり，2 本の鎖は互いに逆向きに結合しており，複製時にはそれぞれの鎖が鋳型となって同時に合成が進行するが，(d)連続的に合成されるリーディング鎖と，不連続に合成されるラギング鎖が存在する。不連続に合成される鎖では，一定の間隔で(e)プライマーが合成されて結合し，ここから DNA ポリメラーゼが新生鎖を伸長していく。この結果，複数の短い岡崎フラグメントとよばれる DNA 断片がつくられるが，最終的につながれて 1 本の DNA 鎖となる。

(1) 下線部(a)について，ヌクレオチドは糖，塩基，リン酸から構成される。
　　糖，塩基，リン酸のうち，窒素原子が含まれる構成要素をすべて選べ。　　(1) _____

(2) 下線部(b)について，ある 2 本鎖の DNA を構成する塩基の組成を調べたところ，シトシンとグアニンの数の合計が全塩基数の 38％であった。また，この DNA の一方の鎖(A 鎖とする)を構成する塩基のうち，22％がシトシン，35％がチミンであった。次の(i)，(ii)に答えよ。

(i) 2 本鎖の DNA を構成する全塩基数のうち，チミンの数の割合は何％であると考えられるか。最も適当な数値を，次の①〜⑧のうちから 1 つ選べ。
　　① 15　　② 19　　③ 22　　④ 28
　　⑤ 31　　⑥ 35　　⑦ 38　　⑧ 62　　　　　　(2)(i) _____

(ii) このとき，もう一方の鎖(A 鎖の相補鎖)を構成する塩基のうち，シトシンとチミンの数の割合はそれぞれ何％ずつであると考えられるか。最も適当な数値を，次の①〜⑧のうちからそれぞれ 1 つずつ選べ。
　　① 15　　② 16　　③ 19　　④ 22
　　⑤ 27　　⑥ 28　　⑦ 31　　⑧ 35　　　　(2)(ii)シトシン _____
　　　　　　　　　　　　　　　　　　　　　　　　　　チミン _____

(3) 下線部(c)について，大腸菌から抽出した DNA の密度は 3 種類あった。次の表は，世代数(^{14}N の培地に移してからの分裂回数)と，各世代の大腸菌から抽出した DNA 中に含まれる 3 種類の密度の DNA の割合を示したものである。下の(i)，(ii)に答えよ。

世代(分裂回数)	軽い DNA	中間の DNA	重い DNA
0	0	0	1
1	0	1	0
2	(ア)	1	(イ)
3	(ウ)	1	(エ)

(i) 表中の空欄(ア)〜(エ)に当てはまる数値をそれぞれ答えよ。
　　(3)(i)ア _____
　　　　　イ _____
　　　　　ウ _____
　　　　　エ _____

(ii) DNA の複製の方式については，半保存的複製の他に，鋳型となるもとの DNA 2 本鎖はそのま ま残り，新しく 2 本鎖の DNA ができるという全保存的複製とよばれる仮説もあった。この仮説 が正しくないことは，何世代目の実験結果からわかるか。最も早い世代の数を，次の①〜⑤のう ちから 1 つ選べ。

① 1　　　② 2　　　③ 3　　　④ 4　　　⑤ 5　　　　　　　　(3) (ii)

(4) 下線部(d)について，このように，DNA 鎖の方向によって複製方法が異なるのは，DNA ポリメ ラーゼの性質による。これについて述べた記述として最も適当なものを，次の①〜⑤のうちから 1 つ選べ。

① 鋳型鎖の塩基と相補的な塩基をもつヌクレオチドのみを新しく結合させる。

② 新しいヌクレオチド鎖を，3' から 5' 方向にのみ伸長させる。

③ 新しいヌクレオチド鎖を，5' から 3' 方向にのみ伸長させる。

④ 複製起点にプライマーが結合してはじめて合成を開始できる。

⑤ DNA の 2 本鎖がほどけていく方向によって伸長する向きが決定さ れる。　　　　　　　　　　　　　　　　　　　　　　　　　　　(4)

(5) 下線部(e)について，プライマーに関する記述として最も適当なものを，次の①〜⑤のうちから 1 つ選べ。

① 連続的に合成される鎖ではプライマーは必要ない。

② プライマーは鋳型鎖と同じ塩基配列をもつ短い DNA 鎖である。

③ プライマーは鋳型鎖と相補的な塩基配列をもつ短い DNA 鎖である。

④ プライマーは鋳型鎖と同じ塩基配列をもつ短い RNA 鎖である。

⑤ プライマーは鋳型鎖と相補的な塩基配列をもつ短い RNA 鎖である。　(5)

(6) 6 塩基からなる DNA の塩基配列が，ある特定のものとなる確率として，最も適当なものを， 次の①〜⑤のうちから 1 つ選べ。

① $\dfrac{1}{64}$　　　② $\dfrac{1}{1024}$　　　③ $\dfrac{1}{2048}$　　　④ $\dfrac{1}{4096}$　　　⑤ $\dfrac{1}{8192}$　　　(6)

(7) ヒトゲノム DNA の塩基対数は約 30 億である。塩基数 20 のプライマーがヒトゲノム DNA の ある部分の配列と一致する確率はどれくらいか。最も適当なものを，次の①〜⑩のうちから 1 つ 選べ。ただし，計算を簡単にするために 2^{10} を 10^3 で近似して計算せよ。

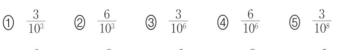

① $\dfrac{3}{10^3}$　　② $\dfrac{6}{10^3}$　　③ $\dfrac{3}{10^6}$　　④ $\dfrac{6}{10^6}$　　⑤ $\dfrac{3}{10^8}$

⑥ $\dfrac{6}{10^8}$　　⑦ $\dfrac{3}{10^{10}}$　　⑧ $\dfrac{6}{10^{10}}$　　⑨ $\dfrac{3}{10^{12}}$　　⑩ $\dfrac{6}{10^{12}}$　　(7)

（18 自治医科大，20 大阪工業大改）

❷ 遺伝子の変化に関する次の文章を読み，下の問いに答えよ。

　DNA は mRNA に転写され，タンパク質に(a)翻訳されて機能する。しかし，(b)突然変異により塩基の挿入や欠失が起こると，DNA の塩基配列が変化し，翻訳後のアミノ酸配列が大幅に変わって，タンパク質の機能が失われる場合もある。

(1) 下線部(a)に関する記述として**誤っているもの**を，次の①〜⑥のうちから1つ選べ。

　① 翻訳過程のはじめには，mRNA にリボソームが結合する。

　② リボソームが mRNA の開始コドンまでくると，これに対応する tRNA がリボソーム中の mRNA に結合する。

　③ リボソームでは，mRNA のアンチコドンを認識する tRNA が結合する。

　④ リボソームでは，ペプチド結合によってアミノ酸どうしが結合し，ポリペプチドがつくられる。

　⑤ ポリペプチドにアミノ酸を渡した tRNA は，mRNA から離れ，再びアミノ酸をリボソームに運搬するようになる。

　⑥ リボソームが mRNA の終止コドンまでくると，翻訳が終了する。　　　(1)＿＿＿＿＿

(2) 下線部(b)に関して，ある遺伝子の配列情報の一部を，次の図に示す。この DNA の塩基配列のうち，＊印のついた G が欠失する突然変異が生じたとする。この変異型の DNA が mRNA の鋳型となる場合，図の波線部の塩基配列に関する記述として最も適当なものを，下の①〜⑦のうちから1つ選べ。

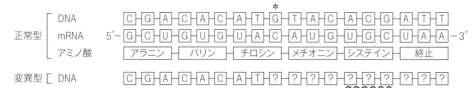

　① 翻訳されない。　　　② アラニンを指定する。　　　③ バリンを指定する。

　④ チロシンを指定する。　⑤ メチオニンを指定する。　⑥ システインを指定する。

　⑦ 終止コドンとして機能し，翻訳を停止する。　　　(2)＿＿＿＿＿

(3) 個体間で見られる一塩基単位での塩基配列の違いを一塩基多型(SNP)という。これに関する記述として最も適当なものを，次の①〜④のうちから1つ選べ。

　① SNP は特定の染色体にのみ存在する。

　② SNP は次世代に遺伝する。

　③ SNP はエキソンにのみ存在する。

　④ SNP はすべて，形質の発現に影響する。　　　(3)＿＿＿＿＿

(15・17 センター追試改)

❸ 転写調節と DNA 複製に関する次の文章を読み，下の問いに答えよ。

DNA は塩基配列という形で遺伝情報を保持している。そのため，DNA の塩基配列が RNA の塩基配列へと写し取られる(a)転写や，(b)DNA の複製は重要である。真核生物と原核生物では，(c)遺伝子の発現のしくみに違いが見られる。

(1) 下線部(a)に関連して，真核生物のゲノムを構成する DNA から mRNA に転写される遺伝子の種類は，細胞の種類によって異なる。この理由として最も適当なものを，次の①〜④のうちから1つ選べ。
① 染色体の数が細胞の種類によって異なっているから。
② 常染色体上の遺伝子の数が細胞の種類によって異なっているから。
③ 調節タンパク質の種類や量が細胞の種類によって異なっているから。
④ オペレーターの数が細胞の種類によって異なっているから。

(1) _____

(2) 下線部(a)に関連して，真核生物のゲノム DNA の塩基配列には，mRNA に転写される配列以外に，プロモーター領域や転写調節領域などの配列がある。転写調節領域に関する記述として最も適当なものを，次の①〜④のうちから1つ選べ。
① 転写調節領域に結合した調節タンパク質は，RNA ポリメラーゼにより転写された mRNA のリボソームへの結合を促進する。
② 転写調節領域は，調節タンパク質のアミノ酸配列を決定し，その立体構造を決定する。
③ 転写調節領域は，RNA ポリメラーゼにより転写された mRNA の核内から細胞質基質への運搬を促進する。
④ 転写調節領域に結合した調節タンパク質は，プロモーター上の基本転写因子と RNA ポリメラーゼとの複合体に作用する。

(2) _____

(3) 下線部(b)に関連して，大腸菌における DNA の複製は，右図のように，複製起点とよばれる領域で始まり，そこからリーディング鎖とラギング鎖を合成しながら両側に進行する。大腸菌のもつ DNA は 450 万塩基対の環状2本鎖 DNA であり，複製起点は1つである。大腸菌の DNA ポリメラーゼが1秒あたり 1500 ヌクレオチドの速度で合成するとき，大腸菌の DNA の1回の複製には何分かかるか。最も適当なものを，次の①〜⑨のうちから1つ選べ。

複製起点

① 15　　② 25　　③ 30　　④ 50　　⑤ 150
⑥ 250　　⑦ 300　　⑧ 1500　　⑨ 3000

(3) _____

(4) 下線部(c)に関する記述として**誤っているもの**を，次の①〜⑤のうちから1つ選べ。
① 真核生物のイントロンを含む遺伝子では，転写後，核内でイントロンが取り除かれ，エキソンどうしがつながって mRNA ができる。
② 真核生物では，核内にある合成途中の mRNA 上にリボソームが結合する。
③ 調節タンパク質には，遺伝子の発現を抑制するものだけでなく，促進するものもある。
④ ラクトースオペロンでは，オペレーターに調節タンパク質が結合していると，RNA ポリメラーゼによる mRNA の合成が抑制される。
⑤ ラクトースオペロンの調節タンパク質はラクトースの有無に関係なく常に合成されている。

(4) _____

(15・17 センター本試改)

77

3章　遺伝情報の発現と発生

❹ DNAの複製と遺伝情報の転写・発現に関する次の文章を読み，下の問いに答えよ。

　細胞の増殖に伴って(a)DNAは複製され，子孫の細胞へ受け継がれる。遺伝情報（遺伝子）は，(b)RNAへと転写され，さらにタンパク質に翻訳される。(c)遺伝子の転写は，多くの場合，決まった細胞や組織で起こるように制御されている。

(1)　下線部(a)に関連して，次の文章中の　ア　に入る数値と　イ　に入る語句をそれぞれ答えよ。

　　DNAの複製に関して次の実験を行った。ある物質で標識したヌクレオチド（標識ヌクレオチド）を含む培地で大腸菌を37℃で一晩培養し，DNA中のヌクレオチドをほぼすべて標識ヌクレオチドに置き換えた。その後，標識ヌクレオチドを含まない培地に移して培養し，大腸菌を1回だけ分裂させた。1回の分裂直後，標識ヌクレオチドを含むゲノムDNAをもつ大腸菌の割合は，　ア　%である。

　　DNAの複製において，DNA鎖を合成する酵素は，DNA鎖の5'末端から3'末端の方向へ一方向にしかDNAを合成できない。複製されるDNA鎖のうち　イ　鎖とよばれるDNA鎖は連続的に合成が行われるが，もう一方の鎖は，岡崎フラグメントとよばれる短いDNA鎖が断続的に合成された後に，それらが連結されることによって複製される。

(1)ア _____

　　イ _____

(2)　下線部(b)に関連して，次の文章中の　ウ　に入る記号（ⓐ，ⓑ）と　エ　に入る数値をそれぞれ答えよ。

　　図1は，ある短いタンパク質の全長をコードするDNA領域（開始コドンと終止コドンを含む）を示している。図1の2本鎖DNAのⓐ鎖，ⓑ鎖のうち，転写の鋳型となるのは　ウ　鎖である。このタンパク質を構成するアミノ酸の数は，　エ　個である。なお，鋳型となるDNA鎖は3'末端から5'末端方向へ読み取られ，RNAは5'末端から3'末端方向へ合成される。スプライシングは起こらず，どのアミノ酸も翻訳後に除かれるものはないものとする。開始コドンはAUG，終止コドンはUAA，UGAおよびUAGである。

ⓐ鎖　5'-TTACTAGCTAAGTTGAATAGCTACTCATAT-3'
ⓑ鎖　3'-AATGATCGATTCAACTTATCGATGAGTATA-5'
　　図1

(2)ウ _____

　　エ _____

(3)　下線部(c)に関連して，次の文章中の　オ　・　カ　に入る語句をそれぞれ答えよ。

　　哺乳類や魚類をはじめ多くの動物で，外来の遺伝子をゲノム中に組み込んだ生物（トランスジェニック生物）がつくられている。緑色蛍光タンパク質（GFP）を発現するようなトランスジェニックマウスもその一例である。マウスの神経細胞で発現する遺伝子Zを例にとると，神経細胞でGFPを発現するトランスジェニックマウスを作成するには，GFPをコードする遺伝子と，遺伝子Zの転写の調節配列を連結したDNAを作成し，このDNAをマウスの受精卵へ注入する。転写の調節配列のうち，RNAポリメラーゼが認識して結合する領域を　オ　という。

　　注入されたDNAは，何回か細胞分裂を経てゲノムへ組み込まれるため，この受精卵から育ったマウス（F_0世代）は，からだの一部の細胞にしか外来のDNAをもたない。外来DNAが　カ　細胞のゲノムに組み込まれていた場合にのみ，F_0マウスのうむ子に，外来DNAをもつ子孫が出現する。

(3)オ _____

　　カ _____

（19センター本試改）

❓❺ 次の遺伝子発現に関する文章を読み，下の問いに答えよ。

1961 年，ジャコブとモノーは，原核生物の生命活動に必要なタンパク質をつくる構造遺伝子の働きを調節する機構について，たがいに関連する機能をもつ複数の構造遺伝子が，1 つの　ア　のもとで 1 本の mRNA として転写されるしくみを提唱した。このように，同時に転写調節を受けるような構造遺伝子群を　イ　という。構造遺伝子群の直前には，調節遺伝子(I^+)の産物であるリプレッサーが結合するオペレーター(O^+)という領域があり，さらにその近くには　ウ　が結合する　ア　がある。

大腸菌は通常，グルコースを含む培地で生育する。大腸菌をグルコースの代わりにラクトースを含む培地に移すと，ラクトース分解酵素の遺伝子(Z^+)のような一連の構造遺伝子が転写され，ラクトースを　エ　とグルコースに分解し利用することで大腸菌は生育するようになる。

ラクトースの代謝にかかわる遺伝子には，野生型の遺伝子 I^+, O^+, Z^+ に対し，以下の変異型がある。

I^-：リプレッサーを合成できない。

I^s：オペレーターと結合できるが，ラクトース代謝産物とは結合できない変異型リプレッサーを合成する。

O^c：リプレッサーと結合できないオペレーターをもつ。

Z^-：ラクトース分解酵素を合成できない。

大腸菌の野生株および変異株 1 ～ 4 のラクトース分解酵素の合成は，ラクトースの有無により表のような結果になった。

	ラクトースあり	ラクトースなし
$I^+ O^+ Z^+$（野生株）	+	A
$I^+ O^+ Z^-$（変異株 1）	B	—
$I^+ O^c Z^+$（変異株 2）	C	D
$I^- O^+ Z^+$（変異株 3）	E	F
$I^s O^+ Z^+$（変異株 4）	G	H

※ラクトース分解酵素が合成された場合は「+」で，ラクトース分解酵素が合成されなかった場合は「−」で示す。培地中にグルコースは含まないこととする。

⑴　上の文章中の　ア　～　エ　に入る語句をそれぞれ答えよ。

⑵　グルコースを含まない培地で，表の遺伝子型をもつ大腸菌にラクトースを添加した場合，それぞれの大腸菌のラクトース分解酵素の合成の有無はどのようになるか。ラクトース分解酵素が合成されるものを表のA～Hからすべて選べ。該当する選択肢がない場合は解答欄に無しと答えよ。

⑶　下線部について，ラクトースはどのように機能しているかを，40字以内で述べよ。

⑷　グルコースとラクトースの両方が存在する培地で大腸菌を培養した場合，培地中のグルコースとラクトースの量はどのように変化するかを，その理由を含めて80字以内で述べよ。

(1)ア _____

　イ _____

　ウ _____

　エ _____

(2) _____

(3)

(4)

（19 東京海洋大改）

20 動物の配偶子形成と受精

1 精子形成

　雄の精巣では，**始原生殖細胞**が**精原細胞**となり，体細胞分裂を繰り返して増殖する。その一部は**一次精母細胞**となり，減数分裂を行って4個の**精細胞**になる。精細胞は形を変えて運動性をもった**精子**となる。

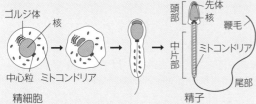

精細胞　　　　　　　　　　　　　精子

2 卵形成

　雌の卵巣では，**始原生殖細胞**が**卵原細胞**となり，体細胞分裂を繰り返して増殖する。その一部は**一次卵母細胞**となって減数分裂を行うが，その際，1個が多量の卵黄を含む**卵**になり，残りは小さな**極体**となって，やがて消失する。極体が放出される部分を**動物極**，反対側を**植物極**という。

●精子と卵の形成

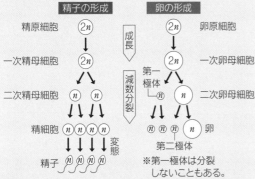

※第一極体は分裂
しないこともある。

3 受精

　精子と卵の合体を**受精**という。一般に，水生動物は**体外受精**，陸上動物は**体内受精**を行う。

●ウニの受精時の精子進入過程

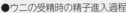
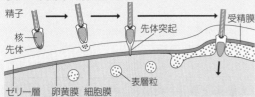

　ウニの精子はゼリー層に到達すると，先体からゼリー層を分解する酵素を放出し，**先体突起**を伸長させる（**先体反応**）。精子が卵の細胞膜に到達すると，**表層粒**の内容物が放出され，**受精膜**が形成される。受精膜は複数の精子が卵内に進入するのを防ぐ（多精拒否）。

□(1)　発生初期の動物の体内にあり，将来，精子や卵になる細胞を何というか。

□(2)　精巣内で体細胞分裂を繰り返して増殖する細胞を何というか。

□(3)　(2)が成長したもので，減数分裂を開始する時期の細胞を何というか。

□(4)　卵巣内で体細胞分裂を繰り返して増殖する細胞を何というか。

□(5)　(4)が成長したもので，減数分裂を開始する時期の細胞を何というか。

□(6)　卵巣内で減数分裂第一分裂によって生じる細胞を2つ，大きい順に答えよ。

□(7)　1つの(3)から精子はいくつつくられるか。

□(8)　1つの(5)から卵はいくつつくられるか。

□(9)　ウニの精子は卵のゼリー層に到達すると，卵膜を溶かす酵素を放出する。この酵素は精子のどこから放出されるか。

□(10)　(9)から放出される酵素の働きによって卵膜が溶かされ，精子頭部の先端が突起状に伸びていく一連の過程を何というか。

□(11)　ウニ卵の細胞質中の細胞膜に近いところにある，膜で包まれた小さな構造を何というか。

□(12)　(11)の内容物が放出されることでできる卵の構造は何か。

□(13)　卵に複数の精子が進入して受精することを防ぐ現象を何というか。

EXERCISE

▶61〈動物の配偶子形成〉　次の文章を読み，下の問いに答えよ。

ヒトの配偶子は精巣と卵巣でつくられる。配偶子のもとになる（　ア　）細胞は，まず（　イ　）分裂を繰り返し行い，雄では（　ウ　）細胞になる。

精子の形成過程では，（　ウ　）細胞のうち，あるものは成長して一次精母細胞となる。一次精母細胞は，（　エ　）分裂を行う。（　エ　）分裂の第一分裂を終えると（　オ　）細胞となり，第二分裂を終えると（　カ　）細胞となる。その後，（　カ　）細胞は変態し精子となる。

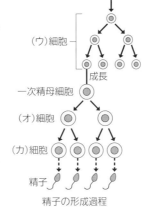

精子の形成過程

⑴　文中の（　）に入る適語を答えよ。

⑵　（ウ）細胞，一次精母細胞，（オ）細胞，（カ）細胞，精子のうち，染色体構成が n であるものをすべて答えよ。なお，（ア）細胞の染色体構成は $2n$ である。

⑶　卵の形成過程は精子の形成過程と一部異なっている。卵の形成過程について，次の文中の（　）に入る適語を答えよ。

卵黄を蓄えた一次卵母細胞は，（　エ　）分裂の第一分裂で不均等に分裂し，大きい（　キ　）と小さい（　ク　）になる。（　キ　）は，続く第二分裂でも不均等に分裂し，卵黄を含む卵と，小さい（　ケ　）になる。

▶62〈精子の形成〉　次の図は，動物の精子形成過程を模式的に示している。下の問いに答えよ。

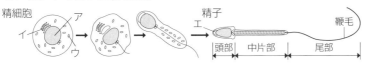

⑴　図のア～エの名称を答えよ。

⑵　頭部，中片部，尾部のうち，鞭毛を動かすためのエネルギーをつくる部位はどこか。

⑶　卵のゼリー層を溶かす物質は，精子のどこから放出されるか。名称を答えよ。

▶63〈受精膜形成のしくみ〉　ウニの受精時の精子進入過程について，次の問いに答えよ。

⑴　図のア～オの名称を答えよ。

⑵　図のイから物質が分泌され，ウが形成される一連の反応を何というか。

⑶　図のエは，オの内容物の働きによって何という膜に変化するか。

右欄（解答欄）

▶61

⑴　ア＿＿＿＿＿＿
　　イ＿＿＿＿＿＿
　　ウ＿＿＿＿＿＿
　　エ＿＿＿＿＿＿
　　オ＿＿＿＿＿＿
　　カ＿＿＿＿＿＿

⑵＿＿＿＿＿＿＿

⑶　キ＿＿＿＿＿＿
　　ク＿＿＿＿＿＿
　　ケ＿＿＿＿＿＿

▶62

⑴　ア＿＿＿＿＿＿
　　イ＿＿＿＿＿＿
　　ウ＿＿＿＿＿＿
　　エ＿＿＿＿＿＿

⑵＿＿＿＿＿＿＿

⑶＿＿＿＿＿＿＿

▶63

⑴　ア＿＿＿＿＿＿
　　イ＿＿＿＿＿＿
　　ウ＿＿＿＿＿＿
　　エ＿＿＿＿＿＿
　　オ＿＿＿＿＿＿

⑵＿＿＿＿＿＿＿

⑶＿＿＿＿＿＿＿

1 卵割

受精卵の初期の体細胞分裂を**卵割**といい，卵割によってできた細胞を**割球**，卵割を始めた発生初期の個体を**胚**という。卵割の様式は，卵割を妨げる卵黄の量と分布によって異なる。

種類	卵黄		卵割様式	生物例
	量	分布		
等黄卵	少	均一	全割	ウニ，哺乳類
端黄卵	多	植物極側		カエル，イモリ
心黄卵	多	中心部	表割	ハエ

2 カエルの発生

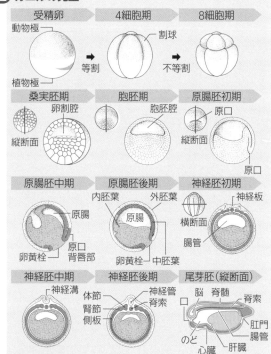

3 器官の形成

原腸胚期にできた**外胚葉，中胚葉，内胚葉**の各胚葉から，それぞれ決まった組織や器官が分化する。

尾芽胚
（横断面図）

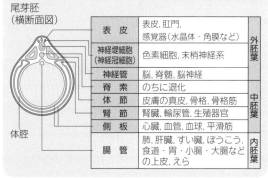

表 皮	表皮, 肛門, 感覚器(水晶体・角膜など)	外胚葉	
神経堤細胞 (神経冠細胞)	色素細胞, 末梢神経系		
神経管	脳, 脊髄, 脳神経	中胚葉	
脊 索	のちに退化		
体 節	皮膚の真皮, 骨格, 骨格筋		
腎 節	腎臓, 輸尿管, 生殖器官		
側 板	心臓, 血管, 血球, 平滑筋		
腸 管	肺, 肝臓, すい臓, ぼうこう, 食道・胃・小腸・大腸などの上皮, えら	内胚葉	

□(1) 発生の初期に連続して起こる受精卵の体細胞分裂を何というか。

□(2) 卵黄が少なく，全体にほぼ均等に分布している卵を何というか。

□(3) 卵黄が多く，植物極側にかたよって分布している卵を何というか。

□(4) 生じる割球の大きさが異なる卵割を何というか。

□(5) カエルの卵では，発生が進むと卵割腔は胞胚腔とよばれるようになる。この時期の胚を何というか。

□(6) カエルの胞胚腔は，動物極側と植物極側のどちらにかたよっているか。

□(7) 植物極側よりの細胞層が陥入し，原腸形成が進んでいく。陥入する部分を何というか。

□(8) 胚の背側において，神経板，神経溝を経て神経管がつくられる時期の胚の名称を答えよ。

□(9) 神経管の背側に生じる細胞群は，やがて腹側に移動し，のちに末梢神経などをつくる。この細胞群の名称を答えよ。

□(10) 神経管が形成されて以降，器官形成が活発になり，胚は前後に伸びて，頭部と尾の形成が始まる。この時期の胚を何というか。

□(11) 中胚葉から分化する器官には，腎節，側板のほかに何があるか。2つ答えよ。

□(12) 消化管の上皮や，肺，肝臓などを形成する組織は，何胚葉に由来するか。

EXERCISE

▶**64 〈カエルの発生〉** 図1のA〜Fは，カエルの発生のある時期
の断面を，図2はカエルの尾芽胚と，直角に交わる3つの面を示し
ている。下の問いに答えよ。

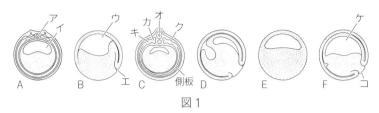

図1

(1) 図1のA〜Fを発生の順に並べかえよ。また，それぞれの胚
が見られる時期の名称を答えよ。

(2) カエルの初期胚の記述として最も適当なものを，次の中から1
つ選べ。

　① 動物極側の細胞の卵黄が多く，これらが将来の外胚葉になる。

　② 植物極側の細胞は動物極側の細胞に比較して小さい。

　③ 細胞分裂でできる娘細胞は，次の細胞分裂までにもとの細胞
の大きさに成長する。

　④ 3回目の分裂は動物極と植物極を結ぶ線に垂直に起こる。

(3) 図1のC，Fは，それぞれ図2の
a〜cのどの断面に相当するか。

(4) 図1のア〜コの名称を答えよ。

(5) 図1のオ〜クを，外胚葉由来のも
のと中胚葉由来のものにそれぞれ分
けよ。

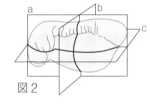

図2

(6) カエルの卵では受精後に表層の回転が起こり，精子進入点の反
対側の表層に，周囲とは色の異なる領域ができる。この領域は将
来，腹側と背側のどちらになるか。

▶**65 〈胚葉の分化と器官形成〉**

　図は，カエルの神経
胚後期から尾芽胚にか
けての横断面（図1）お
よび縦断面（図2）の模
式図である。次の問い
に答えよ。

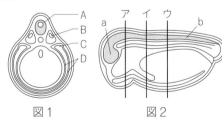

図1　　　　　図2

(1) 図1のA〜Dから分化する組織・器官として最も適当なもの
を，次の中から1つずつ選べ。

　① 骨格筋　　② 心臓　　③ 表皮　　④ ぼうこう

　⑤ 腎臓　　　⑥ 肺　　　⑦ 脊髄　　⑧ 肝臓

(2) 図1は図2のア〜ウのどの部分の横断面を示しているか。

(3) 図2のaとbから将来つくられる器官をそれぞれ答えよ。

▶**64**

(1) 記号　　　　　名称

→ _____ _____

→ _____ _____

→ _____ _____

→ _____ _____

→ _____ _____

(2) _____

(3) C _____　F _____

(4) ア _____

　　イ _____

　　ウ _____

　　エ _____

　　オ _____

　　カ _____

　　キ _____

　　ク _____

　　ケ _____

　　コ _____

(5) 外胚葉由来 _____

　　中胚葉由来 _____

(6) _____

▶**65**

(1) A _____　B _____

　　C _____　D _____

(2) _____

(3) a _____

　　b _____

3章　遺伝情報の発現と発生

22 発生のしくみと遺伝子発現

1 ショウジョウバエの頭尾軸の決定

動物の卵に含まれる，初期発生に必要な mRNA やタンパク質を**母性因子**という。ショウジョウバエでは，母性因子の**ビコイド mRNA** が前端部に，**ナノスmRNA** が後端部にかたよって蓄積している。翻訳されたタンパク質が濃度勾配を形成し，これが位置情報になり頭尾軸が形成される。

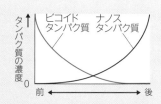

2 両生類の背腹軸の決定

カエルでは，精子が卵に進入すると表層が約 30° 回転し，植物極側に局在する母性因子のディシェベルドタンパク質も卵の側方に移動する。ディシェベルドタンパク質により β カテニンタンパク質の分解が抑制され，背側に特徴的な遺伝子が発現する。

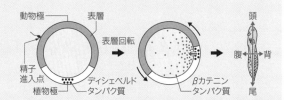

3 中胚葉誘導

胚のある部位が，接するほかの部位に作用して分化を促す働きを**誘導**という。また，この作用をもつ胚の部位を**形成体（オーガナイザー）**という。

両生類の胞胚の予定外胚葉を予定内胚葉とともに培養すると，予定内胚葉のノーダルタンパク質の作用によって，予定外胚葉から中胚葉性の組織が形成される。この現象を**中胚葉誘導**という。

●形成体の発見（シュペーマンによる原口背唇部の移植実験）

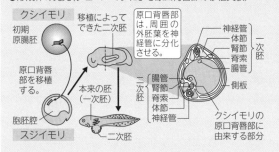

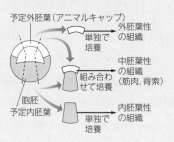

4 神経誘導

胞胚期の胚は，全域で BMP（骨形成タンパク質）を分泌している。この BMP がアニマルキャップの細胞にある受容体に結合すると，表皮への分化を促す遺伝子が発現する。一方，アニマルキャップと接する原口背唇部からは BMP と結合するノギンやコーディンが分泌され，受容体と BMP の結合を阻害する。これにより，表皮への分化を促す遺伝子が発現しなくなり，神経が分化する（**神経誘導**）。

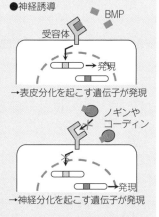

5 誘導の連鎖

胚の各部は誘導の連鎖によって順序よく分化し，複雑な構造を形成していく。

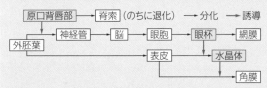

6 器官形成にかかわるさまざまな要因

プログラム細胞死…遺伝的に決められた細胞の死。

アポトーシス…プログラム細胞死のうち，DNA の断片化によるもの。　例　カエルの尾の消失

□(1) 動物の卵に含まれる，胚の初期発生に必要なmRNAやタンパク質を何というか。

□(2) カエルの背腹軸決定に関与する(1)のうち，精子が卵に進入して起こる表層の回転に伴い移動するのは何か。

□(3) (2)によって分解が抑制される(1)は何か。

□(4) (3)は背側と腹側のどちらに特徴的な遺伝子を発現させるか。

□(5) ショウジョウバエの頭尾軸決定に関与する(1)を2つあげよ。

□(6) (5)のうち，頭部の形成にかかわるのはどちらか。

□(7) 胚のある部位が，接しているほかの部位に作用して分化を促す働きを何というか。

□(8) (7)の作用をもつ胚の部位を何というか。

□(9) 両生類の胞胚期の胚で，動物極付近の予定外胚葉を何というか。

□(10) (9)を予定内胚葉とともに培養すると，筋肉や脊索などの組織が形成される。この現象を何というか。

□(11) (10)で，(8)として働いたのは予定外胚葉と予定内胚葉のどちらか。

□(12) 予定内胚葉に存在し，予定外胚葉の細胞を中胚葉性の組織に分化させるタンパク質の名称を答えよ。

□(13) 予定外胚葉の細胞の受容体に結合し，表皮に分化させるタンパク質は何か。

□(14) (13)が受容体に結合するのを阻害するタンパク質を2つ答えよ。

□(15) 両生類の原腸胚において，(14)は何という領域から分泌されるか。

□(16) 原口背唇部が(8)として働き，接する外胚葉を神経に分化させる働きを何というか。

□(17) シュペーマンは，初期原腸胚の何を移植する実験で形成体を発見したか。

□(18) 眼の形成過程において，表皮から水晶体を誘導する(8)は何か。

□(19) 眼の形成過程において，表皮から角膜を誘導する(8)は何か。

□(20) 特定の段階で起こるように遺伝的に決められた細胞の死を何というか。

□(21) (20)で，DNAの断片化によって起こるものを何というか。

□(22) 発生の過程で見られる(20)の例を1つ答えよ。

EXERCISE

▶**66〈ショウジョウバエの頭尾軸の決定〉**

次の文章を読み，下の問いに答えよ。

ショウジョウバエの未受精卵には，頭尾軸形成に関与する（　ア　）mRNA と（　イ　）mRNA が，前後に偏って蓄えられている。受精後，これらの

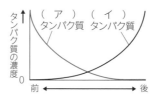

mRNA が翻訳されると，受精卵の前方では（　ア　）タンパク質，後方では（　イ　）タンパク質が合成され，図のようにタンパク質の（　ウ　）が生じる。それが（　エ　）となって，胚の頭尾軸が形成される。このように胚の初期発生に必要な mRNA やタンパク質は（　オ　）とよばれる。

(1) 文中の（　）に入る適語を，次の中からそれぞれ選べ。

① ディシェベルド　　② ナノス　　③ ビコイド

④ 位置情報　　　　⑤ 濃度勾配　　⑥ 母性因子

(2) ショウジョウバエの胚の後方部にビコイド mRNA を注入すると，どのように発生が進むか。最も適切なものを次の中から1つ選べ。

① 前端部に頭部が，後端部に尾部が形成される。

② 前端部に尾部が，後端部に頭部が形成される。

③ 前端部と後端部に頭部が形成される。

④ 前端部と後端部に尾部が形成される。

▶**67〈両生類の背腹軸の決定〉**　次の文章を読み，下の問いに答えよ。

カエルでは，受精が起こると第1卵割までの間に卵の（　ア　）全体が内側の細胞質に対して約30°回転する。この現象によって，受精卵の（　イ　）側に局在するディシェベルドタンパク質とよばれる母性因子が，卵の側方に移動する。ディシェベルドタンパク質が移動した領域では，別の母性因子が働き，（　ウ　）側に特徴的な遺伝子の転写を促進することで（　ウ　）側が決定する。

(1) 文中の（　）に入る適語を，次の中からそれぞれ選べ。

① 背　　② 腹　　③ 原口背唇部　　④ 卵黄栓

⑤ 表層　　⑥ 動物極　　⑦ 植物極

(2) 下線部に関して，この別の母性因子にあたるタンパク質は何か。

▶**68〈中胚葉誘導〉**　次の文章を読み，下の問いに答えよ。

ある両生類の胞胚を，図の破線の位置で切断し，動物極側（A）と植物極側（B）の細胞塊を取り出して，それぞれ別々に培養した。すると，A の細胞塊は（　ア　）性の組織に，B の細胞塊は（　イ　）性の組織に分化した。

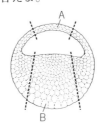

▶66

(1) ア _____

イ _____

ウ _____

エ _____

オ _____

(2) _____

▶67

(1) ア _____

イ _____

ウ _____

(2) _____

(1) 文中の（　）に入る適語を答えよ。

(2) 取り出したAとBの細胞塊を重ね合わせて培養すると，新た な組織が分化した。新たに分化した組織として最も適当なものを， 次の中から2つ選べ。

① 脊索　② 表皮　③ 腸管　④ 体節　⑤ 原腸

(3) (2)において，新たに分化した組織はAとBのどちらの細胞塊 から分化したか。また，形成体として働いたのはAとBのどち らか。

▶**69〈神経誘導〉** 右図は，両生類の胞胚期における神経誘導のしく みを模式的に示している。図の アとイは誘導にかかわるタンパ ク質であり，イはアの働きを阻 害する。次の問いに答えよ。

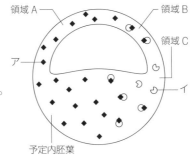

領域A　領域B　領域C　ア　イ　予定内胚葉

(1) 図のアとイの名称を答えよ。 ただし，イについては2種類 答えよ。

(2) 図のイは，どこから分泌さ れるか。

(3) 図の領域Aと領域Bのうち，神経に分化するのはどちらか。

(4) 図の領域Cの付近で誘導される組織は，背側と腹側のどちら になるか。

▶**70〈形成体と誘導〉** 次の文章を読み，下の問いに答えよ。

シュペーマンらは，イモリの初期（　ア　）胚の（　イ　）を切り取 り，これを同じ時期の別の胚の予定表皮域に移植した。その結果， 本来の胚とは別に，移植片は自身の予定運命にしたがって（　ウ　） に分化した。また，その周囲に（　エ　）管や腸管などがつくられ， 本来の胚とは別の（　オ　）が生じた。これは<u>（　イ　）がまわりの細 胞に働きかけて本来の予定運命を変更させた</u>と考えられる。

(1) 文中の（　）に入る適語を答えよ。

(2) 下線部のように，胚のある部分が他の部分に作用して，一定の 分化を起こさせる現象を何というか。

(3) (2)の働きをもつ領域をシュペーマンは何と名付けたか。

▶**71〈プログラム細胞死〉** 下の問いに答えよ。

(1) プログラム細胞死のうち，細胞のDNAが断片化し，それが引 き金となって細胞が死滅する現象を何というか。

(2) 動物の発生過程では，多くのプログラム細胞死が起きている。 プログラム細胞死が関与していると考えられるものを，次の中か らすべて選べ。

① カエルの変態における尾の消失

② 脳の血流不足による神経細胞死

③ 火傷で損傷した細胞の死

④ キラーT細胞がウイルス感染細胞を除去する

▶68

(1) ア

イ

(2)

(3) 分化した組織

形成体

▶69

(1) ア

イ

(2)

(3)

(4)

▶70

(1) ア

イ

ウ

エ

オ

(2)

(3)

▶71

(1)

(2)

23 ショウジョウバエの発生と形態形成

■1 ショウジョウバエの発生

心黄卵であるショウジョウバエの卵では，卵の表面が分裂する表割が起こる。

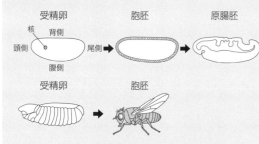

■2 ショウジョウバエの頭尾軸決定と体節形成

ショウジョウバエの体節は，母性因子の濃度に従い，4つの調節遺伝子群が段階的に発現することで調節される。
① ギャップ遺伝子群の発現
② ペアルール遺伝子群の発現
③ セグメントポラリティ遺伝子群の発現
④ **ホメオティック遺伝子群**の発現

ホメオティック遺伝子群が発現すると，体節ごとに特徴的な形態へ変化する。ホメオティック遺伝子群には，頭部と胸部の形態形成に関与する**アンテナペディア遺伝子群**や，胸部と腹部の形態形成に関与する**バイソラックス遺伝子群**などがある。

■3 Hox 遺伝子群

ホメオティック遺伝子群は，いずれも 60 個のアミノ酸を指定する**ホメオボックス**とよばれる塩基配列を含んでいる。

ホメオティック遺伝子群によく似た遺伝子群はヒトやマウスなどにもあり，ショウジョウバエのものも含めて **Hox 遺伝子群**とよばれる。

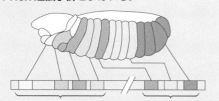

アンテナペディア遺伝子群　バイソラックス遺伝子群

ポイントチェック

- [ ] (1) 心黄卵であるショウジョウバエの卵では，表層で卵割が起こる。このような卵割様式を何というか。
- [ ] (2) ショウジョウバエの体節形成にかかわる調節遺伝子群のうち，最初に発現し，胚を5つの領域に分ける遺伝子群を何というか。
- [ ] (3) (2)の遺伝子群から合成されるタンパク質の濃度に応じて，7本のしまとして発現する遺伝子群を何というか。
- [ ] (4) (3)の遺伝子群が発現した領域で発現し，体節の 14 区分を決定する遺伝子群を何というか。
- [ ] (5) (4)の遺伝子群が発現したあとに働き，どの器官がどの体節からつくられるかを決める調節遺伝子群を何というか。
- [ ] (6) (5)のうち，ショウジョウバエの頭部と胸部の形態形成にかかわる遺伝子群を何というか。
- [ ] (7) (5)のうち，ショウジョウバエの胸部と腹部の形態形成にかかわる遺伝子群を何というか。
- [ ] (8) (5)に共通して含まれる，60 個のアミノ酸を指定する塩基配列を何というか。
- [ ] (9) ヒトやマウスなどにある，ホメオティック遺伝子群に類似した，体節形成に必要とされる遺伝子群を何というか。

▶**72〈ショウジョウバエの発生〉** 次の文章を読み，下の問いに答えよ。

ショウジョウバエのからだは，頭部，胸部，腹部からなる。初期胚において4つの(a)調節遺伝子が段階的に発現することで，体節とよばれる繰り返し構造が形成され，それぞれの区画に応じた器官がつくられる。最後に発現する調節遺伝子群に突然変異が起こると，触角ができるべき場所に脚がつくられるなど，(b)からだの一部が別の器官におきかわる突然変異体が生じることが知られている。

(1) 下線部(a)に関して，ショウジョウバエの体節形成の過程を示した図の( )に入るものを次の中から1つずつ選べ。
① ギャップ遺伝子群
② セグメントポラリティ遺伝子群
③ ナノス遺伝子
④ ビコイド遺伝子
⑤ ペアルール遺伝子群
⑥ ホメオティック遺伝子群

(ア)が発現

↓　　↓

(イ)が発現

↓　　↓

(ウ)が発現

↓

(エ)が発現

(2) 図の(ア)～(エ)の遺伝子群の働きとして適当なものを，次の中から1つずつ選べ。
① それぞれの体節の性質を決める
② 頭尾軸を決定する
③ 体節の14区分を決定する
④ 胚を大まかに5つの領域に分ける
⑤ 7本のしまを発現する

(3) 下線部(b)に関して，次のA，Bの突然変異はそれぞれ何という遺伝子群に起こったものか。
A　触角ができるはずの場所に脚がつくられる突然変異
B　はねが2対(4枚)つくられる突然変異

▶**73〈ホメオティック遺伝子群〉** ホメオティック遺伝子群に関する次の文章を読み，正しいものを1つ選べ。
① ホメオティック遺伝子群は，ショウジョウバエの発生において，頭尾軸決定に関与している。
② ホメオティック遺伝子群には，いずれもホメオドメインとよばれる，60個のアミノ酸を指定する塩基配列が含まれる。
③ ヒトもホメオティック遺伝子群に類似した遺伝子群をもち，これをアンテナペディア遺伝子群という。
④ ショウジョウバエのホメオティック遺伝子群は1組のみであるが，脊椎動物のHox遺伝子群は4組存在する。

▶72
(1) ア＿＿＿＿＿＿＿
　　イ＿＿＿＿＿＿＿
　　ウ＿＿＿＿＿＿＿
　　エ＿＿＿＿＿＿＿
(2) ア＿＿＿＿＿＿＿
　　イ＿＿＿＿＿＿＿
　　ウ＿＿＿＿＿＿＿
　　エ＿＿＿＿＿＿＿
(3) A＿＿＿＿＿＿＿
　　B＿＿＿＿＿＿＿

▶73
＿＿＿＿＿＿＿＿＿

3章 遺伝情報の発現と発生

❶ 動物の生殖に関する次の文章を読み，下の問いに答えよ。

　　動物では，多くの場合，(a)配偶子が受精することにより(b)発生が始まる。受精卵が分裂して胚を形成していく過程で，いろいろな組織や器官がつくられていく。

(1) 下線部(a)に関連して，動物の精子に関する記述として最も適当なものを，次の①〜⑤のうちから1つ選べ。

① 細胞分裂を行わない。　　② 減数分裂の途中で停止している。

③ 核を失っている。　　④ ミトコンドリアを失っている。

⑤ 細胞膜を失っている。　　　　　　　　　　　　　　　(1) _____

(2) 下線部(a)に関連して，動物の配偶子の形成と受精に関する記述として最も適当なものを，次の①〜④のうちから1つ選べ。

① 精原細胞は，精巣中で体細胞分裂をする。

② 精子の形成過程において，ゴルジ体が中片部を形成する。

③ 1個の一次卵母細胞は，減数分裂によって4個の卵をつくる。

④ 極体は，卵の体細胞分裂によって生じ，その大きさは卵に比べて小さい。　　　　　　　　　　　　　　　　　　　　　(2) _____

(3) 下線部(b)に関連して，両生類の発生に関する一般的な記述として最も適当なものを，次の①〜④のうちから1つ選べ。

① 灰色三日月環は，未受精卵で形成され，受精により消失する。

② 中胚葉の形成には，予定外胚葉域からの誘導がかかわる。

③ 原腸には，内胚葉細胞だけでなく中胚葉細胞も含まれている。

④ 網膜は，水晶体が表皮細胞に働きかけることによって形成される。　(3) _____

(11・13センター本試改)

❷❷ 動物の生殖に関する次の文章を読み，下の問いに答えよ。

　　同じ時期に同じ海域で卵と精子の放出を行う3種類のウニ X，Y および Z について，それぞれの雌から得られた未受精卵(以後，卵 X，Y および Z とよぶ)と，雄から得られた精子(以後，精子 X，Y，および Z とよぶ)を用い，次の実験を行った。

実験1 卵 X，Y，または Z と，精子 X，Y，または Z とをそれぞれ混合したところ，同種の卵と精子の組合せでのみ受精が起こった。

実験2 ウニの未受精卵は，卵細胞とその周囲を覆うゼリー層とからなっている。卵 X，Y および Z のゼリー層を単離し，それを高濃度で含む海水を用意した(以後，ゼリー海水 X，Y，および Z とよぶ)。ゼリー海水 X，Y または Z と，精子 X，Y または Z とをそれぞれ混合したところ，精子の頭部先端にできる糸状の突起(以後，先体突起とよぶ)の形成の有無に関して，表1の結果が得られた。

表1

	ゼリー海水 X	ゼリー海水 Y	ゼリー海水 Z
精子 X	○	○	○
精子 Y	○	○	×
精子 Z	×	×	○

○：先体突起が形成された　×：先体突起が形成されなかった

実験3　未受精卵からゼリー層を除去して得られた卵細胞 X，Y または Z と，精子 X，Y，または Z とをそれぞれ混合したところ，どの組合せでも先体突起は形成されず，受精は起こらなかった。

実験4　同種の卵に由来するゼリー海水によって先体突起を形成させた精子 X，Y または Z と，ゼリー層を除去して得られた卵細胞 X，Y，または Z とをそれぞれ混合したところ，表2の結果が得られた。

表2

	卵細胞 X	卵細胞 Y	卵細胞 Z
先体突起が形成された精子 X	○	×	×
先体突起が形成された精子 Y	×	○	○
先体突起が形成された精子 Z	○	×	○

○：卵細胞と精子は融合し，受精した　　×：卵細胞と精子は融合せず，受精しなかった

(1)　**実験1〜4**の結果から導かれる，同種のウニの卵と精子の間で受精が起こるしくみに関する記述として最も適当なものを，次の①〜⑤のうちから1つ選べ。

①　精子の先体突起形成には，卵のゼリー層は必要ではない。

②　精子の先体突起形成には，卵細胞と精子の融合が必要である。

③　精子の先体突起形成には，卵細胞が必要である。

④　卵細胞と精子の融合には，精子の先体突起が必要である。

⑤　卵細胞と先体突起が形成された精子との融合には，卵のゼリー層が必要である。

(1) _____

(2)　**実験2〜4**の結果から導かれる，**実験1**で異種の卵と精子の間で受精が起こらなかった原因の考察として最も適当なものを，次の①〜⑥のうちから2つ選べ。

①　卵 X と精子 Y の間で受精が起こらないのは，精子に先体突起が形成されないためである。

②　卵 Y と精子 X の間で受精が起こらないのは，精子に先体突起が形成されないためである。

③　卵 X と精子 Z の間で受精が起こらないのは，精子に先体突起が形成されないためである。

④　卵 Z と精子 X の間で受精が起こらないのは，先体突起が形成された精子が卵細胞と融合できないためである。

⑤　卵 Y と精子 Z の間で受精が起こらないのは，先体突起が形成された精子が卵細胞と融合できないためである。

⑥　卵 Z と精子 Y の間で受精が起こらないのは，先体突起が形成された精子が卵細胞と融合できないためである。

(2) _____

（16 センター追試改）

❸ 動物の発生に関する次の文章を読み，下の問いに答えよ。

　両生類の胞胚は，次の図1に示すように，動物極を含むⅠと，植物極を含むⅢと，その中間のⅡ
とからなる。三胚葉の性質が決定されるしくみを調べるため，Ⅰ，ⅡおよびⅢを切り出してそれぞ
れ細胞塊をつくり，一定温度で組織の分化が明らかになる発生段階まで別々に培養した。培養後の
細胞塊を顕微鏡で観察し，細胞塊の中に外胚葉性の組織，中胚葉性の組織および内胚葉性の組織が
含まれているかどうかを調べたところ，表1の結果が得られた。

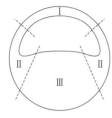

図 1

表 1

細胞塊	培養後の組織分化の有無		
	外胚葉性の組織	中胚葉性の組織	内胚葉性の組織
Ⅰ	あり	なし	なし
Ⅱ	あり	あり	あり
Ⅲ	＊	＊	＊

＊：観察結果を示さない。

(1) 胚葉と組織の分化のしくみをさらに調べる実験を考えた。胚のすべての細胞に，ある物質で印
を付けることができる。印を付けた胚から切り出したⅠと，印のない胚から切り出したⅢとを組
み合わせた胚を作成して培養した。予想される結果の記述として最も適当なものを，下の①～⑥
のうちからすべて選べ。

① 表皮のほとんどすべての細胞には，印が付いている。
② 表皮のほとんどすべての細胞には，印が付いていない。
③ 筋肉のほとんどすべての細胞には，印が付いている。
④ 筋肉のほとんどすべての細胞には，印が付いていない。
⑤ 腸管のほとんどすべての細胞には，印が付いている。
⑥ 腸管のほとんどすべての細胞には，印が付いていない。

(1) _____

(2) (1)の結果を得るために，印として用いた物質が満たすべき条件の記述として**誤っているもの**を，
次の①～⑥のうちから1つ選べ。

① 特定の胚葉の分化を促進したり抑制したりしないこと。
② 細胞の分化の状態によって，検出されたりされなかったりしないこと。
③ 細胞の代謝によって分解されないこと。
④ 卵割に伴って希釈されても消えないこと。
⑤ 分裂後に，2つの娘細胞の両方に受け継がれること。
⑥ 隣接する細胞に速やかに輸送されること。

(2) _____

（15 センター追試改）

❹ 生殖と発生に関する次の文章を読み，下の問いに答えよ。

　動物の未受精卵は受精後，| ア | を繰り返すことによって多細胞化し，胚となる。動物の卵内の物質の分布には偏りがあり，特定の物質が特定の細胞に受け継がれることで胚の細胞の発生運命が決まる。この発生運命の決定では，特定の調節| イ |が特定の遺伝子の| ウ |を調節する DNA 領域に結合することで，細胞の分化が起こる。

　あるホヤの未受精卵は，図1のように4種類の小さな卵のような小片(以後，卵片とよぶ)に分離することができる。これらの卵片は互いに異なる色をもち，(a)それぞれ赤卵片，黒卵片，茶卵片，および白卵片として区別できる。これらの卵片の特徴を調べたところ，核は赤卵片にのみ含まれていた。また，RNA やタンパク質の量は各卵片間で差は見られなかったが，含まれる物質はそれぞれ異なっており，(b)これらの物質のなかには細胞の発生運命に関わるものもあった。

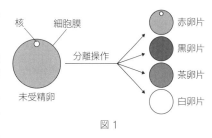

図1

(1) 上の文章中の| ア |～| ウ |に入る語句の組合せとして最も適当なものを，次の①～⑧のうちから1つ選べ。

	ア	イ	ウ		ア	イ	ウ
①	接合	遺伝子	転写	②	接合	遺伝子	翻訳
③	接合	タンパク質	転写	④	接合	タンパク質	翻訳
⑤	卵割	遺伝子	転写	⑥	卵割	遺伝子	翻訳
⑦	卵割	タンパク質	転写	⑧	卵割	タンパク質	翻訳

(1) ＿＿＿＿＿＿

🧠(2) 下線部(a)に関連して，これらの卵片を用いた一連の実験から，黒卵片のみに筋肉細胞への分化を決定づける能力があることが推論できた。次の実験結果①～⑤のうち，この推論を合理的に導くために必要不可欠な実験結果として最も適当なものを，3つ選べ。

① 赤卵片のみが精子をかけると胚になり，表皮細胞で働く遺伝子を核内に含んでいた。

② 赤卵片のみが精子をかけると胚になり，表皮細胞のみが分化した。

③ 赤卵片と黒卵片を融合してから精子をかけると，表皮細胞と筋肉細胞を含む胚になった。

④ 赤卵片と茶卵片，または赤卵片と白卵片を融合してから精子をかけると，いずれの場合でも表皮細胞のみを含む胚になった。

⑤ 茶卵片と黒卵片，または白卵片と黒卵片を融合してから精子をかけても，筋肉細胞を含む胚にはならなかった。

(2) ＿＿＿＿＿＿

🧠(3) 下線部(b)に関連して，**実験1 ～ 4** の結果から導かれる黒卵片に含まれる物質の働きについての考察として最も適当なものを，次の①～⑨のうちから1つ選べ。

実験1 赤卵片に「黒卵片に含まれる細胞質のすべて」を注入してから精子をかけると，表皮細胞と筋肉細胞を含む胚になった。

実験2 赤卵片に「黒卵片に含まれるタンパク質のすべて」を注入してから精子をかけると，表皮細胞のみを含む胚になった。

実験3 赤卵片に「黒卵片に含まれる RNA のすべて」を注入してから精子をかけると，表皮細胞と筋肉細胞を含む胚になった。

実験4 赤卵片に何も注入せずに精子をかけると，表皮細胞のみを含む胚になった。

① 黒卵片内のタンパク質がDNAに結合し，遺伝子発現を調節する。

② 黒卵片内のタンパク質が，発生運命を決定する。

③ 黒卵片内のタンパク質が，筋肉細胞の収縮に関与するタンパク質となる。

④ 黒卵片内のRNAがDNAに結合し，遺伝子発現を調節する。

⑤ 黒卵片内のRNAが，発生運命を決定する。

⑥ 黒卵片内のRNAが翻訳され，筋肉細胞の収縮に関与するタンパク質となる。

⑦ 黒卵片内のタンパク質とRNAとがDNAに結合して，遺伝子発現を調節する。

⑧ 黒卵片内のタンパク質とRNAとが結合して，発生運命を決定する。

⑨ 黒卵片内のタンパク質とRNAとが結合して，筋肉細胞の収縮を調節する。

（20 センター本試改）　(3)

❺ 動物の発生に関する次の文章を読み，下の問いに答えよ。

　多くの脊椎動物の眼は，頭部の決まった位置に，左右対称に2つ形成される。しかし，(a)胚において，将来眼ができる頭部の領域を移植すると，本来は眼をつくらない場所に眼ができる。他方，光の届かない洞窟に生息している魚類のなかには，一部の発生過程が変異して，(b)眼を形成しなくなった種もある。

(1)　下線部(a)の現象の仕組みとして最も適当なものを，次の①〜⑤のうちから1つ選べ。

　　① 卵の中で局在する母性因子（母性効果遺伝子）のmRNAも移植された。

　　② 移植した部位で，誘導の連鎖が起こった。

　　③ 移植した部位で，ホメオティック遺伝子（ホックス遺伝子）の発現に変化が起こった。

　　④ 移植した部分から眼が再生された。

　　⑤ 形成体の移植によって二次胚が生じた。

(1)

❓(2)　下線部(b)に関連して，多くの魚類では，眼胞となる能力をもつ細胞からなる領域Mは，図1に示す位置に形成される。その後，領域Mの細胞の分化能力を抑制するタンパク質Xが脊索から神経板の正中線付近に分泌されることで，眼胞が左右の小領域に形成され，眼が2つになる。しかし，眼を形成しなくなった種の1つでは，進化の過程でタンパク質Xの分布が変化したことが分かった。このことから考えられる，タンパク質Xの分布の変化と眼の形成の関係の考察に関する下の文章中の ア ～ ウ に入る語句の組合せとして最も適当なものを，次の①〜⑥のうちから1つ選べ。

　　眼を形成しなくなった種では，タンパク質Xが分布する範囲が ア したと考えられる。逆に，タンパク質Xが分布する範囲が イ すると，眼が ウ できると予想される。

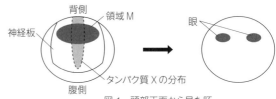

図1　頭部正面から見た胚

	ア	イ	ウ
①	著しく拡大	ほとんど消失	中央に1つ
②	著しく拡大	ほとんど消失	左右に2つ
③	著しく拡大	ほとんど消失	前後に2つ
④	ほとんど消失	著しく拡大	中央に1つ
⑤	ほとんど消失	著しく拡大	左右に2つ
⑥	ほとんど消失	著しく拡大	前後に2つ

（21 共通テスト本試改）　(2)

❓❻ 動物の発生に関する次の文章を読み，下の問いに答えよ。

節足動物である昆虫のショウジョウバエでは，脚をつくる遺伝子Xが胸部体節(以下，ムネ)で発現するために脚が形成される。ショウジョウバエの腹部体節(以下，ハラ)で脚が形成されないのは，体節の特徴を決める調節遺伝子の1つであるホメオティック遺伝子Yが発現し，遺伝子Xの転写を直接抑制することで，遺伝子Xが発現しないためである。昆虫ではない節足動物であるアルテミアでは，遺伝子Yがムネで発現しているが，ムネのすべてに脚がある。節足動物の進化における，遺伝子Yの働きと脚形成との関係を調べるため，ショウジョウバエとアルテミアの遺伝子Yに関して，

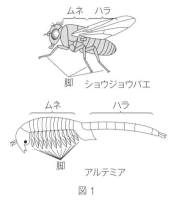

図1

実験1・実験2を行った。

実験1 アルテミアの遺伝子Yをショウジョウバエのからだ全体で強制的に発現させたところ，遺伝子Xの発現は変化せず，ムネでは発現したままで，ハラでは発現しなかった。このことから，アルテミアの遺伝子Yは脚形成を抑制しないと考えられる。

実験2 遺伝子Yからはタンパク質Yがつくられる。ショウジョウバエのタンパク質Yとアルテミアのタンパク質Yとの違いを調べるため，図2のように，それぞれの正常なタンパク質Y，領域Bをもたない変異タンパク質Y(変異タンパク質aおよびb)，およびショウジョウバエとアルテミアのタ

図2

ンパク質Yの間で領域Aと領域Bの組合せを変えた変異タンパク質Y(変異タンパク質cおよびd)の遺伝子をつくった。それぞれの遺伝子を**実験1**と同様に，ショウジョウバエのからだ全体で強制的に発現させて脚形成に対する影響を調べたところ，図2の結果が得られた。なお，調節タンパク質として働くためには，領域Aが必要である。

(1) ショウジョウバエの遺伝子Yを，**実験1**と同様に，ショウジョウバエのからだ全体で強制的に発現させたときに期待される遺伝子Xの発現のしかたとして最も適当なものを，次の①〜④のうちから1つ選べ。

① ムネでは発現せず，ハラでは発現する。
② ムネでは発現せず，ハラでも発現しない。
③ ムネでは発現し，ハラでも発現する。
④ ムネでは発現し，ハラでは発現しない。

(1) ＿＿＿＿＿＿＿

(2) **実験2**の結果から導かれる考察として**誤っているもの**を，次の①〜④のうちから1つ選べ。

① ショウジョウバエのタンパク質Yの領域Aは，脚形成を抑制する。
② アルテミアのタンパク質Yの領域Aは，脚形成を抑制する。
③ ショウジョウバエのタンパク質Yの領域Bは，領域Aの働きを阻害する。
④ アルテミアのタンパク質Yの領域Bは，領域Aの働きを阻害する。

(2) ＿＿＿＿＿＿＿

(21 共通テスト追試改)

24 バイオテクノロジー

1 バイオテクノロジー

遺伝子や細胞などを操作し，食品や薬品などを生産する技術を**バイオテクノロジー**という。

2 遺伝子組換え

特定の遺伝子を人工的に取り出し，それを別の生物の DNA につないで新しい遺伝子の組合せをつくることを**遺伝子組換え**という。

制限酵素…DNA の特定の塩基配列を切断する酵素。

DNA リガーゼ…DNA の切断部位をつなぐ酵素。

ベクター…組換え DNA を細菌などへ導入する際，DNA の運び手として利用される小型の DNA。代表的なものにプラスミドがある。

3 PCR 法

目的の DNA 断片を短時間に大量に増やす方法に**PCR（ポリメラーゼ連鎖反応）法**がある。

●PCR 法の原理

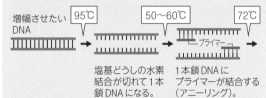

増幅させたい DNA | 95℃ → 50〜60℃ → 72℃

塩基どうしの水素結合が切れて1本鎖 DNA になる。

1本鎖 DNA にプライマーが結合する（アニーリング）。

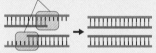

耐熱性の DNA ポリメラーゼ

DNA ポリメラーゼの働きで複製が始まる。

2本鎖 DNA が2つできる。

4 遺伝子解析に利用される技術

電気泳動法	電流を流して DNA 断片を移動させ，その距離から DNA 断片の長さ（塩基数）を確認する方法。DNA は負の電荷を帯びているため，通電すると陰極から陽極へ移動する。移動距離は DNA 断片が短いほど長くなる。
塩基配列解析法	調べたい DNA，プライマー，DNA ポリメラーゼ，4種類のヌクレオチド，蛍光色素で標識した4種類の特殊なヌクレオチドを用い，複製後，電気泳動を行うことで塩基配列を解析する方法。
DNA マイクロアレイ解析	塩基配列がわかっている多数の1本鎖 DNA を基板上に貼り付けた DNA マイクロアレイを利用して，発現している遺伝子を調べる方法。
レポーター遺伝子	目的の遺伝子が導入されたかどうかを確認する目印となる遺伝子。

□(1) 遺伝子や細胞を操作し，食品や薬品などを生産する技術を何というか。

□(2) 特定の遺伝子を人工的に取り出し，それを別の生物の DNA につないで新しい遺伝子の組合せをつくることを何というか。

□(3) DNA の特定の塩基配列を切断する酵素を何というか。

□(4) 同じ(3)で切断された DNA の切断部位どうしをつなぐ酵素を何というか。

□(5) 組換え DNA を細菌へ導入するときに DNA の運び手として利用される小型の DNA を何というか。

□(6) (5)として用いられる DNA を1つ答えよ。

□(7) 目的の DNA 断片を短時間で大量に増やす方法を何法というか。

□(8) (7)に必要な材料は，増やしたい DNA と4種類のヌクレオチドのほかに何か。2つ答えよ。

□(9) 負に帯電している DNA の性質を利用し，通電によって DNA 断片を移動させ，おおよその塩基数を確認する方法を何というか。

□(10) 遺伝子発現を調べるために利用される，多数の1本鎖 DNA を貼り付けた基板を何というか。

□(11) 目的の遺伝子が導入されたかどうかを確認する目印となる遺伝子を何というか。

EXERCISE

▶**74 〈遺伝子組換え〉**　次の文章を読み，下の問いに答えよ。

　大腸菌には，遺伝子 DNA とは別に，（　ア　）という小型で環状の DNA をもつものがある。遺伝子導入の際には，この（　ア　）が外来遺伝子の（　イ　）として利用される。

　ヒトの遺伝子 A を（　ア　）に組み込み，大腸菌に取り込ませる実験を行った。ヒトの DNA に(a)特定の塩基配列を認識して DNA を切断する酵素を作用させ，遺伝子 A を含む DNA 断片を切り出す。また，(b)同じ酵素で（　ア　）も切断する。両者を混ぜて，(c)切断部を接着させる働きをもつ別の酵素を働かせる。この混合液を大腸菌と混ぜて形質転換を行った。

(1)　文中の（　）に入る適語を答えよ。

(2)　下線部(a)を一般に何とよぶか。

(3)　下線部(a)で得られた遺伝子 A を含む DNA 断片が右図のようであったとき，図の X の塩基配列を左から順に答えよ。ただし，DNA の切断に用いた酵素は 1 種類とする。

(4)　下線部(b)に関して，同じ酵素を用いるのはなぜか。その理由として最も適当なものを，次の中から 1 つ選べ。

　① 使用する酵素の種類はなるべく少ない方がよいから。

　② 遺伝子 A を含む DNA 断片の切り口と(ア)の切り口を 1 箇所ずつにするため。

　③ 遺伝子 A を含む DNA 断片の切り口と(ア)の切り口の塩基配列を同じにするため。

(5)　下線部(c)の酵素を一般に何とよぶか。

▶**75 〈PCR 法〉**　次の文章を読み，下の問いに答えよ。

　ある生物の DNA をもとにして PCR 法の実験を行った。鋳型となる DNA を含む試料溶液，DNA の材料となる 4 種類のヌクレオチド，2 種類の(a)短い 1 本鎖 DNA，(b)DNA を複製させる酵素を混合した。それらの混合液を(c)95 ℃，(d)55 ℃，(e)72 ℃に，この順で一定時間ずつさらし，その操作を一定の回数繰り返して目的の配列の DNA を増幅させた。

(1)　下線部(a)，(b)の名称をそれぞれ答えよ。

(2)　下線部(c)，(d)，(e)の操作の目的として最も適当なものを，次の中から 1 つずつ選べ。

　① 短い 1 本鎖 DNA を結合させる。

　② DNA の 2 本鎖間の結合を切断する。

　③ 1 本鎖 DNA に相補的なヌクレオチド鎖を合成させる。

(3)　増幅させたい DNA 断片の一方の鎖が 5′-TAGGCTA-3′であるとき，これに結合する下線部(a)の塩基配列を 5′末端から示せ。

▶**74**

(1) ア _____

　　イ _____

(2) _____

(3) _____

(4) _____

(5) _____

▶**75**

(1) (a) _____

　　(b) _____

(2) (c) _____

　　(d) _____

　　(e) _____

(3) _____

25 バイオテクノロジーの応用

1 医療への応用

遺伝子治療…遺伝子の異常で起こる病気の患者に正常な遺伝子を導入する治療法。

オーダーメイド医療…ゲノムの個人差に基づいた病気の治療や予防を行うこと。ゲノム情報をもとにした医薬品の開発をゲノム創薬という。

iPS細胞…すでに分化した細胞に，ある決められた遺伝子を導入することで作製された幹細胞。多分化能を利用した再生医療が行われる。

●幹細胞

iPS細胞	すでに分化した細胞からつくられる。
ES細胞	胞胚から取り出した細胞からつくられる。

2 食料・農業への応用

アグロバクテリウム法…アグロバクテリウム（細菌）を用いて外来遺伝子を植物に導入する方法。

アグロバクテリウム　ほかの生物から取り出した有用遺伝子

プラスミドを取り出し
制限酵素で処理

有用遺伝子が切り離され，植物細胞のゲノムに組み込まれる

有用遺伝子を挿入したプラスミドをアグロバクテリウムに戻す

遺伝子組換え作物…遺伝子組換えによってつくられた農作物。

ゲノム編集食品…ゲノム編集技術を用いて，ねらった遺伝子だけを改変してつくられた食品。

3 その他の技術の応用例

DNA型鑑定…個人や個体を識別するためにDNAを分析すること。血縁鑑定や食品表示偽装捜査に利用される。

相同染色体の一部

父親

反復配列

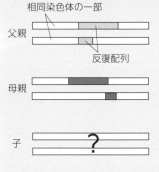

母親

子

《血縁鑑定の結果》
父親　子　母親

→父親と子・母親と子に血縁関係あり

父親　子　母親

→父親と子に血縁関係なし

ポイントチェック

□(1)　遺伝子の異常で起こる病気の患者に正常な遺伝子を導入する治療法を何というか。

□(2)　ゲノムの個人差に基づいた病気の治療や予防を行うことを何というか。

□(3)　多分化能をもち，増殖が可能な細胞を何というか。

□(4)　(3)のうち，皮膚などのすでに分化した細胞に，ある遺伝子を導入することでつくられるものを何というか。

□(5)　(3)のうち，胞胚から取り出した細胞からつくられるものを何というか。

□(6)　(4)を初めて作製した人物を答えよ。

□(7)　(4)などを用いて，からだの組織や臓器を再生させる技術を何というか。

□(8)　アグロバクテリウムを用いて外来遺伝子を植物に導入する方法を何というか。

□(9)　遺伝子組換えによってつくられる農作物を何というか。

□(10)　ゲノム編集技術を用いて，ねらった遺伝子だけを改変してつくられた食品を何というか。

□(11)　PCR法や塩基配列解析技術を利用し，個人や個体を識別するためにDNAを分析することを何というか。

□(12)　(11)の具体的な利用例を1つ答えよ。

EXERCISE

▶**76〈バイオテクノロジーの応用〉** 下の問いに答えよ。

(1) バイオテクノロジーに関する次の記述のうち，**誤っているもの**を２つ選べ。

① 遺伝子組換え作物には，生産性向上のために開発されたものがある。

② ヒトゲノムの塩基配列から個人を識別することはできない。

③ 遺伝子導入に，ウイルスが用いられる場合もある。

④ ゲノム編集技術は，食品の開発には用いられていない。

⑤ ある遺伝子に変異があることによって発症する遺伝病は，遺伝子組換え技術によって治療できる場合がある。

(2) バイオテクノロジーの具体的な応用例を示した次の(a)～(c)で用いられている技術を，下の①～③から１つずつ選べ。

(a) ADA*欠損症患者のリンパ球に，ウイルスを用いて ADA の遺伝子を挿入する。

＊ ADA：アデノシンデアミナーゼ。アデノシンを加水分解する酵素。

(b) 部位特異的に働く DNA 分解酵素を用いて，オレイン酸を多く含む大豆を作製した。

(c) ある親子のゲノムの反復配列を調べることで，親子の血縁関係を調べた。

① 塩基配列解析法　　② 遺伝子組換え　　③ ゲノム編集

▶**77〈DNA 型鑑定〉** 次の文章を読み，下の問いに答えよ。

生物のゲノムには，CACACA… のような塩基の反復配列が存在し，反復配列の回数には個体差がある。特に差が大きい部位は個人識別に有用で，親子鑑定や犯罪捜査に利用されている。父親，母親，さらに，子 A ～ D の４人から採取された DNA を用いて，特定の領域にある反復配列の回数を解析したところ，以下のような結果が得られた。父親と母親の間に生まれた実子である可能性が最も高い子は A ～ D のどれか，１つ選べ。

《解析結果（反復配列の回数）》父(6，15)，母(10，13)，
子 A(12，14)，子 B(10，15)，子 C(6，15)，子 D(12，13)

▶**78〈幹細胞〉** 次の文章を読み，文中の（　）に入る適語を答えよ。

分化していない細胞が，さまざまな種類の細胞に分化できる能力を多分化能という。多分化能をもち，増殖可能な細胞を（　ア　）という。（　ア　）には，胚胚から取り出した細胞でつくられる（　イ　）や，すでに分化した細胞に特定の遺伝子を導入することで作製される（　ウ　）がある。（　ウ　）は 2006 年，（　エ　）らにより初めて作製され，（　オ　）の実現に向けて研究が進められている。

▶76
(1)

(2) (a)

(b)

(c)

▶77

▶78
ア

イ

ウ

エ

オ

3章 遺伝情報の発現と発生

❶ バイオテクノロジーに関する次の文章を読み，下の問いに答えよ。

　生物は近縁であるほど似た塩基配列の DNA をもつので，DNA の塩基配列を用いて生物間の系統関係を推定することができる。塩基配列が変化した場合，特定の制限酵素によって切断される配列が新たに生じたり，失われたりすることがある。そのため，制限酵素による DNA の切断パターンは，生物間の系統関係を推定する手助けとなる。また，植物の系統関係を推定する場合，葉緑体の DNA の塩基配列がしばしば用いられる。ごく近縁な植物の種 A，B，C および D の系統関係を推定するため，次の**実験 1** を行った。

実験 1　種 A，B，C および D について，葉緑体の DNA の一部（1000 塩基対）を PCR 法で増殖し，制限酵素 X で切断した。切断した DNA 断片を電気泳動し，図 1 に示す結果を得た。

(1)　種 D の DNA における切断断片の並び方として，**実験 1 の結果からは導かれないもの**を，下の①～⑥のうちからすべて選べ。

(1) _____

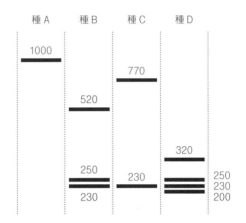

図 1　図中の数字は各 DNA 断片の塩基対数を表す

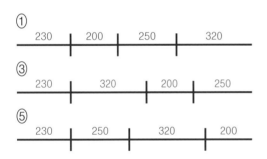

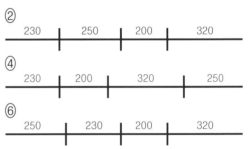

(2)　下線部に関連して，4 億塩基対のゲノムをもつイネのゲノム DNA を 0.01 μg 用いて，ゲノム上に 1 か所しかない 400 塩基対の遺伝子領域について PCR 法を行ったところ，0.1 μg の DNA 断片が得られた。この遺伝子領域の DNA 量は 10 の何乗倍になったか，答えよ。

(2) _____

（15・16 センター本試改）

❷ 遺伝子組換え実験に関する次の文章を読み，下の問いに答えよ。

　生物学の研究において，(a)遺伝子組換え技術は重要な手法の 1 つである。目的の遺伝子を組み込んだ遺伝子組換え用プラスミドを大腸菌に取り込ませる形質転換操作を行う場合，すべての大腸菌にプラスミドが導入されるわけではない。そこで，細菌の生育を阻害する抗生物質に対する耐性遺伝子をプラスミドに組み込むことで，プラスミドが導入された大腸菌のみを抗生物質によって選別することができる。遺伝子組換え大腸菌を作製するため，**実験 1** を行った。

実験1　大腸菌培養用の液体培地，寒天，および抗生物質のアンピシリン，カナマイシンを用いて，寒天培地 A ～ C を作製した。寒天培地 A には抗生物質が含まれておらず，寒天培地 B にはアンピシリンが，寒天培地 C にはカナマイシンが含まれている。また，遺伝子組換え用プラスミドとして，図1に示すプラスミド X ～ Z を準備した。これらのプラスミドには，アンピシリン耐性遺伝子，カナマイシン耐性遺伝子，緑色蛍光タンパク質(GFP)遺伝子のうちの2種類が組み込まれている。これらの遺伝子はいずれも，大腸菌内で常に発現を誘導するプロモーターに連結されている。

　　大腸菌の膜の透過性を高め，プラスミドを取り込みやすくする溶液で大腸菌を処理した後，遺伝子組換え用プラスミドを用いて形質転換操作を行った。また対照実験として，形質転換操作にプラスミドを用いないものも実施した。これらの形質転換操作を行った大腸菌を，それぞれの寒天培地上に塗布し，恒温器で1日培養したところ，表1の結果が得られた。ただし，寒天培地に塗布した大腸菌数は，いずれの場合でも等しいものとする。

表1

形質転換操作に使用したプラスミド	寒天培地 A (抗生物質なし)	寒天培地 B (アンピシリン含有)	寒天培地 C (カナマイシン含有)
プラスミドなし	+	−	−
プラスミド X	+	+	+
プラスミド Y	+	−	+
プラスミド Z	ア	イ	ウ

＋：コロニーあり，　−：コロニーなし

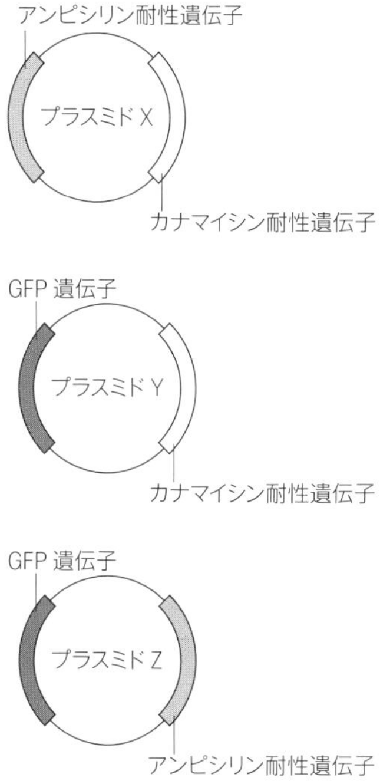

図1

(1)　下線部(a)に関連して，組換え DNA 実験に用いられる酵素に関する記述として最も適当なものを，次の①～④のうちから1つ選べ。

　①　制限酵素は，DNA の特定の塩基配列を識別して，その配列に続く DNA に相補的な1本鎖 RNA を合成する働きをもつ。

　②　制限酵素は，DNA の特定の塩基配列を識別して，DNA 鎖を切断する働きをもつ。

　③　DNA リガーゼは，DNA の特定の塩基配列を識別して，その配列に続く DNA に相補的な1本鎖 RNA を合成する働きをもつ。

　④　DNA リガーゼは，DNA の特定の塩基配列を識別して，DNA 鎖を切断する働きをもつ。

(2)　表1の ア ～ ウ に入る結果(＋，−)をそれぞれ答えよ。

(3)　実験1 で生じた大腸菌のコロニーについて，GFP の検出に適した条件で観察したときの記述として最も適当なものを，次の①～⑤のうちから1つ選べ。ただし，形質転換操作を行っていない大腸菌は，緑色の蛍光を発しないものとする。

　①　プラスミド X を用いた場合，寒天培地 A ではすべてのコロニーが緑色の蛍光を発する。

　②　プラスミド X を用いた場合，寒天培地 B ではごく一部のコロニーのみ緑色の蛍光を発する。

　③　プラスミド Y を用いた場合，寒天培地 A ではすべてのコロニーが緑色の蛍光を発する。

　④　プラスミド Y を用いた場合，寒天培地 A では緑色の蛍光を発するコロニーは存在しない。

　⑤　プラスミド Y を用いた場合，寒天培地 C ではすべてのコロニーが緑色の蛍光を発する。

(1)

(2) ア

　　イ

　　ウ

(3)

（18 センター本試改）

26 刺激の受容① ～適刺激/視覚～

1 刺激の受容と応答

2 適刺激

適刺激…感覚器が受け取ることができる特定の刺激

感覚器	受容器	適刺激	感覚
眼	網膜	光	視覚
耳	うずまき管	音波	聴覚
	前庭・半規管	からだの傾き・回転	平衡感覚
舌	味覚芽	液体中の化学物質	味覚
鼻	嗅上皮	気体中の化学物質	嗅覚
皮膚	神経の末端部	高温・低温	温覚・冷覚
		圧力など	痛覚・圧覚
筋肉	筋紡錘	伸張	深部感覚

3 ヒトの眼の構造

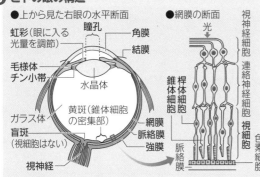

●上から見た右眼の水平断面　●網膜の断面

桿体細胞	光に対する感度は高いが，色を識別しない視細胞。視色素（視物質）の**ロドプシン**（**オプシン＋レチナール***）が含まれている。
錐体細胞	光に対する感度は低いが，色を識別する視細胞。

＊レチナールはビタミン A の一種。

4 暗順応，明順応

暗順応	明るい場所から暗い場所に出たとき，初めは何も見えないが徐々に見えるようになること。
明順応	暗い場所から明るい場所に出たとき，初めはまぶしいが徐々に色や形が鮮明にわかるようになること。

5 遠近調節

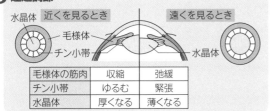

近くを見るとき　　遠くを見るとき

毛様体の筋肉	収縮	弛緩
チン小帯	ゆるむ	緊張
水晶体	厚くなる	薄くなる

□(1) 感覚器が受け取ることのできる特定の刺激を何というか。

□(2) 刺激を受容し，最初に反応する特定部位を何というか。

□(3) 光の刺激を受容して生じる感覚を何というか。

□(4) ヒトの眼に入った光が網膜まで到達する経路を，角膜から順に答えよ。

□(5) 網膜にある光刺激の受容細胞を何というか。

□(6) (5)のうち，光に対する感度は高いが色の識別に関与しない細胞を何というか。

□(7) (5)のうち，光に対する感度は低いが色の識別に関与する細胞を何というか。

□(8) 桿体細胞にある視色素（視物質）を何というか。

□(9) (8)はあるタンパク質とビタミン A からなる。それぞれの名称を答えよ。
タンパク質

ビタミンA

□(10) (7)が密に並んでいる，網膜の中央部を何というか。

□(11) 眼球から視神経が出て視細胞が分布しない部分を何というか。

□(12) 瞳孔の直径を変化させて網膜に到達する光の量を変化させる部分を何というか。

□(13) 眼が明るさに慣れることを何というか。

□(14) 遠近調節にかかわる，繊維状構造を何というか。

□(15) 毛様体の筋肉が弛緩すると，水晶体の厚さはどうなるか。

□(16) (15)の場合，遠くのものと近くのもののどちらに焦点が合うか。

EXERCISE

▶**79〈眼の構造と働き①〉** 次の文章を読み，下の問いに答えよ。

外界からのさまざまな刺激は，(a)それぞれ特定の感覚器の受容細胞を介して感受される。

多くの場合，光を受容する感覚器は眼である。脊椎動物の眼は角膜と（　ア　）で光を屈折させて，（　イ　）上に像を結ぶ。（　イ　）にある視細胞には（　ウ　）と（　エ　）の2種類がある。ヒトの（　ウ　）には青・緑・（　オ　）のそれぞれの光で興奮する3種類の細胞があり，興奮する（　ウ　）の種類や割合などにより色の違いが認識される。（　ウ　）は網膜の中心部の（　カ　）とよばれる部分に特に多く分布している。視細胞に生じた興奮は，視神経細胞により大脳皮質へと伝えられる。(b)網膜の一部には盲斑とよばれる部分があり，ここに結ばれる像は見えない。

(1) 下線部(a)について，それぞれの受容細胞が受け取ることのできる特定の刺激を何というか。

(2) 文中の（　）に入る適語を答えよ。

(3) 明るいところから急に暗いところに入ると，しばらくはものが見えないが，やがて見えるようになる。この現象を何というか。

(4) 右図は，ヒトの網膜の一部の断面を模式的に示したものである。光はA〜Dのどの方向から入ってくるか。

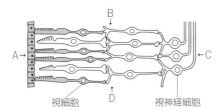

視細胞　　視神経細胞

(5) 下線部(b)について，光が盲斑で受容されない理由を簡単に説明せよ。

▶**80〈眼の構造と働き②〉** 次の文章を読み，下の問いに答えよ。

図は，ヒトの眼球をある特定の面で切断したときの切断面付近の視細胞の密度分布である。

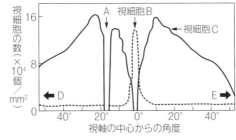

(1) 網膜上のAの部位の名称を答えよ。

(2) 視細胞BとCの名称を答えよ。

(3) 網膜の鼻側はDとEのどちらか。

▶**81〈遠近調節〉** 次の文章を読み，（　）に入る適語を答えよ。

近くを見るときには，毛様体の筋肉（毛様筋）が（　ア　）することで（　イ　）がゆるみ，水晶体は（　ウ　）なる。遠くを見るときには，毛様筋が（　エ　）し（　イ　）が引っ張られて，水晶体は薄くなる。

▶**79**

(1)

(2) ア

　　イ

　　ウ

　　エ

　　オ

　　カ

(3)

(4)

(5)

▶**80**

(1)

(2) B

　　C

(3)

▶**81**

ア

イ

ウ

エ

27 刺激の受容② ～聴覚/平衡感覚/その他の感覚～

1 ヒトの耳の構造

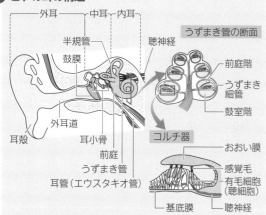

●音を受容する経路

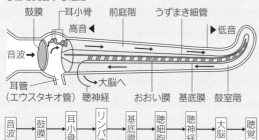

2 平衡感覚

●半規管によるからだの回転の受容

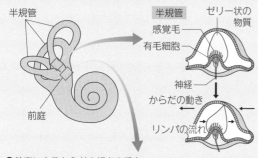

●前庭によるからだの傾きの受容

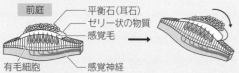

3 その他の感覚

舌の**味覚芽**にある**味細胞**は, 液体の化学物質を受容し, 味覚が生じる。また, 鼻の奥の**嗅上皮**にある**嗅細胞**は気体の化学物質を受容し, 嗅覚が生じる。

ポイントチェック

- □(1) 耳にある受容器では, どのような刺激を受容するか。3つ答えよ。
- □(2) ヒトの耳は, 大きく3つの構造に分けられる。それぞれの名称を答えよ。
- □(3) 音の刺激による感覚を何というか。
- □(4) 音を空気の振動として最初にとらえるのはどこか。
- □(5) (4)でとらえた振動を内耳に伝える構造を何というか。
- □(6) うずまき管の中は何で満たされているか。
- □(7) うずまき管の前庭階に導かれた振動は, 何を振動させるか。
- □(8) (7)の上にある, 聴細胞とおおい膜からなる部分を何というか。
- □(9) 感覚毛をもち, 聴神経がつながっている細胞を何というか。
- □(10) からだの回転や傾きの刺激による感覚を何というか。
- □(11) からだの回転を三次元的にとらえる器官は何か。
- □(12) (11)の中は何で満たされているか。
- □(13) からだの傾き, 前後左右の動きを受容する器官は何か。
- □(14) (13)にあり, からだの傾きや前後左右の動きを有毛細胞に伝えるものは何か。
- □(15) 液体の化学物質の受容細胞を何というか。
- □(16) (15)は, 舌のどこの中にあるか。
- □(17) 嗅上皮にある, 気体の化学物質の受容細胞を何というか。

EXERCISE

▶82〈耳の構造と聴覚〉 次の文章を読み，下の問いに答えよ。

ヒトの聴覚器は外耳・中耳・内耳に分けられる。外耳道を通った

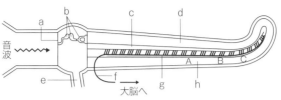

音波は（ ア ）を振動させ，中耳にあるつち骨・きぬた骨・あぶみ骨の3つの骨からなる（ イ ）によって（ ウ ）されて，内耳にあるうずまき管に伝えられる。うずまき管の中は前庭階・うずまき細管・鼓室階の3つの領域に区切られている。うずまき細管には（ エ ）と聴細胞からなる（ オ ）があり，音を電気信号に変換している。鼓室階の基底膜が振動すると，（ エ ）に接した感覚毛が曲がって聴細胞が興奮する。

(1) 文中の（ ）に入る適語を答えよ。

(2) 図はうずまき管を伸ばしたときの断面を模式的に示したものである。a～hの名称を答えよ。

(3) 低音（振動数の小さい音）で振動するのは，図のA～Cのどこか。

▶83〈平衡覚・その他の感覚〉 次の文章を読み，下の問いに答えよ。

耳は聴覚と平衡覚の受容器である。内耳には前庭と半規管があり，これらがからだの傾きと回転を感じる。

(1) 下線部の説明として最も適当なものを，次の中から1つ選べ。

① 前庭には，感覚毛をもった有毛細胞の層とその上に平衡石があり，平衡石が動くと有毛細胞が刺激され，からだの傾きを感じる。

② 前庭には，感覚毛をもった有毛細胞の層とその上におおい膜があり，おおい膜が動くと有毛細胞が刺激され，からだの回転を感じる。

③ 前庭には，感覚毛をもった有毛細胞があり，周囲のリンパ液の流れで有毛細胞が刺激され，からだの傾きを感じる。

④ 前庭には，感覚毛をもった有毛細胞があり，周囲のリンパ液の流れで有毛細胞が刺激され，からだの回転を感じる。

(2) 受容器の説明として**誤っているもの**を，次の中から1つ選べ。

① 皮膚には，圧覚・痛覚・温覚・冷覚のそれぞれに対応した受容器がある。

② コルチ器では，有毛細胞がリンパ液の振動を機械的な刺激として受け取り，電気信号に変換している。

③ うずまき管はからだの回転を感じるための構造で，からだの三次元それぞれの回転方向を感知する。

④ 液体中の化学物質の刺激は，舌の味覚芽にある味細胞で受容され，塩味・酸味・甘味・苦味・旨味を感知する。

▶82
(1) ア
   イ
   ウ
   エ
   オ
(2) a
   b
   c
   d
   e
   f
   g
   h
(3)

▶83
(1)
(2)

章 生物の環境応答

❶ 動物の環境応答に関する次の文章を読み，下の問いに答えよ。

　動物は，環境の変化を刺激として受け取ることができる。例えばヒトでは，光，音，からだの回転や傾きなどの刺激には，それぞれを<u>適刺激</u>とする受容器（感覚器）がある。これらの受容器からの情報が感覚神経により脳や脊髄に伝えられ，各種の感覚が生じる。

(1) 下線部に関する記述として最も適当なものを，次の①〜④のうちから1つ選べ。

　① 皮膚は，紫外線を適刺激として受容するので，日焼けを起こす。

　② 中耳は，重力の変化も適刺激として受容できる。

　③ 桿体細胞は，緑色の光（波長500 nm）を適刺激として受容するので，緑色を他の色と区別することができる。

　④ 味細胞や嗅細胞は，化学物質を適刺激として受容する。

(1) _____

(2) 右表は，ヒトの視覚，聴覚，および平衡感覚について，適刺激と受容器をまとめたものである。 ア 〜 オ に入る語句の組合せとして最も適当なものを，次の①〜⑧のうちから1つ選べ。

感覚	適刺激	受容器
視覚	光	ア
聴覚	音	イ
平衡感覚	ウ	前庭器官
	エ	オ

	ア	イ	ウ	エ	オ
①	強膜	コルチ器	からだの傾き	からだの回転	半規管
②	強膜	コルチ器	からだの回転	からだの傾き	うずまき管
③	強膜	鼓膜	からだの傾き	からだの回転	半規管
④	強膜	鼓膜	からだの回転	からだの傾き	うずまき管
⑤	網膜	コルチ器	からだの傾き	からだの回転	半規管
⑥	網膜	コルチ器	からだの回転	からだの傾き	うずまき管
⑦	網膜	鼓膜	からだの傾き	からだの回転	半規管
⑧	網膜	鼓膜	からだの回転	からだの傾き	うずまき管

(2) _____

（16 センター本試改）

❷ 動物の環境応答に関する次の文章を読み，下の問いに答えよ。

　眼が感覚器となる光刺激で生じる感覚を，視覚という。光は，眼球前部にある角膜と水晶体で屈折し，網膜上に像を結ぶ。ヒトの網膜には，(a)<u>錐体細胞と桿体細胞とが存在し</u>，(b)<u>それぞれ，光に対する反応と網膜上の分布は，異なる</u>。また，(c)<u>盲斑</u>には，錐体細胞も桿体細胞も存在せず，ここでは光を感じることができない。

(1) 下線部(a)に関連して，桿体細胞と3種類の錐体細胞（赤錐体細胞，緑錐体細胞，青錐体細胞）が，図1のような光の波長と吸光量との関係を示すとき，次の文章中の ア 〜 ウ に入る語句の組合せとして最も適当なものを，次の①〜⑧のうちから1つ選べ。

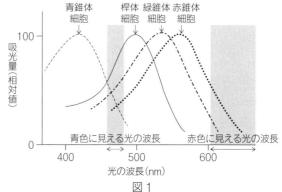

図1

チェコの生理学者プルキンエは，ある日，赤色と青色の花が咲いている公園を散歩していて，昼間は赤色の花が青色の花よりも明るくはっきりと見えるが，夕方，日が暮れて暗くなるにつれ，青色の花の方が赤色の花よりもはっきりと見えるようになることに気付いた。この現象は，ヒトの網膜では，赤錐体細胞は青錐体細胞よりも数が多いこと，暗くなるにつれて　ア　が起き，　イ　細胞の感度が上がること，また，　ウ　色として認識される光の波長は，桿体細胞で高い吸光量となる波長に近いこと，などによって説明される。

	ア	イ	ウ		ア	イ	ウ
①	明順応	錐体	青	②	明順応	錐体	赤
③	明順応	桿体	青	④	明順応	桿体	赤
⑤	暗順応	錐体	青	⑥	暗順応	錐体	赤
⑦	暗順応	桿体	青	⑧	暗順応	桿体	赤

(1) ＿＿＿＿＿＿＿＿＿

(2) 下線部(b)に関連して，次のことが知られている。錐体細胞は，色の認識に必要な細胞であるが，弱い光では反応しないので，暗所では色を認識できない。一方，桿体細胞は，色の認識はできないが，弱い光でも反応する。錐体細胞は，黄斑とよばれる網膜の中央部に多く存在し，桿体細胞は，黄斑を取り巻く部分に多く分布する。夜空にある暗い星を肉眼で観測したい場合の方法として最も適当なものを，次の①〜④のうちから1つ選べ。

① 多くの光を眼球に取り込むため，目を大きく開き，星を眺める。

② 多くの光を眼球に取り込むため，周りに明るい街灯があるところで星を眺める。

③ 星を視線の中心（黄斑の中心）に捉えて眺める。

④ 星を視線の中心（黄斑の中心）からずらして眺める。

(2) ＿＿＿＿＿＿＿＿＿

(3) 下線部(c)に関連して，図2は，左眼の網膜上における錐体細胞と桿体細胞の分布を，黄斑の位置を0°とし，黄斑からの距離を0〜40°の角度として示している。図3は，ある一定の高さまで離れた状態で，「＋」を真上から左眼のみで注視した際の「＋」からの距離を，対応する網膜上の角度0〜40°として示している。このとき，図3のアルファベットA〜Dの見え方として最も適当なものを，次の①〜④のうちから1つ選べ。なお，図3は，実際の網膜上の角度を正確に反映させずに作図している。

① Aは見えない。

② Bは見えない。

③ Cは見えない。

④ Dは見えない。

(3) ＿＿＿＿＿＿＿＿＿

（19 センター本試改）

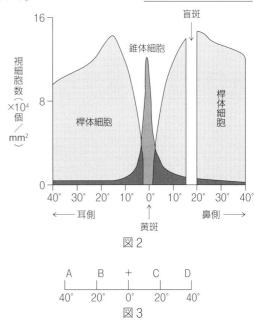

図2

A	B	＋	C	D
40°	20°	0°	20°	40°

図3

28 ニューロンの構造と働き

1 ニューロン(神経細胞)

外部からの刺激は電気的な信号に変換され，**ニューロン(神経細胞)**を介して中枢や効果器へ伝えられる。

●ニューロンの構造(有髄神経繊維)

グリア細胞…神経系を構成するニューロン以外の細胞。ニューロンの支持や栄養補給などの機能をもつ。末梢神経の軸索に巻き付く**シュワン細胞**もグリア細胞の一種。

髄鞘…グリア細胞が軸索に何重にも巻き付いた部分。絶縁性が高い。神経繊維は髄鞘のある**有髄神経繊維**と，髄鞘のない**無髄神経繊維**に分けられる。

2 静止電位と活動電位

膜電位…細胞膜を境とした細胞内外の電位の差。

静止電位…刺激を受けていないときの膜電位。細胞膜の外側を基準としたとき，内側はマイナスに帯電している(−90 〜 −60 mV)。

活動電位…ある強さ(**閾値**)以上の刺激を受けて，瞬間的に膜電位が逆転したときの電位変化。活動電位が発生することを**興奮**という。

●膜電位の変化とイオン輸送(図はナトリウムポンプを省略)

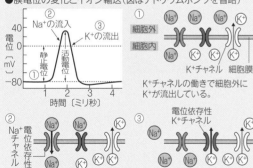

K^+チャネルの働きで細胞外にK^+が流出している。

刺激を受けると，電位依存性Na^+チャネルが開く。細胞内にNa^+が流入して膜電位が上昇する。

電位依存性K^+チャネルが開く。細胞外にK^+が流出して膜電位が元に戻る。

3 全か無かの法則

興奮は閾値以上の刺激で生じ，活動電位の大きさは刺激の強さにかかわらず一定である。このような現象を**全か無かの法則**という。刺激の強さは，興奮の頻度に変換される。

ポイントチェック

□(1) 外部からの刺激を中枢や効果器へ伝える働きをする細胞を何というか。

□(2) (1)の細胞体から長く伸びた突起を何というか。

□(3) (1)の細胞体から伸び枝分かれした突起を何というか。

□(4) 神経細胞の機能を助ける細胞を何というか。

□(5) (4)が軸索を筒状に包んだ1層の薄い膜を何というか。

□(6) (4)が幾重にも軸索に巻き付いた，絶縁性の高い部分を何というか。

□(7) (6)の切れ目を何というか。

□(8) (6)が見られる神経繊維を何というか。

□(9) (6)が見られない神経繊維を何というか。

□(10) 末梢神経系の軸索に巻き付いて(6)を形成する細胞を特に何というか。

□(11) 細胞膜を境とした細胞内外の電位差を何というか。

□(12) 刺激を受けていないときの(11)を何というか。

□(13) 静止時，細胞内と細胞外に多いイオンはそれぞれ何か。　細胞内　細胞外

□(14) 刺激によって膜電位が瞬間的に逆転したときの電位変化を何というか。

□(15) (14)が発生することを何というか。

□(16) (14)が発生するときの最小の刺激を何というか。

□(17) 閾値未満の刺激では興奮せず，閾値以上の刺激で興奮し，また，刺激の大きさにかかわらず，活動電位の大きさが一定であることを何というか。

EXERCISE

▶84 〈神経細胞の構造〉

図は，末梢神経系を構成する構造単位を模式的に表したものである。下の問いに答えよ。

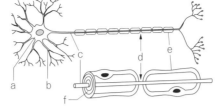

(1) 図のような神経系を構成する細胞を何というか。

(2) 図中のa～fの名称を答えよ。

(3) 図中のfのような構造が見られる神経繊維を何というか。

(4) 図中のfの説明として**誤っているもの**を，次の中から1つ選べ。

　① グリア細胞の一種が何重にも巻き付いた構造となっている。

　② 電流をよく通す。

　③ 無脊椎動物の神経系は，fのない神経繊維からなる。

　④ 脊椎動物の神経系の多くにfが見られる。

▶85 〈活動電位の発生〉　図は，興奮が生じたときの軸索内の電位を測定した結果である。下の問いに答えよ。

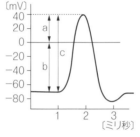

(1) 図中のa～cのうち，静止電位と活動電位を示すものをそれぞれ選べ。

(2) 図中のcは刺激が弱いと発生しないが，ある強さ以上であれば必ず発生する。このような現象を一般に何というか。

(3) 図中のcが発生する最小の刺激の強さを何というか。

▶86 〈活動電位の発生のしくみ〉　次の文章を読み，下の問いに答えよ。

ニューロン(神経細胞)は，細胞の内側と外側の電位差の変化を信号として伝え，さまざまな情報の伝達や処理を行っている。静止状態では細胞内は細胞外に対して(ア)の電位となっており，この電位差は(イ)とよばれる。細胞内の(ウ)濃度は細胞外より高く，逆に細胞内の(エ)濃度は細胞外に比べて低く保たれている。ニューロンが刺激を受け取ると，(エ)が一時的に流入し，(イ)はやや(オ)の方向に変化する。この刺激の強さが(カ)に達すると別の(キ)が開き，(エ)がさらに細胞内に流入して，細胞内の電位は細胞外に比べて一時的に(オ)になる。この電位変化を(ク)という。

(1) 文中の( )に入る適語を次の中からそれぞれ選べ。

　① 活動電位　② 静止電位　③ 閾値　④ チャネル
　⑤ ポンプ　⑥ K⁺　⑦ Na⁺　⑧ 正　⑨ 負

(2) 下線部の状態は，あるタンパク質によるエネルギーを使った物質輸送で維持されている。このタンパク質の名称を答えよ。

解答欄

▶84

(1) _____

(2) a _____

　 b _____

　 c _____

　 d _____

　 e _____

　 f _____

(3) _____

(4) _____

▶85

(1) 静止電位 _____

　 活動電位 _____

(2) _____

(3) _____

▶86

(1) ア _____　イ _____

　 ウ _____　エ _____

　 オ _____　カ _____

　 キ _____　ク _____

(2) _____

29 興奮の伝導・伝達

1 興奮の伝導

ニューロンに活動電位が発生すると，その興奮部と隣接する静止部との間に**活動電流**が流れ，興奮が軸索の両方向へ伝わる。これを興奮の**伝導**という。興奮を終えたばかりの部位は，しばらく興奮しない期間(**不応期**)があるので，興奮は逆戻りしない。

●無髄神経繊維の伝導　　　●有髄神経繊維の跳躍伝導

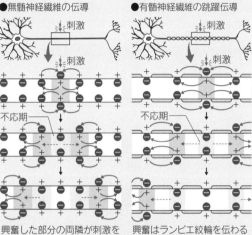

興奮した部分の両隣が刺激を受ける

興奮はランビエ絞輪を伝わる(跳躍伝導)

2 興奮の伝達

軸索の末端が他のニューロンや効果器に接続する部分を**シナプス**という。シナプスではシナプス小胞からアセチルコリンやノルアドレナリンなどの**神経伝達物質**が分泌され，接続する他の細胞に活動電位が生じることで興奮が伝えられる(**伝達**)。

●興奮の伝達

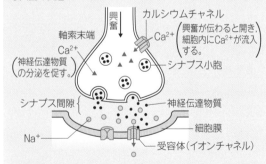

興奮性シナプス：シナプス小胞にアセチルコリンやノルアドレナリンを含む。**興奮性シナプス後電位**(**EPSP**)を発生させる。

抑制性シナプス：シナプス小胞にγ-アミノ酪酸などを含む。**抑制性シナプス後電位**(**IPSP**)を発生させる。

ポイントチェック

- □(1) 活動電位の発生によって生じる，興奮部とその隣接部に流れる微弱な電流を何というか。
- □(2) 興奮が軸索を伝わることを何というか。
- □(3) 興奮を終えたばかりの部位が一時的に刺激に反応しなくなる期間を何というか。
- □(4) 有髄神経繊維で，髄鞘が途切れている部分を何というか。
- □(5) 興奮が(4)を飛び飛びに伝導することを何というか。
- □(6) 同じ太さの無髄神経繊維と有髄神経繊維では，どちらの伝導速度が大きいか。
- □(7) 興奮が別の細胞に伝わることを何というか。
- □(8) 軸索の末端が他のニューロンや効果器に接続する部分を何というか。
- □(9) (8)で，軸索の末端と他の細胞が接続している部分のすき間を何というか。
- □(10) (8)で，軸索の末端にある小さな袋状の構造を何というか。
- □(11) (10)から分泌される物質を何というか。
- □(12) シナプス小胞にアセチルコリンやノルアドレナリンを含むシナプスを何というか。
- □(13) (12)で，シナプス後細胞に流入するイオンは何か。
- □(14) シナプス小胞にγ-アミノ酪酸などを含むシナプスを何というか。
- □(15) (14)で，シナプス後細胞に流入するイオンは何か。

EXERCISE

▶**87 〈興奮の伝導〉**　次の文章を読み，下の問いに答えよ。

　カエルの座骨神経から運動神経を取り出し，図1のように軸索の表面のAとBに記録電極をつけ，Cを刺激した後，A−B間の電位差の変化を調べた(図1)。その結果をグラフで表したものが図2である。

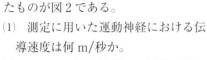
図1

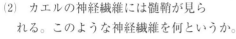
図2

(1)　測定に用いた運動神経における伝導速度は何 m/秒か。

(2)　カエルの神経繊維には髄鞘が見られる。このような神経繊維を何というか。

(3)　(2)は，髄鞘のない神経繊維に比べて興奮の伝導速度は大きいか，小さいか。

(4)　(3)の理由として適当なものを，次の中から1つ選べ。

　① 髄鞘は導体で，活動電流をよく通すから。

　② 軸索と髄鞘のすき間を活動電流が流れるから。

　③ 髄鞘は絶縁体(不導体)で，活動電流が飛び飛びに流れるから。

　④ 髄鞘は活動電流が外に漏れ出ないようにしているから。

▶**88 〈興奮の伝達〉**　シナプスに関する下の問いに答えよ。

(1)　シナプスの説明として最も適当なものを，次の中から1つ選べ。

　① 1つのニューロンの興奮は，その樹状突起から別のニューロンの軸索末端に伝えられる。

　② 興奮を送り出すニューロンの軸索末端に活動電位が到達すると，多数のシナプス小胞から神経伝達物質が放出される。

　③ 興奮を受け入れる側にある神経伝達物質受容体に神経伝達物質が到達すると，そのシナプス小胞に新しい活動電位が生じる。

　④ 興奮の伝達時にシナプス間隙に放出された神経伝達物質は，酵素による分解や軸索末端での回収の後も残っている。

(2)　図は，複数のニューロンからなるネットワークを示している。▽Aで示した軸索の部位に閾値以上の刺激を与え，①〜⑦の位置で活動電位を調べた。活動電位が**記録されなかった位置**をすべてあげよ。

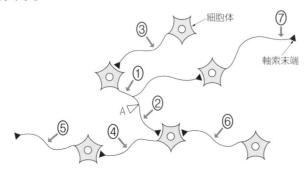

▶**87**

(1)

(2)

(3)

(4)

▶**88**

(1)

(2)

4章 生物の環境応答

30 神経系の働き

1 神経系

ニューロンとそのまわりのグリア細胞の集まりを**神経系**という。神経系には，網目状に分布した**散在神経系**と，ニューロンの集中化が見られる**集中神経系**がある。

2 中枢神経系と末梢神経系 ⟳

ヒトの神経系は**中枢神経系**と**末梢神経系**からなる。

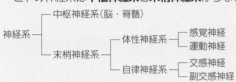

神経系 ┬ 中枢神経系(脳・脊髄)
　　　　└ 末梢神経系 ┬ 体性神経系 ┬ 感覚神経
　　　　　　　　　　　│　　　　　　└ 運動神経
　　　　　　　　　　　└ 自律神経系 ┬ 交感神経
　　　　　　　　　　　　　　　　　　└ 副交感神経

3 ヒトの脳の構造と働き

ヒトの脳の大部分を占める大脳は，表層の**大脳皮質**と内部の**大脳髄質**からなる。大脳皮質は細胞体が集まり灰色に見えるので**灰白質**，大脳髄質は軸索が集まり白色に見えるので**白質**ともよばれる。大脳皮質は**新皮質**と**大脳辺縁系(原皮質・古皮質)**からなる。左右の大脳は**脳梁**でつながっている。

大脳	新皮質	感覚・随意運動・精神活動の中枢
	大脳辺縁系	感情や欲求に基づく行動の中枢
	大脳髄質	情報伝達の通路
間脳		自律神経系・内分泌系の中枢
中脳		眼球の運動，瞳孔の拡大・縮小の中枢
小脳		平衡保持の中枢
延髄		呼吸運動・血液循環・消化液分泌の中枢

4 脊髄の構造と働き

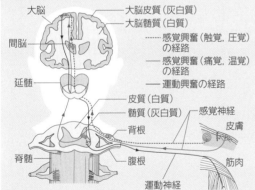

大脳 — 大脳皮質(灰白質)
　　　 — 大脳髄質(白質)
　　　 ------ 感覚興奮(触覚，圧覚)の経路
間脳 — 感覚興奮(痛覚，温覚)の経路
　　　 — 運動興奮の経路
延髄 —
　　　 皮質(白質)
　　　 髄質(灰白質)　感覚神経
　　　 背根　　　　　皮膚
脊髄 — 腹根　　　　　筋肉
　　　 運動神経

5 反射

刺激に対して無意識に起こる反応を**反射**といい，反射の際に興奮が伝わる経路を**反射弓**という。反射には，脊髄が中枢となる**膝蓋腱反射**や**屈筋反射**がある。

●反射弓

受容器 → 感覚神経 → 反射中枢 → 運動神経 → 効果器

☐(1) ニューロンとグリア細胞の集まりを何というか。

☐(2) ヒドラやクラゲなどに見られる，網目状の神経系を何とよぶか。

☐(3) (2)に対し，ニューロンが集中した脳や神経節が見られる神経系を何というか。

☐(4) (3)で，多数のニューロンが集まって形成された神経系を何というか。

☐(5) (4)とからだの各部をつなぐ神経系を何というか。

☐(6) (5)のうち，運動や感覚をつかさどる神経系を何というか。

☐(7) (5)のうち，内分泌や消化・吸収などの調節をつかさどる神経系を何というか。

☐(8) (6)のうち，受容器からの刺激を脳に伝える神経を何というか。

☐(9) (6)のうち，脳からの指令を効果器に伝える神経を何というか。

☐(10) 大脳や小脳の表層付近の灰色に見える部分を何というか。

☐(11) (10)に包まれた内部の，白色に見える部分を何というか。

☐(12) ヒトの大脳皮質のうち，原皮質や古皮質を含む部分を何というか。

☐(13) ヒトの大脳皮質は(12)のほかに，大脳表面の多くを占める何という部分からなるか。

☐(14) 大脳の左右の半球をつなぐ神経繊維の束を何というか。

☐(15) 刺激に対して無意識に起こる反応を何というか。

☐(16) (15)の興奮伝達経路を何というか。

EXERCISE

▶**89〈神経系と脳の働き〉** 次の文章を読み，下の問いに答えよ。

　ヒトの神経系は，脳および脊髄からなる（　ア　）神経系と，（　ア　）神経と末梢の器官を直接つないで情報を伝達する末梢神経系に区別される。末梢神経系は，働きの面から，意思とは無関係に働く（　イ　）神経系と，運動や感覚に働く（　ウ　）神経系とに分けられる。そして，（　ウ　）神経系は皮膚などから外界の情報を受容し中枢に伝達する（　エ　）神経と，逆に中枢から骨格筋へ命令を伝達する（　オ　）神経とに分けられる。

(1) 文中の（　）に入る適語を答えよ。

(2) 文中の下線部に関連して，右図に示したヒトの脳の断面図のa～eの名称を答え，おもな働きを次の中からそれぞれ選べ。

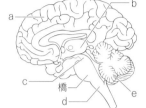

① 呼吸運動・心臓拍動・だ液分泌の中枢。
② 眼球の運動，瞳孔の調節の中枢。
③ 感覚や随意運動の中枢。本能行動・言語・記憶などの中枢。
④ 筋肉運動の調節，からだの平衡を保つ中枢。
⑤ 内臓の働きの調節，体温・血糖値・摂食・睡眠などの中枢。

(3) 図のc，dと橋は，まとめて何とよばれるか。

▶**90〈大脳の構造と働き〉** 次の文章を読み，下の問いに答えよ。

　ヒトの大脳は，特に新皮質とよばれる部分が発達している。新皮質には，感覚の中枢である感覚野や，随意運動の中枢である（　ア　），思考，意思，認知，判断などの中枢である（　イ　）などがある。一方，情動や欲求に基づく行動の中枢がある古皮質や（　ウ　）は，新皮質に追いやられるように，大脳の深部に存在する。

(1) 文中の（　）に入る適語を，次の中からそれぞれ選べ。

① 白質　　② 灰白質　　③ 原皮質　　④ 脳幹
⑤ 言語野　⑥ 運動野　　⑦ 連合野　　⑧ 脳梁

(2) 下線部に関して，新皮質をおもに構成するのは次のうちどれか。

① 神経鞘　　② 髄鞘　　③ 細胞体　　④ 軸索

▶**91〈脊髄の働き〉** 次の文章を読み，下の問いに答えよ。

　刺激が加わったときに無意識に起こる反応を（　ア　）といい，（　ア　）が起こったときの興奮の伝達経路を（　イ　）という。下図は，脊髄の断面と（　ア　）に関する神経経路を模式的に示したものである。

(1) 文中の（　）に入る適語を答えよ。

(2) 図のa～fの各部位の名称を答えよ。

▶**89**

(1) ア_____
　　イ_____
　　ウ_____
　　エ_____
　　オ_____

(2) 　　名称　　　働き
　a _____
　b _____
　c _____
　d _____
　e _____

(3) _____

▶**90**

(1) ア_____
　　イ_____
　　ウ_____

(2) _____

▶**91**

(1) ア_____
　　イ_____

(2) a _____
　　b _____
　　c _____
　　d _____
　　e _____
　　f _____

1 いろいろな効果器

分泌腺	腺細胞でつくられた分泌物を、排出管を通して体外に分泌する**外分泌腺**(汗腺、だ腺など)と、直接体液中に分泌する**内分泌腺**がある。
発電器官 発光器官	外部の刺激に反応して、電気や光を発生する器官。 例 発電器官：シビレエイ、デンキウナギ 　　発光器官：ホタル、ウミホタル
繊毛 鞭毛	ゾウリムシやミドリムシ、精子などが泳ぐときに使う効果器。繊毛は気管の上皮にもあり、粘液を輸送する。

2 骨格筋の構造と筋収縮

筋収縮は、アクチンフィラメントがミオシンフィラメントの間に滑り込むことで起こる。

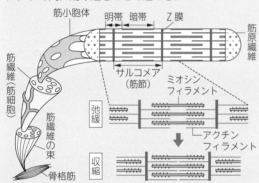

3 筋収縮のしくみ

①筋繊維に興奮が伝達すると、筋小胞体から Ca^{2+} が放出される。

②Ca^{2+} がアクチンフィラメントの**トロポニン**に結合すると、**トロポミオシン**の形が変わり、ミオシン頭部とアクチンフィラメントの結合が可能になる。

③ミオシン頭部に結合したATP が分解され、アクチンフィラメントとミオシン頭部が結合する。

④ADP とリン酸が離れるとミオシン頭部は屈曲し、アクチンフィラメントを動かす(筋収縮)。

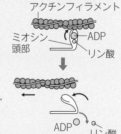

4 単収縮と強縮

1回の活動電位によって起こる一時的な弱い筋収縮を**単収縮**といい、高頻度の活動電位によって起こる1つの大きな筋収縮を**強縮**という。強縮には、不完全強縮と完全強縮がある。

☐(1) 骨格筋を構成する細長い細胞を何というか。

☐(2) (1)の細胞質に見られる、エネルギーを利用して収縮する繊維を何というか。

☐(3) (2)で、明るく見える構造を何というか。

☐(4) (3)に見られるフィラメントを何というか。

☐(5) (2)で、暗く見える構造にのみ存在するフィラメントを何というか。

☐(6) (3)の中央に見られる仕切りを何というか。

☐(7) (6)で区切られている部分を何というか。

☐(8) 筋原繊維を網目状に包む構造を何というか。

☐(9) 興奮の情報を受け取って、(8)が放出する物質は何か。

☐(10) アクチンフィラメントにおいて、(9)が結合するタンパク質は何か。

☐(11) (10)の働きで形が変わり、ミオシン頭部とアクチンフィラメントの結合を可能にするタンパク質は何か。

☐(12) 筋肉が収縮するとき、ATPのエネルギーを使ってフィラメントを動かすのは、アクチンとミオシンのどちらか。

☐(13) 1回の活動電位によって起こり、すぐもとの弛緩した状態に戻る筋収縮を何というか。

☐(14) 高頻度の活動電位によって起こる1つの大きな筋収縮を何というか。

EXERCISE

▶**92 〈骨格筋の構造と収縮〉** 次の文章を読み，下の問いに答えよ。

脊椎動物の(a)骨格筋は，両端が腱で骨につながっていて，（　ア　）神経の支配を受けて収縮する。（　ア　）神経からの刺激は，軸索末端のシナプス小胞から分泌される（　イ　）の作用で筋繊維の細胞膜に伝達される。細胞膜の興奮で（　ウ　）から(b)Ca^{2+} が放出され，筋繊維の収縮が起こる。

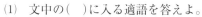

(1) 文中の（　）に入る適語を答えよ。

(2) 下線部(a)に関して，右図は骨格筋の構造を模式的に示したものである。A〜Hの名称をそれぞれ答えよ。

(3) 下線部(b)に関して，次の文章中の（　）に入る適語を答えよ。

　静止時の骨格筋では，（　エ　）フィラメントに結合している（　オ　）というタンパク質の働きで筋収縮が起こらないようになっている。興奮が伝わり，細胞内の Ca^{2+} 濃度が上昇すると，この Ca^{2+} が（　カ　）に結合し，（　オ　）の抑制がはずれて筋収縮が起こる。

(4) 図のC, D, E, Iのうち，筋肉が収縮したときに短くなる部分をすべて答えよ。

▶**93 〈筋収縮の種類〉** 次の文章を読み，下の問いに答えよ。

カエルのふくらはぎの筋肉を座骨神経がついたまま取り出して標本をつくり，神経を種々の間隔で電気刺激した。その結果，図のような筋収縮を記録した。

(1) 図のAとBに示すような筋収縮を何とよぶか。それぞれ答えよ。

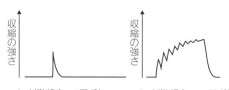

(2) 刺激頻度を増やして50回/秒にすると，筋収縮はどのようになるか。最も適当なものを，次の中から1つ選べ。

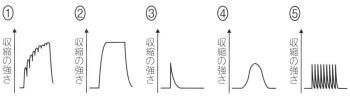

(3) (2)の筋収縮を何とよぶか。

(4) 長時間収縮が続くと，筋収縮に使われるATPが不足する。それを補うために，筋繊維に蓄えられている物質は何か。

▶**92**

(1) ア＿＿＿＿＿

　　イ＿＿＿＿＿

　　ウ＿＿＿＿＿

(2) A＿＿＿＿＿

　　B＿＿＿＿＿

　　C＿＿＿＿＿

　　D＿＿＿＿＿

　　E＿＿＿＿＿

　　F＿＿＿＿＿

　　G＿＿＿＿＿

　　H＿＿＿＿＿

(3) エ＿＿＿＿＿

　　オ＿＿＿＿＿

　　カ＿＿＿＿＿

(4)＿＿＿＿＿

▶**93**

(1) A＿＿＿＿＿

　　B＿＿＿＿＿

(2)＿＿＿＿＿

(3)＿＿＿＿＿

(4)＿＿＿＿＿

❶ 動物の環境応答に関する次の文章を読み，下の問いに答えよ。

　神経細胞は受け取った興奮を，(a)活動電位として神経繊維末端まで伝導し，シナプスで次の細胞に伝達する。神経繊維には(b)有髄神経繊維と無髄神経繊維とがある。

　カエルの座骨神経（多数の神経繊維の束）を取り出して，電気刺激により誘発される座骨神経の活動電位を，図1の装置を用いて記録した。刺激電極から電気刺激（0.05 ～ 0.50 V）を与え，8 cm 離れた記録電極から電位変化を記録すると，図2に示すように，0.05 V の刺激でピーク1が，0.20 V の刺激でピーク2が出現し始め，どちらも 0.50 V の刺激で最大の大きさとなった。なお，ピーク1およびピーク2は多数の神経繊維の活動電位が重なって記録されたものである。

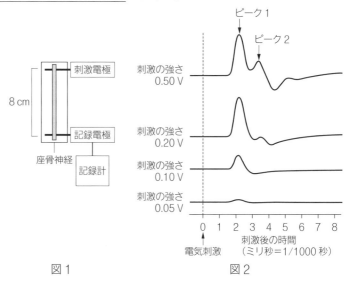

図1　　　　　　図2

(1) 下線部(a)および図2に関する次の文章中の ア ～ ウ に入る語句の組合せとして最も適当なものを，次の①～⑧のうちから1つ選べ。

　座骨神経に電気刺激を加えると，神経繊維における細胞膜の ア チャネルが開き， ア が細胞内に流入し，活動電位が発生した。0.10 V の刺激によって生じたピーク1の反応が 0.05 V の刺激によって生じた反応より大きいのは，刺激により興奮した神経繊維の イ ためである。また，ピーク1にかかわる神経繊維は，ピーク2にかかわる神経繊維より興奮が起こる閾値が ウ 。

	ア	イ	ウ
①	Na^+	数が増えた	高い
②	Na^+	数が増えた	低い
③	Na^+	各々の活動電位が大きくなった	高い
④	Na^+	各々の活動電位が大きくなった	低い
⑤	K^+	数が増えた	高い
⑥	K^+	数が増えた	低い
⑦	K^+	各々の活動電位が大きくなった	高い
⑧	K^+	各々の活動電位が大きくなった	低い

(2) 図2のピーク1にかかわる神経繊維の平均伝導速度を答えよ。

(3) 下線部(b)に関する記述として適当なものを，次の①～⑥のうちから2つ選べ。

① 脊椎動物は無髄神経繊維をもたない。

② シュワン細胞の膜が何重にも巻き付いて形成される髄鞘をもつ神経繊維は，有髄神経繊維とよばれる。

③ 無髄神経繊維には電流を通しやすい髄鞘がないため，伝導速度が低い。

④ 有髄神経繊維が刺激されても，ランビエ絞輪では活動電位が発生しない。

⑤ 無髄神経繊維の一部が興奮すると，興奮部と隣接する静止部との間で活動電流が流れる。

⑥ 無髄神経繊維の伝導速度は，軸索が太いほど低い。(16 センター追試改)

(1) _____

(2) _____ m/秒

(3) _____

❷ ニューロンと筋肉の刺激への反応に関する文章を読み，下の問いに答えよ。

1つのニューロンを取り出し，電気刺激の強さを変えながら膜電位の変化を観察すると図1のような結果が得られた。刺激が弱いうちは活動電位が発生しないが，刺激が破線（ア）で示された強さ以上になると初めて興奮し，それ以上刺激を強くしても活動電位の大きさは変わらなかった。破線（ア）で示された興奮が起こる最小の刺激の強さを（　イ　）という。

一方，カエルのふくらはぎの筋肉（ひ腹筋）に座骨神経を付けたまま取り出した神経筋標本を用いて，神経に刺激を徐々に強くしながら与えていくと，図2のような筋肉の収縮が観察された。（　ウ　）以上の強さの刺激で筋肉が収縮しだし，それ以降は刺激が強くなると収縮も強くなり，（　エ　）以上の刺激では収縮の強さは一定になった。

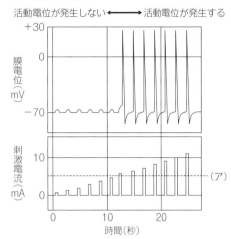
図1　刺激の強さ（下）と活動電位の大きさ（上）

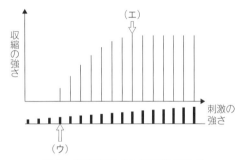
図2　刺激の強さと筋収縮の強さ

(1)　（　イ　）に入る語句および下線部で示された現象を示す語句をそれぞれ答えよ。

(1)イ	現象

(2)　ひ腹筋が弱い刺激では収縮せず，（　ウ　）以上の刺激で収縮しだす理由として最も適切なものを，次の①～⑤のうちから1つ選べ。

①　弱い刺激ではわずかに収縮した個々の筋細胞（筋繊維）が互いの動きを打ち消し合うので，一定以上の刺激がないと収縮しないため。

②　刺激が弱いと，収縮に必要な Ca^{2+} を取り込む時間を要するため。

③　筋細胞（筋繊維）はニューロンと同様に一定以上の刺激がないと活動電位が発生しないため。

④　座骨神経はすべての筋細胞（筋繊維）に接続していないので，刺激がすべての筋細胞（筋繊維）に伝わるまで時間が必要なため。

⑤　刺激初期は刺激に対する感受性が低く，刺激に慣れると感受性が高まるため。

(2)

(3)　ひ腹筋が（　エ　）以上の刺激を受けても収縮の強さが変化しない理由として最も適切なものを，次の①～⑤のうちから1つ選べ。

①　強い刺激を受けると，筋収縮に必要な Ca^{2+} の筋小胞体への取込みが追いつかなくなるため。

②　強い刺激を受けると，筋肉内に貯め込まれたクレアチンリン酸が枯渇してしまうため。

③　座骨神経が（　エ　）以上の刺激を受容することができないため。

④　（　エ　）以上の刺激では，筋肉がけいれんしないように，ミオシンが収縮の方向とは逆に働き始めるため。

⑤　（　エ　）以上の刺激の強さであれば，すべての筋細胞（筋繊維）が活動電位を発生するため。

（16 麻布大改）　(3)

❸ 動物の環境応答に関する次の文章を読み，下の問いに答えよ。

脊椎動物の神経系は，中枢神経系と末梢神経系に分けられる。中枢神経系は脳と ア からなり，末梢神経系は，働きの上では，感覚や運動に関与する イ と，消化や循環などの調節を行う ウ からなっている。神経系を構成するニューロンは，細胞体，樹状突起，および軸索の3つの構造に大きく分けられる。ほかのニューロンからの情報はおもに樹状突起で受け取られ，細胞体を経て活動電位として軸索を伝導していく。軸索の末端は，次のニューロンの樹状突起などとシナプスにおいて連絡し，次のニューロンへと(a)情報が伝達される。このようにして，神経系で情報は処理され，その情報に対する生体反応へとつながる。例えば，ヒトのひざ関節のすぐ下を軽くたたくと，思わず足が跳ね上がる(b)膝蓋腱反射が起こる。これは，筋肉中の受容器である筋紡錘で受容された刺激が，ニューロンを介して最終的に伸筋に伝わるからである。

(1) 上の文章中の ア ～ ウ に入る語句をそれぞれ答えよ。

(1)ア　　　　　　　　イ　　　　　　　　ウ

(2) 下線部(a)に関連して，シナプスで生じる化学的伝達のしくみについて，次の文章中の エ ～ カ に入る語句の組合せとして最も適当なものを，次の①～⑥のうちから1つ選べ。

活動電位が軸索の末端に到達すると，末端部にある エ が軸索の膜に融合し，内部に蓄えられていた オ が，シナプス間隙に向かって放出される。 オ は，隣接するニューロンの樹状突起上にある受容体（受容部位）に結合して， カ の活性化による電位変化などを起こす。

	エ	オ	カ
①	シナプス小胞	イオンチャネル	神経伝達物質
②	シナプス小胞	神経伝達物質	イオンチャネル
③	神経伝達物質	イオンチャネル	シナプス小胞
④	神経伝達物質	シナプス小胞	イオンチャネル
⑤	イオンチャネル	神経伝達物質	シナプス小胞
⑥	イオンチャネル	シナプス小胞	神経伝達物質

(2)＿＿＿＿＿＿＿＿＿

(3) 下線部(b)に関連して，膝蓋腱反射が起こる際の情報が伝わる経路を答えよ。　　　　　　　　（17センター本試，19センター追試改）

(3)＿＿＿＿＿＿＿＿＿

❹ 動物の環境応答に関する次の文章を読み，下の問いに答えよ。

ヒトの骨格筋は ア という多核の細長い細胞が束状に集まって構成されている。1個の ア 内には多数の イ が細胞の長軸方向に平行に並んでおり，さらに イ はT管や大量の ウ を蓄えている筋小胞体によって取り巻かれている。 イ を電子顕微鏡で拡大して観察すると，細い エ フィラメントと太い オ フィラメントが規則正しく配列している。骨格筋の収縮は，これらのフィラメントの働きによって起こる。

(1) 上の文章中の ア ～ オ に入る語句をそれぞれ答えよ。

(1)ア　　　　　イ　　　　　ウ　　　　　エ　　　　　オ

(2) 下線部に関連して，次の図1は，骨格筋内部の微細構造の一部を拡大して示した模式図である。図1のa～dのうち，筋収縮時に長さが短くなる部分をすべて選べ。

(2)＿＿＿＿＿＿＿＿＿

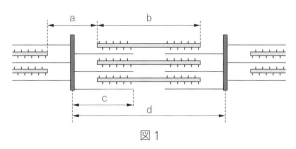

図1

(3) 下線部に関連して，骨格筋では，運動神経からの刺激により，次の図2のように単収縮が起こる。この現象に関する記述として最も適当なものを，次の①～⑤のうちから1つ選べ。

① 収縮期には，筋原繊維からアセチルコリンが放出される。

② 収縮期には，ミオシン頭部でATPが分解される。

③ 弛緩期には，細胞質基質のCa²⁺濃度が増加する。

④ 弛緩期には，ミオシンとアクチンが結合し始める。

⑤ 単収縮中に再び刺激を受けても，その筋の収縮は影響されない。 (15センター本試改)

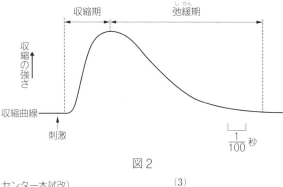

図2

(3) _____

❺ 動物の環境応答に関する次の文章を読み，下の問いに答えよ。

　ある高校では，缶詰のツナ缶を利用し，骨格筋の観察実験を行った。少量のツナを洗浄液の中で細かくほぐした後，よく水洗いしながらさらに細かくほぐした。これを染色液に浸してしばらくおいた後，よく水洗いしてスライドガラスにのせ，カバーガラスをかけて顕微鏡で観察した。接眼レンズを通して見えた像を撮影し，その一部を拡大した模式図が図1である。

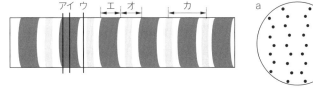

図1

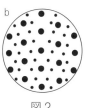

図2

(1) 図1の直線ア～ウに相当する位置での切断面の様子を模式的に示したものが，次の図2のa～cのいずれかである。切断した位置(ア～ウ)と断面図(a～c)の組合せとして最も適当なものを，次の①～⑥のうちから1つ選べ。

	ア	イ	ウ		ア	イ	ウ
①	a	b	c	②	a	c	b
③	b	a	c	④	b	c	a
⑤	c	a	b	⑥	c	b	a

(1) _____

(2) 図1のエ～カのうち，骨格筋が収縮したときに，その長さが変わる部分をすべて選べ。

(2) _____

(18共通テスト試行調査改)

32 生得的行動

1 生得的行動

　遺伝的プログラムによって決められたうまれつき備わっている定型的な行動を**生得的行動**という。

走性…生物が刺激に対して一定の方向に移動する行動。刺激に近づく場合を正の走性，刺激から遠ざかる場合を負の走性という。

かぎ刺激…ある特定の行動を引き起こさせる特徴的な刺激。

例① イトヨの攻撃行動…繁殖期に現れる雄の赤色の腹部がかぎ刺激となり，縄張りに侵入してきた雄を攻撃する。

例② イトヨの生殖行動…雌の腹部の膨らみがかぎ刺激となり，雄はジグザグダンスを行う。これがかぎ刺激となり雌も反応し，一連の生殖行動が行われる。

2 生得的行動の役割

≪移動（定位）行動≫

定位…刺激の発生源に対して生物がとる方向性をもつ体位や姿勢。

太陽コンパス…太陽の位置を基準に方向を感知するしくみ。

例 ミツバチ…えさ場が近いときは円形ダンスで，遠いときは太陽の位置を基準とした8の字ダンスで仲間に知らせる。

●ミツバチの8の字ダンスと円形ダンス

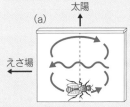
8の字ダンス（えさ場が遠いとき）
太陽
(a)
えさ場

円形ダンス
（えさ場が近いとき）

エコーロケーション…自分の鳴き声がターゲットからはね返って生じるエコーにより，ターゲットとの距離を判断して行動すること。

例 コウモリ…超音波を発して昆虫からのエコーを受容し，昆虫を捕らえる。

≪情報伝達≫

フェロモン…同種の個体間での情報伝達に使われる化学物質。

例 性フェロモン（カイコガ）…雌が分泌する性フェロモンを，雄が触角にある受容器で受容すると，雌に近づき交尾を行う。

ポイントチェック

□(1) 遺伝的なプログラムによって決められた定型的な行動を何というか。

□(2) 外部からの刺激に対し，一定の方向に移動する行動を何というか。

□(3) (2)で，刺激源に近づく場合を何というか。

□(4) 動物にある特定の行動を引き起こす特徴的な刺激を何というか。

□(5) イトヨの雄の，縄張りに入る同種の雄を追い払う行動を引き起こす(4)は何か。

□(6) イトヨの雄のジグザグダンスを引き起こす(4)は何か。

□(7) 太陽の位置を基準として方向を知るしくみを何というか。

□(8) (7)のように，刺激の発生源に対して生物がとる方向性をもつ体位や姿勢のことを何というか。

□(9) ミツバチが近いえさ場の位置を仲間に知らせるために行う行動は何か。

□(10) ミツバチが遠いえさ場の位置を仲間に知らせるために行う行動は何か。

□(11) 自身が放つ超音波などのエコーで，ターゲットとの距離を判断するしくみを何というか。

□(12) 同種の他個体に特定行動を引き起こす，体内で合成される化学物質は何か。

□(13) カイコガのように雌雄間において異性を引きつける分泌物質を特に何というか。

E X E R C I S E

▶**94 〈イトヨの繁殖行動〉** 次の文章を読み，下の問いに答えよ。

イトヨの雄は繁殖期が近づくと縄張りをつくり，巣に近づく同種の雄を攻撃して追い払う。巣をつくった雄の近くに，次のA〜Fの模型を近づける実験を行った。

(1) A〜Fのうち，繁殖期の雄が追い払うものをすべて選べ。

(2) 攻撃行動を引き起こす特定の刺激を何というか。また，イトヨのその刺激は何か。

(3) A〜Fのうち，繁殖期の雄に求愛行動を引き起こさせるものを1つ選べ。また，選んだ理由を答えよ。

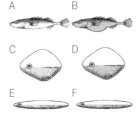

■：青 ■：赤 □：白

▶**95 〈生得的行動〉** 次の文章を読み，下の問いに答えよ。

動物の行動のうちで，太陽や星座などを手がかりにして，特定の方向性をもつことを（ ア ）という。（ ア ）には，刺激に対して一定の方向に行動する（ イ ）のような単純なものから，（ ウ ）を使ったミツバチの8の字ダンスのような複雑なものがある。さらに，超音波を使ってえさとの距離などを測るコウモリの（ エ ）などもある。これらの行動は遺伝的なプログラムによりうまれつき決まっている定型的な行動なので，（ オ ）とよばれる。

(1) 文中の（ ）に入る適語を答えよ。

(2) 下線部のダンスを行うのは，えさ場が遠いときと近いときのどちらか。

(3) （オ）の例として**誤っているもの**を，次の中から2つ選べ。

① ホシムクドリは，太陽の位置を基準に移動する方向を決める。

② 夜になると，ガが街灯の光に集まってくる。

③ コウモリは，超音波を発して昆虫のいる方向や形を読み取る。

④ ミツバチは蜜のある花の色を覚えて，繰り返しその花を訪れる。

⑤ チンパンジーは，木の枝などからつくった道具を利用してシロアリ釣りをする。

(21 千葉工業大改)

▶**96 〈フェロモン〉** 次の文章の（ ）に入る適語を答えよ。

動物のなかには，嗅覚に従って行動するものがある。動物のからだから放出され，同種の他個体の行動に影響を与えるようなにおい物質を（ ア ）といい，異性を引き付けるものを（ イ ）という。カイコガの雄は，雌が分泌した（ イ ）を（ ウ ）にある受容器で受容すると，（ イ ）が（ エ ）刺激となって直進歩行して雌に近づき，交尾を行う。

▶**94**

(1)

(2)

(3)記号

理由

▶**95**

(1) ア

イ

ウ

エ

オ

(2)

(3)

▶**96**

ア

イ

ウ

エ

33 習得的行動

1 習得的行動

うまれた後の経験や学習により，環境の変化に対して柔軟で複雑に応答できる行動を**習得的行動**という。

2 学習

うまれた後の経験により，状況に応じて行動を変化させることを**学習**という。

慣れ…同じ刺激を繰り返し受けることで，刺激に反応しなくなること。

例　アメフラシの水管を繰り返し刺激すると，えらを引っ込めなくなる。

●慣れの生じるしくみ(アメフラシ)

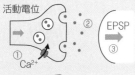

≪慣れ成立前≫
①電位依存性カルシウムチャネルを通ってCa²⁺が流入
②神経伝達物質の放出
③EPSPの発生

≪慣れ≫
①電位依存性カルシウムチャネルの不活性化
②神経伝達物質の減少
③EPSPが小さくなる

脱慣れ…慣れの成立後に，最初の刺激とは異なる刺激により慣れが消失する現象。

鋭敏化…最初の刺激とは異なる刺激により，最初の刺激に対する反応がより敏感になる現象。

●鋭敏化の生じるしくみ(アメフラシ)

①尾部の興奮が介在ニューロンに伝わり，介在ニューロンは神経伝達物質(セロトニン)を放出して興奮を伝達。
②水管ニューロンに流入するCa²⁺が増加しEPSPが大きくなる。脱慣れ・鋭敏化が起こる。
③尾を繰り返し刺激すると,遺伝子発現が変化し,水管ニューロンの分岐が増える。

3 その他の習得的行動

刷込み…生後のある期間に特定の対象を記憶し，特定の行動が形成されること。

例　ニワトリやカモのひなは，ふ化直後に母鳥のあとをついて歩くようになる。

試行錯誤学習…試行と失敗を繰り返すうちに合理的な行動がとれるようになること。

ポイントチェック

□(1)　うまれた後の経験や学習によって，環境の変化に対して柔軟で複雑に応答できる行動を何というか。

□(2)　うまれた後の経験により，状況に応じて行動を変化させることを何というか。

□(3)　同じ刺激を繰り返し受けることで，刺激に反応しなくなることを何というか。

□(4)　(3)の成立前，アメフラシの水管を刺激すると感覚ニューロン末端に流入する物質は何か。

□(5)　アメフラシの水管に刺激を与えた際の，運動ニューロンでの電位変化を何というか。

□(6)　水管に刺激を与え続けて(3)が成立する際，(5)は大きくなるか，小さくなるか。

□(7)　水管に刺激を与え続けて(3)が成立する際，感覚ニューロン末端から放出される神経伝達物質の量は多くなるか，少なくなるか。

□(8)　(3)の成立後に，最初の刺激とは異なる刺激により慣れが消失する現象を何というか。

□(9)　最初の刺激とは異なる刺激により，最初の刺激に対する反応がより敏感になる現象を何というか。

□(10)　生後のある期間に特定の対象を記憶し，特定の行動が形成されることを何というか。

□(11)　試行と失敗を繰り返すうちに合理的な行動がとれるようになることを何というか。

EXERCISE

▶97

▶**97〈習得的行動〉** 次の動物の行動は何とよばれるか。また習得的
行動に相当するものをすべて選べ。

A　ネズミは，迷路の中で迷いながらえさのあるゴールに偶然たど
り着く。これを何度も繰り返すと，迷う回数が減り，短時間でゴー
ルにたどり着けるようになる。

B　蚊は，ヒトが吐く二酸化炭素によってくる。

C　アメフラシの水管を刺激するとえらを引っ込めるが，刺激を短
時間に繰り返すと引っ込める行動が弱まる。

D　ミツバチは，太陽の位置を基準にしてダンスを行い，仲間にえ
さ場の位置を伝える。

E　ニワトリのひなは，ふ化直後に見た母鳥のあとをついて歩く。

▶97
(1) A
　　B
　　C
　　D
　　E
習得的行動

▶**98〈アメフラシの行動〉** 次の文章を読み，下の問いに答えよ。

　アメフラシの水管を機械的に刺激すると，えらを引っ込める行動
を示すことが知られている。

　えらを引っ込める行動は，次のようにして生じる。まず，水管に
刺激を与えると，興奮した（　ア　）の感覚ニューロンの末端にカル
シウムイオンが流入する。これにより，シナプス小胞から神経伝達
物質が放出され，これを受容した（　イ　）の運動ニューロンで
（　ウ　）性シナプス後電位が生じ，えらが引っ込む。

(1) 文中の（　）に入る適語を答えよ。

(2) アメフラシの水管に繰り返し機械的刺激を与えた際に起こる内
容として，最も適当なものを下から1つ選べ。

① 感覚ニューロンから放出される神経伝達物質が増加し，さら
にえらを引っ込める行動が強くなる。

② 感覚ニューロンに流入するカルシウムイオンが減少し，放出
される神経伝達物質が減少してえらを引っ込める行動が弱まる。

③ 感覚ニューロンに流入するカルシウムイオンが増加し，放出
される神経伝達物質が減少してえらを引っ込める行動が弱まる。

④ 感覚ニューロン・運動ニューロンで生じる興奮が小さくなる
ことで，えらを引っ込める行動が弱まる。

(3) (2)のアメフラシの尾に，電気刺激を与えると，水管の機械的刺
激によるえらの引っ込み行動が再び見られるようになった。この
ような現象を何というか。

(4) (3)のアメフラシの尾にさらに強い電気刺激を与えた際に起こる
内容として，**誤っているもの**を下から1つ選べ。

① 尾の感覚ニューロンから生じた興奮は，介在ニューロンを経
て水管の感覚ニューロンに伝わる。

② 介在ニューロンからはセロトニンという神経伝達物質が放出
される。

③ さらに電気刺激を与え続けると，尾の感覚ニューロンで遺伝
子の発現が変化して，分岐が増加する。

▶98
(1) ア
　　イ
　　ウ
(2)
(3)
(4)

123

❓❶ 動物の行動に関する次の文章を読み，下の問いに答えよ。

　動物は，環境から刺激を受けると，反応（応答）する動きをする。その動きが個体の生存や繁殖など に意味づけられるものを，(a)行動とよぶ。行動には，(b)特定の刺激に対するうまれながらに備わっ た定型的な反応や，経験によって継続的に変化する(c)学習がある。

(1) 下線部(a)に関連して，ミツバチは太陽の位置を利用して，花粉や蜜がとれる場所（以後，蜜源 とよぶ）の方角を特定している。ミツバチがどのように太陽の位置を利用して蜜源の方角を特定 しているかを調べるため，**観察 1 ～ 3** を行った。

観察 1　ある日の午後 4 時頃に，1 匹のミツバチが，巣箱から東に 200 メートル離れた場所で蜜 源を見つけた。このミツバチは，巣箱に戻ったあと，盛んに 8 の字ダンス（しり振りダンス）を 行い，他のミツバチは，そのダンスの後をついてまわった。

観察 2　8 の字ダンスの後をついてまわっていたミツバチは，翌朝の午前 9 時頃，他のミツバチ と接触することなく，巣箱から蜜源へと迷わずにまっすぐ飛んでいった。

観察 3　ふ化後，太陽の見えない環境で飼育し，成虫となったミツバチを巣箱に加えた。このミ ツバチは，初めのうちは蜜源をすぐに見つけ出すことができなかったが，3 日後には迷わずに 巣箱から蜜源へとまっすぐ飛んでいくようになった。

　観察 1 ～ 3 から導かれるミツバチの能力の考察として**誤っているもの**を，次の①～⑤のうちか ら 1 つ選べ。

① 他のミツバチとコミュニケーション（情報伝達）を行うことができる。

② 太陽の運行（太陽の動き）にあわせて，蜜源を特定することができる。

③ 時間を知るしくみを体内に備えている。

④ 200 メートル離れた蜜源の匂いを感じ取ることができる。

⑤ 太陽の位置を利用した蜜源の方角を知るしくみには，学習が関わっ ている。

(1) _____

(2) 下線部(b)に関連して，カモのなかまのハイイロガンのひな は，ふ化直後は頭上を飛ぶ鳥すべてに対して逃避姿勢をとる。 しかし，日がたつにつれ，親鳥に対しては逃避姿勢を示さな くなるが，攻撃してくるタカなどの猛禽類に対しては逃避姿 勢をとり続ける。生後しばらくたったひなの頭上で，図 1 に 示されている模型を左から右に動かしたところ，ひなは逃避 姿勢を示したが，模型を右から左に動かしたところ，ひなは 逃避姿勢を示さなかった。下の①～④のうち，このひなの反 応の説明として正しいものを 2 つ選べ。

① 模型が右から左に動くと，ひなは模型を猛禽類として識別する。

② 模型が右から左に動くと，ひなは模型を親鳥として識別する。

③ 模型が左から右に動くと，ひなは模型を猛禽類として識別する。

④ 模型が左から右に動くと，ひなは模型を親鳥として識別する。

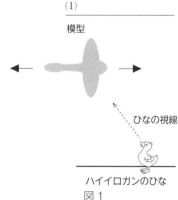

模型

ひなの視線

ハイイロガンのひな
図 1

(2) _____

(3) 下線部(c)に関して，受容器に無害な刺激を繰り返し与えると効果器の反応が弱まっていく学習を慣れといい，神経細胞間のシナプス伝達の変化が関わっている。図2は，受容器X1，X2と効果器Y1，Y2，それらをつなぐ神経細胞A～E，およびシナプスS1～S3を示している。X1とX2に無害な刺激が繰り返し与えられ，Y1とY2で反応が弱まったとき，シナプスS1～S3での伝達はどう変化するか。増加または低下で答えよ。ただし，すべてのシナプスでは興奮の伝達を行っており，神経細胞A～Eの活動電位が起きる閾値は変わらないものとする。

（20 センター追試改）

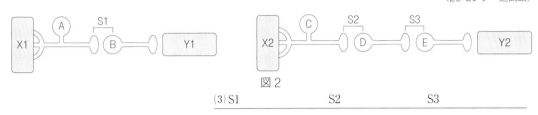

図2

(3) S1 _____ S2 _____ S3 _____

❓❷ 動物の行動に関する次の文章を読み，下の問いに答えよ。

動物は，経験に基づいて行動を変化させることがあり，これを学習という。多くの鳥類の雄は，繁殖期までに種に固有の音声構造をもつ歌（以下，自種の歌）をさえずるようになる。一部の鳥類では，若鳥がふ化後の一定期間（以下，X期）におもに父鳥の歌を聴いて記憶し，後の成長過程の一定期間（以下，Y期）に，記憶した歌と自らがさえずる歌を比較しながら練習を繰り返すことで，自種の歌が固定する。

自種の歌の獲得における学習の役割に関して，A種とB種の雄の若鳥をそれぞれ用いて，X期に聴かせる自種の歌の有無，Y期における若鳥の聴覚の有無をさまざまに組み合わせた，表1のような古典的な**実験1～4**がある。実験の結果，成鳥は，自種の歌の特徴が壊れた歌（以下，不完全な歌）または自種の歌をさえずることがわかった。

表1

| | X期 | Y期 | 成鳥において固定した歌（実験結果） | |
	聴かせる歌	若鳥の聴覚	A種	B種
実験1	なし	なし	自種の歌	不完全な歌
実験2	なし	あり	自種の歌	不完全な歌
実験3	自種の歌	なし	自種の歌	不完全な歌
実験4	自種の歌	あり	自種の歌	自種の歌

問 A種とB種について，自種の歌をさえずることができるようになるための条件（①～④）と，学習の関与の有無（⑤，⑥）についてそれぞれ適切なものを1つずつ選べ。ただし，同じものを繰り返し選んでもよい。
① 成長の過程で自種の歌を聴く必要はない。
② X期に自種の歌を聴く必要はないが，Y期に聴覚が必要である。
③ X期に自種の歌を聴く必要があるが，Y期に聴覚が必要ない。
④ X期に自種の歌を聴く必要があり，Y期に聴覚が必要である。

⑤ 学習が関与している。
⑥ 学習は関与していない。

A種 _____ ，_____

B種 _____ ，_____

（21 共通テスト本試改）

34 植物の環境応答と成長

1 環境応答

　植物は，外界からのさまざまな刺激（光，温度，重力，化学物質など）を感知すると，形態を変化させたり新たな器官を形成したりする。植物体内で合成され，微量で植物の形態や器官形成に影響を与える低分子の物質を**植物ホルモン**という。

屈性…刺激の方向に対して一定の方向性をもって屈曲する性質。刺激の方向に屈曲する正の屈性と，刺激の反対方向に屈曲する負の屈性がある。

傾性…刺激の方向に関係なく応答する性質。

●分裂組織

　植物では，分裂組織でつくられた細胞が分化し，器官が形成される。

茎頂分裂組織	葉や茎の細胞をつくる。
根端分裂組織	根の細胞をつくる。

●植物ホルモン

オーキシン	植物の成長，細胞の分化などに関与。
エチレン	果実の成熟，落葉促進などに関与。
ジベレリン	発芽や成長の促進に関与。
アブシシン酸	種子の休眠促進などに関与。

2 光屈性とオーキシン

　光屈性には**オーキシン**（天然のものは**インドール酢酸，IAA**）とよばれる植物ホルモンが関与している。

　オーキシンは先端部から基部側にしか移動しない（**極性移動**）。細胞膜にあり，オーキシンを排出する働きをもつ排出輸送体（PIN タンパク質）が細胞の基部側に集中して分布しているため，極性移動が起こる。

●光屈性とオーキシン

●オーキシンの輸送タンパク質

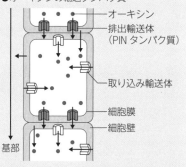

3 重力屈性とオーキシン

　根冠にはアミロプラストというデンプン粒を含んだ**平衡細胞（コルメラ細胞）**があり，重力の感知にはアミロプラストが関与している。

　オーキシンの感受性は各器官で異なり，茎で成長が促進される濃度であっても根では成長が抑制される場合がある。

●オーキシン濃度と成長

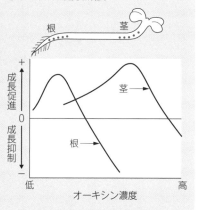

4 成長

植物の成長には，オーキシン，エチレン，ジベレリンが関与する。

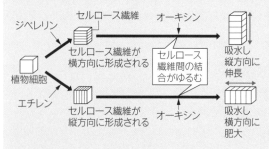

□(1) 植物体内で合成され，微量で植物の成長を調節する物質を何というか。

□(2) 刺激の方向に対して方向性をもって屈曲する植物の性質を何というか。

□(3) (2)で，刺激の方向に屈曲することを何というか。

□(4) (2)で，刺激とは反対の方向に屈曲することを何というか。

□(5) 刺激に対して，その方向に関係なく応答する性質を何というか。

□(6) (5)で，チューリップの花弁の開閉を引き起こす刺激は何か。

□(7) (2)のうち，茎に一定の方向から光を当てた場合，茎が光の方向へ屈曲する現象を何というか。

□(8) (7)に関与し，天然のものはIAAとよばれる(1)を何というか。

□(9) (7)において，(8)は茎の光側と陰側のどちらに移動するか。

□(10) (8)は茎の先端部側から基部側にしか移動しない。このような方向性にしたがった移動を何というか。

□(11) (10)には，細胞膜に存在する，(8)を排出する輸送タンパク質の位置が関係している。このタンパク質を何というか。

□(12) (2)のうち，芽ばえを水平に置くと根が下方へ屈曲する現象を何というか。

□(13) 芽ばえを水平に置くと，茎は上方と下方どちらに屈曲するか。

□(14) (12)に関与する，デンプン粒を含む細胞小器官を何というか。

□(15) (14)は根のどこに存在するか。

□(16) 植物細胞の伸長成長に関与する(1)を1つあげよ。

□(17) 植物細胞の肥大成長に関与する(1)を1つあげよ。

□(18) 植物細胞が吸水して成長するために，セルロース繊維間の結合をゆるめる働きをする(1)は何か。

5 光屈性の研究の歴史

●ダーウィンの実験（1880年）

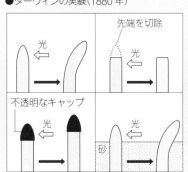

●ボイセン・イェンセンの実験（1913年）

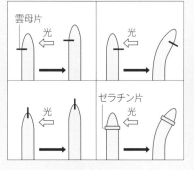

●ウェントの実験（1926年）

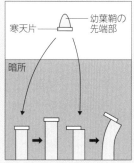

EXERCISE

▶**99〈屈性と傾性〉**　次の A ～ G の現象は，それぞれ何とよばれるか。
当てはまるものを下の①～⑩の中から１つずつ選べ。

A　エンドウの巻きひげが支柱に巻き付く。

B　根が地中の水分を感知して伸びる。

C　チューリップの花は，夜になり気温が下がると閉じる。

D　芽ばえに光を当てると，光の当たる方向に曲がる。

E　芽ばえを水平に置くと，根が重力の方向に曲がる。

F　リンドウの花は光が当たると開く。

G　オジギソウに触れると，葉が閉じる。

① 温度傾性　　② 接触傾性　　③ 光傾性　　④ 正の光屈性

⑤ 負の光屈性　　⑥ 正の重力屈性　　⑦ 負の重力屈性

⑧ 正の接触屈性　　⑨ 正の化学屈性　　⑩ 正の水分屈性

▶**99**

A ＿＿＿＿＿＿＿

B ＿＿＿＿＿＿＿

C ＿＿＿＿＿＿＿

D ＿＿＿＿＿＿＿

E ＿＿＿＿＿＿＿

F ＿＿＿＿＿＿＿

G ＿＿＿＿＿＿＿

▶**100〈植物の光屈性〉**　マカラスムギ(アベナ)の幼葉鞘を使って，
光屈性を調べるため，暗所で成長しつつある幼葉鞘に次の A ～ H
の処理を行った。下の問いに答えよ。

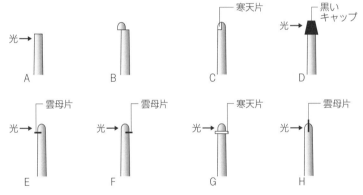

A　先端を切り取り，左側から光を当てた。

B　先端を切り取り，左側に片寄せてのせた。

C　左側を切り取り，寒天片をのせた。

D　先端に黒いキャップをかぶせて，左側から光を当てた。

E　雲母片を左側から中央まで差し込んで，左側から光を当てた。

F　雲母片を右側から中央まで差し込んで，左側から光を当てた。

G　先端を切り取り，間に寒天片をはさんで，左側から光を当てた。

H　雲母片を光の方向と垂直に差し込んで，左側から光を当てた。

(1)　A ～ H の処理の結果として考えられるものを，次の中からそ
れぞれ選べ。

　　① 左側に屈曲する　　② 右側に屈曲する　　③ 屈曲しない

(2)　成長を促進する働きがあり，光屈性に関与する植物ホルモンを
何というか。

▶**100**

(1) A ＿＿＿＿＿

　　B ＿＿＿＿＿

　　C ＿＿＿＿＿

　　D ＿＿＿＿＿

　　E ＿＿＿＿＿

　　F ＿＿＿＿＿

　　G ＿＿＿＿＿

　　H ＿＿＿＿＿

(2) ＿＿＿＿＿＿

▶**101〈オーキシンの極性移動〉** オーキシンを含む寒天片と含まない寒天片を用いて，幼葉鞘の一部をはさんでしばらくおいた。もともとはオーキシンを含んでいなかった寒天片にオーキシンが検出されると考えられるものを，次の中からすべて選べ。

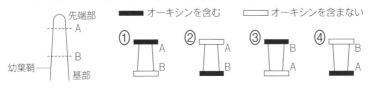

▶**102〈植物の重力屈性〉** 次の文章を読み，下の問いに答えよ。

植物は光や重力などの刺激を受けると，その刺激に対して一定の方向に屈曲する。芽ばえを水平に置くと，根は重力の方向に，茎はその反対の方向に屈曲する。根のこのような性質を（　ア　）といい，茎のこのような性質を（　イ　）という。これらの現象にはオーキシンがかかわっている。

(1)　下線部の現象の説明として最も適当なものを，次の中から1つ選べ。ただし，この現象は明所でも暗所でも同様に起こるものとし，また，水平に置いた芽ばえの重力の側を下側，重力と反対側を上側とよぶものとする。

①　オーキシンが下側に移動した結果，茎では下側の成長が促進され，根では下側の成長が抑制された。

②　オーキシンが上側に移動した結果，茎では下側の成長が促進され，根では下側の成長が抑制された。

③　オーキシンが茎では下側に移動し，根では上側に移動した結果，オーキシンの移動した側の成長が促進された。

④　オーキシンが茎では上側に移動し，根では下側に移動した結果，オーキシンの移動した側の成長が抑制された。

(2)　文中の（　）に入る適語を答えよ。

(3)　根の先端部分にある根冠を切除し，芽ばえを水平に置くと，根はどのようになるか。最も適当なものを，次の中から1つ選べ。

①　重力の方向に屈曲する。　　②　重力とは逆方向へ屈曲する。
③　どの方向へも屈曲しない。　④　根の成長が止まる。

(4)　重力方向の感知に関与する，根冠の細胞にある細胞小器官を何というか。

▶**103〈植物のオーキシン応答〉** 図1は茎と根のオーキシンに対する感受性を示したグラフである。芽ばえが図2の状態のとき，屈曲部位の重力方向側に分布するオーキシン濃度として最も適当なものを，図1の①〜③のうちから1つ選べ。

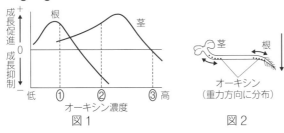

図1　　　　　　　　　　図2

4章 生物の環境応答

35 開花・結実の調節

1 花芽分化と日長

生物が日長の変化に影響を受けて反応する性質を**光周性**という。

限界暗期…花芽形成に必要な連続した暗期の長さ。

短日植物	限界暗期より暗期が長くなると花芽を形成。 例 アサガオ，イネ，キク，オナモミ，ダイズ
長日植物	限界暗期より暗期が短くなると花芽を形成。 例 アブラナ，コムギ，ホウレンソウ
中性植物	日長とは関係なく花芽を形成。 例 エンドウ，キュウリ，トマト

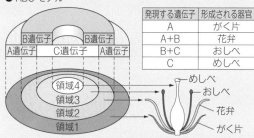

春化…花芽形成が一定期間の低温により促進される現象。人為的にこれを行うことを**春化処理**という。

2 花芽分化のしくみ

葉でつくられた**フロリゲン**は，師管を通って茎頂へ運ばれ，花芽形成を誘導する。

フロリゲンの本体は，シロイヌナズナでは**FT遺伝子**の転写・翻訳により合成される**FTタンパク質**である。

3 花の形成と遺伝子発現

ホメオティック遺伝子A，B，Cの働きで花の構造が形成されるという考え方を**ABCモデル**という。

● ABCモデル

発現する遺伝子	形成される器官
A	がく片
A＋B	花弁
B＋C	おしべ
C	めしべ

遺伝子AとCは互いに抑制しあう。遺伝子A，B，Cのどれかが欠損すると，ホメオティック突然変異が生じる。

例 遺伝子Aの欠損：領域1，2で遺伝子Cが発現し，めしべとおしべだけの花になる。
遺伝子Bの欠損：がく片とめしべだけの花になる。
遺伝子Cの欠損：領域3，4で遺伝子Aが発現し，がく片と花弁だけの花になる。

ポイントチェック

- □ (1) 生物が日長の影響を受けて反応する性質を何というか。
- □ (2) 花芽分化に重要なのは，暗期と明期のどちらの長さか。
- □ (3) 花芽形成に必要な連続した暗期の長さを何というか。
- □ (4) アサガオやオナモミなど，(3)より暗期が長くなると花芽を形成する植物を何というか。
- □ (5) アブラナやコムギなど，(3)より暗期が短くなると花芽を形成する植物を何というか。
- □ (6) エンドウやキュウリなど，日長とは関係なく花芽を形成する植物を何というか。
- □ (7) 暗期の途中で光を照射し，連続する暗期の長さを(3)以下にすることを何というか。
- □ (8) 花芽形成が一定期間の低温によって促進される現象を何というか。
- □ (9) フロリゲンはA.植物のどの器官でつくられ，B.どこを通って頂芽へ移動するか。 A▢ B▢
- □ (10) ホメオティック遺伝子A，B，Cの働きにより花の構造が決まるという考え方を何というか。
- □ (11) (10)で，花の構造の最も外側の領域では，遺伝子Aが単独に発現することで何が形成されるか。
- □ (12) (10)で，花の中心部の領域では，遺伝子Cが単独に発現することで何が形成されるか。
- □ (13) (10)の遺伝子Bが正常に機能しない場合，どのような構造の花になるか。

E X E R C I S E

▶**104〈光周性〉** 次の文章を読み，下の問いに答えよ。

　日長の変化によって引き起こされる生物の反応性を（　ア　）という。夏から秋にかけて咲くキクは（　イ　），春に咲くアブラナは（　ウ　）である。また，トマトのように日長とは関係なく花芽形成をする植物は（　エ　）とよばれる。1日の明暗の周期のうち，花芽形成に重要な働きをするのは（　オ　）の長さである。（　オ　）の長さは，植物の（　カ　）で感知され，そこで（　キ　）がつくられる。（　キ　）は植物体の（　ク　）を通って茎頂に移動し，花芽形成を促進する。

⑴　文中の（　）に入る適語を答えよ。

⑵　次の①～⑦の植物を(イ)，(ウ)，(エ)に分類せよ。

　①　イネ　　②　アサガオ　　③　コムギ　　④　エンドウ
　⑤　ホウレンソウ　　⑥　キュウリ　　⑦　ダイズ

⑶　右図のAは，花芽を形成するか
しないかの境界となる暗期の長さである。これを何というか。

⑷　(ウ)の植物を右図の①～④のような明暗条件で育てたとき，花芽が形成されるものをすべて選べ。

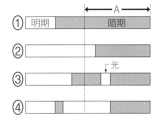

▶**105〈オナモミの花芽形成〉** 花芽形成のしくみを調べるため，短日植物のオナモミを用いて図のような短日処理の実験を行った。部位A～Iのうち，花芽を形成しなかったものをすべて選べ。

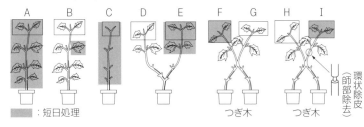

▶**106〈花の形成と ABC モデル〉**

　シロイヌナズナの ABC モデルに関する下の問いに答えよ。

領域	1	2	3	4
機能する遺伝子		B	B	
	A	A	C	C
花の構造	がく片	花弁	おしべ	めしべ

⑴　突然変異の結果，遺伝子Cが機能しなくなった植物の花の構造を，領域1～4の順に答えよ。

⑵　正常な花をもつ個体の遺伝子型は AABBCC，AaBBCC のように表すことができる。遺伝子型が aaBbCC の個体では，どのような花がつくられるか。花の構造を領域1～4の順に答えよ。

▶**104**

⑴　ア
　イ
　ウ
　エ
　オ
　カ
　キ
　ク

⑵　イ
　ウ
　エ

⑶

⑷

▶**105**

▶**106**

⑴

⑵

36 その他の環境応答

1 発芽のしくみ

●植物ホルモンによる発芽調節（オオムギの発芽）

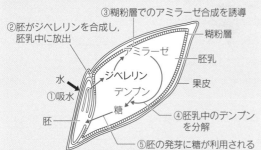

②胚がジベレリンを合成し，胚乳中に放出
③糊粉層でのアミラーゼ合成を誘導
糊粉層
胚乳
果皮
水
①吸水
アミラーゼ
ジベレリン
デンプン
糖
胚
④胚乳中のデンプンを分解
⑤胚の発芽に糖が利用される

※アブシシン酸により休眠が促進される。

発芽に光が必要な種子を**光発芽種子**という。光発芽種子の発芽は，赤色光が**フィトクロム**とよばれる光受容体に受容されることで促進される。

●光発芽のしくみ

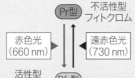

Pr型 → 不活性型フィトクロム
赤色光（660 nm）
遠赤色光（730 nm）
活性型フィトクロム ← Pfr型
↓
ジベレリン合成誘導

2 環境ストレスへの応答

植物体内の水分が不足すると，アブシシン酸が合成されて気孔を閉じさせる。

●気孔の開閉

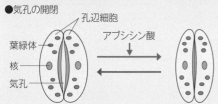

孔辺細胞
葉緑体
核
気孔
アブシシン酸

給水すると気孔が開く　　水分が不足すると気孔が閉じる

頂芽が成長しているとき，側芽の成長が抑制される現象を**頂芽優勢**という。頂芽優勢には，**オーキシン**が関与している。

●頂芽優勢

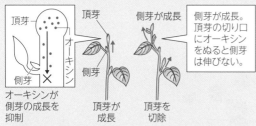

頂芽
オーキシン
側芽
オーキシンが側芽の成長を抑制

頂芽
側芽
側芽が成長
頂芽が成長

側芽が成長。頂芽の切り口にオーキシンをぬると側芽は伸びない。

頂芽を切除

土壌中の酸素が不足するとエチレンが合成され，根の皮層の細胞にプログラム細胞死を起こさせる。強風が吹くときもエチレンが合成され，茎を太くする。

□(1)　オオムギの胚でつくられ，発芽の促進に働く植物ホルモンは何か。

□(2)　(1)は，オオムギの種子のどの部位に作用してアミラーゼ合成を誘導するか。

□(3)　レタスやタバコの種子のように，発芽に光を必要とする種子を何というか。

□(4)　(3)の発芽に関与する赤色光の受容体を何というか。

□(5)　レタス種子に赤色光→遠赤色光→赤色光→遠赤色光の順番で光を当てた場合，種子は発芽するか。

□(6)　種子の休眠を促進する植物ホルモンは何か。

□(7)　植物体内で水分が不足した際に合成が促進され，気孔を閉じさせる働きをする植物ホルモンは何か。

□(8)　孔辺細胞の気孔側と反対側とでは，どちらの細胞壁が厚くなっているか。

□(9)　頂芽が成長しているとき，側芽の成長は抑制される。この現象を何というか。

□(10)　頂芽が成長しているとき，側芽の成長を抑制する植物ホルモンは何か。

□(11)　土壌中の酸素が不足すると合成が促進され，根の皮層の細胞にプログラム細胞死を起こさせる植物ホルモンは何か。

□(12)　強風などにより合成が促進され，茎を太く短くする植物ホルモンは何か。

EXERCISE

▶107〈種子の発芽〉 次の文章を読み，下の問いに答えよ。

イネの種子を図のように調整して十分に吸水させた後，一定時間培養し，胚乳のアミラーゼ活性を計測したところ，表のような結果が得られた。

アミラーゼ活性	
実験1	検出
実験2	検出なし
実験3	検出
実験4	検出なし

(1) 実験1で，植物ホルモンを処理しなくてもアミラーゼ活性が検出されたのは，種子が吸水したあと，(a)どこで，(b)何とよばれる植物ホルモンが合成されたからか。

(2) 実験4において，アミラーゼ活性が検出されなかったのは，次の理由による。文中の（ ）に入る適語を答えよ。

アミラーゼは種子表面の（ ア ）において，（ イ ）の働きによって合成されるが，実験4では種子表面を研磨したため，（ ア ）が取り除かれ，アミラーゼが合成されなかった。

▶108〈気孔の開閉〉 文中の（ ）に入る適語を答えよ。

植物は水分の不足を感知すると，気孔を閉じて水分の損失を防いでいる。植物体内ではまず，（ ア ）が合成され，（ ア ）が（ イ ）細胞に作用して気孔が閉じる。（ イ ）細胞の細胞壁は，気孔側が（ ウ ）く，反対側が（ エ ）いため，吸水すると外側に向かってふくらみ気孔が開く。

▶109〈さまざまな植物ホルモン〉 次のA〜Eの文章を読み，あてはまる植物ホルモンの名称をそれぞれ答えよ。ただし，同じ名称のホルモンを何度用いてもよい。

A 果実の成熟や離層の形成を促進する気体で，細胞の肥大成長にも関与する。

B 頂芽優勢に関与し，細胞壁の強度を弱めることで茎の細胞成長を促進する。

C 細胞の伸長成長，子房の発達，発芽の促進に関わる。

D 光屈性に関与し，細胞膜にある排出輸送体によって，植物の先端側から基部側へ輸送される極性移動を行う。

E セルロース繊維を横方向に形成し，吸水によって縦方向への伸長を促進する。

▶107

(1) (a)

(b)

(2) ア

イ

▶108

ア

イ

ウ

エ

▶109

A

B

C

D

E

37 被子植物の受精と発生

❶ 被子植物の配偶子形成

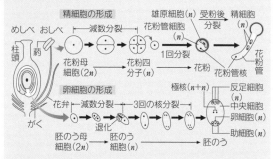

花粉管は**助細胞**が分泌する物質に誘引されて伸長し，**卵細胞**に到達する。

❷ 被子植物の受精

花粉管の2個の精細胞(n)のうち，1個が胚のうの卵細胞(n)と受精し**胚**($2n$)になる。もう1個の精細胞は**中央細胞**($n+n$)の2つの**極核**と融合し，**胚乳**($3n$)になる。このように受精と融合が続いて起こる被子植物特有の受精を**重複受精**という。

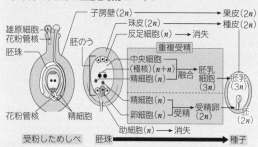

❸ 種子と果実の形成

●ナズナの胚発生

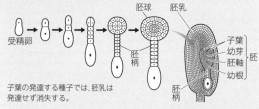

子葉の発達する種子では，胚乳は発達せず消失する。

種子には，栄養分を胚乳に蓄える**有胚乳種子**と子葉に蓄える**無胚乳種子**がある。

例 有胚乳種子：イネ，トウモロコシ，カキ
無胚乳種子：ナズナ，エンドウ，クリ

種子が成熟する頃，果実から**エチレン**が放出されて，果実が成熟する。エチレンにより**離層**の形成が促進され，果実は脱落する。

□(1) 被子植物の葯の中で，減数分裂を行う細胞は何か。

□(2) (1)が減数分裂してできた4個の細胞の集まりを何というか。

□(3) 花粉形成時，花粉管細胞に包み込まれる細胞を何というか。

□(4) 伸長した花粉管には，1つの花粉管核と2つの何が含まれるか。

□(5) 胚のう母細胞の減数分裂によって生じた4個の細胞のうち，3個は退化する。残りの1個の細胞を何というか。

□(6) (5)は何回核分裂をして胚のうになるか。

□(7) 1個の胚のうには全部で何個の核があるか。

□(8) 花粉管を誘引する物質を分泌する細胞は何か。

□(9) 2つの精細胞のうち，1つが卵細胞と受精し，もう1つが中央細胞と融合する被子植物特有の受精を何というか。

□(10) 精細胞と卵細胞が受精し，受精卵を経たあと何ができるか。

□(11) 精細胞と中央細胞の融合で何ができるか。

□(12) 胚珠を包んでいた珠皮は，種子では何になるか。

□(13) 子葉に栄養分を蓄える種子を何というか。

□(14) エチレンの働きかけによって果柄の基部に形成される細胞層を何というか。

E X E R C I S E

▶**110 〈被子植物の生殖〉** 図は，被子植物の配偶子形成の模式図である。

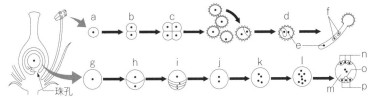

珠孔

(1) 図の a，c，f，i，m，o の名称をそれぞれ答えよ。
(2) 図の a〜p の記号を用いて，減数分裂が行われている時期を
   すべて示せ。例 d〜f
(3) 被子植物に見られる受精を何というか。
(4) 図の a〜f で，核分裂は何回起こっているか。
(5) 図の e，g，m，p の染色体構成を n や 2n などで示せ。
(6) 図の m〜p のうち，花粉管を誘引する物質を分泌するのはど
   れか。

▶**111 〈被子植物の受精〉** 次の文章を読み，（　）に入る適語を下から選べ。

右図は，受精直前の被子植物の花の模式
図である。図の a の中には，（　ア　）と雄
原細胞があるが，受粉後，雄原細胞は分裂
して（　イ　）となる。b の中では，（　ウ　）
の核が（　エ　）回分裂して（　オ　）ができ
る。（　オ　）の中では，核のまわりで起こっ
た細胞質分裂により，c の（　カ　）が3個，
d の（　キ　）が2個，e の（　ク　）が1個，そして f の（　ケ　）を
2個もつ（　コ　）ができる。やがて，（　イ　）1個と（　ク　）が受
精し受精卵となり，同時にもう1個の（　イ　）と（　コ　）が融合し
（　サ　）となる。受精後，発生が進み種子ができると，受精卵は
（　シ　）になり，（　サ　）は（　ス　）になる。

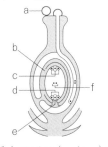

① 2　② 3　③ 4　④ 胚　⑤ 胚乳　⑥ 胚乳細胞
⑦ 卵細胞　⑧ 精細胞　⑨ 助細胞　⑩ 極核
⑪ 反足細胞　⑫ 胚のう　⑬ 胚のう細胞　⑭ 中央細胞
⑮ 花粉管核

▶**112 〈ナズナの胚発生〉** 図は，ナズナの胚発生のある時期の状態を
模式的に示したものである。下の問いに答えよ。
(1) 図の a〜c の名称を答えよ。
(2) 種子が発芽したのちに根や茎に育っていく
   のは，図の a〜c のうちのどの部分か。
(3) 完成した種子で栄養分を蓄えている部分は，
   図の a〜c のどこに由来するか。

▶110
(1) a
　　c
　　f
　　i
　　m
　　o
(2)
(3)
(4)
(5) e　　　　　　g
　　m　　　　　　p
(6)

▶111
ア	イ
ウ	エ
オ	カ
キ	ク
ケ	コ
サ	シ
ス	

▶112
(1) a
　　b
　　c
(2)
(3)

❶ 植物の成長に関する研究の文章を読み，下の問いに答えよ。

研究1 ダーウィンは，クサヨシの幼葉鞘を用いて図1の実験をした。一方向から光を当てると，幼葉鞘は ア こと，また，その先端部を切り取ると イ こと，さらに下部を遮光することで先端部だけに光を当てると ウ ことを観察した。これらの結果から，光の方向が幼葉鞘の先端部で感知され，その下部が屈曲すると考えられた。

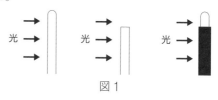

図1

研究2 ボイセン・イェンセンは，マカラスムギの幼葉鞘を用いて図2の実験をした。一方向から光を当てると，幼葉鞘の先端の切断部分に水溶性物質を通すゼラチンをはさんだ場合， エ こと，また水溶性物質を通さない雲母片をはさんだ場合， オ ことを観察した。さらに，幼葉鞘の先端部の下に雲母片を水平に光の当たる側から途中まで差し込んだ場合， カ こと，そして光の当たらない側から途中まで差し込むと キ ことを観察した。これらの結果から，光の情報は，幼葉鞘の先端部で合成される水溶性の成長促進物質が光の当たらない側を基部方向に移動することで伝わると考えられた。

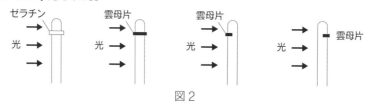

図2

研究3 ウェントは，マカラスムギの幼葉鞘を用いて図3の実験をした。幼葉鞘の先端部を切り取り，それを寒天の上に置き，先端部に存在する物質を寒天に染み込ませた。次に，その寒天を幼葉鞘の切り口の片側にのせると，光を当てない暗所において， ク ことを観察した。この結果から，幼葉鞘の先端部には，成長促進物質が存在することが明らかになった。のちに，マカラスムギの幼葉鞘の先端部からこの成長促進物質が取り出され，それはオーキシンと名付けられた。

図3

(1) 上の文章中の ア ～ ク に当てはまるものを，次の①～⑤のうちから1つずつ選べ。なお，同じものを繰り返し選んでもよい。

① 光の当たる方向に屈曲する ② 光の当たる方向とは逆側に屈曲する
③ 寒天をのせた側に屈曲する ④ 寒天をのせなかった側に屈曲する
⑤ 屈曲しない

(2) 下線部と同様の現象は，茎でも認められる。この現象を支えるために，茎の細胞で働くしくみとして適切なものを，次の①～④のうちからすべて選べ。

① オーキシンは，細胞膜に存在するオーキシン取り込み輸送体によって，細胞外から細胞内に移動する。

② オーキシンは，基部側の細胞膜にのみ存在するオーキシン取り込み輸送体によって，細胞外から細胞内に移動する。

③ オーキシンは，頂端側の細胞膜にのみ存在するオーキシン排出輸送体によって，細胞内から細胞外へと排出される。

④ オーキシンは，基部側の細胞膜に存在するオーキシン排出輸送体によって，細胞内から細胞外へと排出される。

(21 東京薬科大改)

(1)ア	イ
ウ	エ
オ	カ
キ	ク

(2)＿＿＿＿＿＿＿＿

❷❷ 植物の環境応答に関する次の文章を読み，下の問いに答えよ。

　植物が水分不足によって乾燥ストレスを受けると，植物体内からの水分損失を防ぐために気孔を閉じるとともに，さまざまな遺伝子の発現が変化し，乾燥に耐えようとする。この乾燥耐性には植物ホルモンの1つであるアブシシン酸が関わっており，植物体内でアブシシン酸が合成され，アブシシン酸の受容・情報伝達が適切に行われると，乾燥耐性が誘導される。乾燥ストレスとアブシシン酸の関係をさらに調べるため，乾燥耐性が著しく低下したシロイヌナズナの変異体Aおよび変異体Bを用いて，**実験1・実験2**を行った。

実験1　シロイヌナズナの野生型植物，変異体A，および変異体Bに対し，土壌中の水分を10日間制限することで乾燥ストレスを与えた。対照実験として，乾燥ストレスを与えない実験も実施した。その後，すべての植物を回収し，それぞれについてアブシシン酸の量を測定したところ，図1の結果が得られた。

実験2　遺伝子Xは，シロイヌナズナにアブシシン酸を処理したときに発現量が増加する代表的な遺伝子であり，アブシシン酸が作用していることを直接的に示す指標として用いられる。野生型植物，変異体A，および変異体Bを用意し，適切な濃度のアブシシン酸を噴霧した。対照実験として，アブシシン酸を噴霧しない実験も実施した。10時間後，それぞれの植物における遺伝子Xの発現量を測定したところ，図2の結果が得られた。

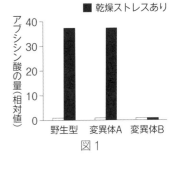

図1

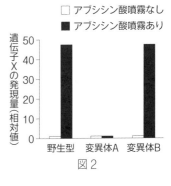

図2

(1)　**実験1**の結果から導かれる，乾燥ストレスを受けたときの変異体Aおよび変異体Bにおけるアブシシン酸の合成に関する考察として最も適当なものを，次の①〜④のうちから1つ選べ。
① 変異体Aおよび変異体Bでは，ともに正常である。
② 変異体Aでは正常で，変異体Bでは異常である。
③ 変異体Aおよび変異体Bでは，ともに異常である。
④ 変異体Aでは異常で，変異体Bでは正常である。

(1) _____

(2)　**実験1・実験2**の結果をふまえて，アブシシン酸を噴霧したときに予想される変異体Aおよび変異体Bの乾燥耐性の記述として最も適当なものを，次の①〜④のうちから1つ選べ。
① 変異体Aおよび変異体Bの乾燥耐性は，ともに回復する。
② 変異体Aの乾燥耐性は回復するが，変異体Bの乾燥耐性は回復しない。
③ 変異体Aの乾燥耐性は回復しないが，変異体Bの乾燥耐性は回復する。
④ 変異体Aおよび変異体Bの乾燥耐性は，ともに回復しない。

(2) _____

(3)　下線部に関連して，種子の発芽に関する次の文章中の ア ～ ウ に入る語句をそれぞれ答えよ。

　アブシシン酸は種子の発芽を抑制するのに対し，ジベレリンは種子の発芽を促進する。例えば，オオムギ種子が吸水すると， ア で合成されたジベレリンは イ に働きかけてアミラーゼの合成を誘導し， ウ に貯蔵されているデンプンを分解する。

(3)ア _____

イ _____

ウ _____

（20 センター本試改）

❸ 植物の環境応答に関する次の文章を読み，下の問いに答えよ。

植物の成長・発達は周囲の光環境によって調節される。さまざまな現象が光の作用を受けており，複数の光受容体が知られている。フィトクロムは Pr 型と Pfr 型の 2 つの型をとり，Pr 型は ア を吸収すると Pfr 型に，Pfr 型は イ を吸収すると Pr 型になる。ウ 型は光発芽種子の発芽促進などを行う。また，青色光を吸収するフォトトロピンは，エ の調節などに働く。植物の細胞に対する光の作用を調べるため，次の実験を行った。

実験 1 青色光は細胞内での葉の葉緑体の分布にも影響を与える。下図に示すように，細胞に部分照射をすると，葉緑体は弱い光の照射部位には集合し，強い光からは逃避する。この集合反応と逃避反応に働く光受容体を調べるため，シロイヌナズナの葉の細胞を用いて実験を行った。野生型，光受容体 X を欠く変異体 x，光受容体 Y を欠く変異体 y，および X と Y の両方を欠く変異体 xy を用いて，集合反応と逃避反応を調べたところ，次の表の結果が得られた。

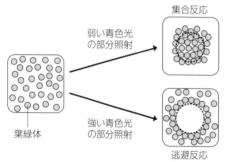

	集合反応	逃避反応
野生型	○	○
変異体 x	○	○
変異体 y	○	×
変異体 xy	×	×

○：起こる，×：起こらない

(1) 上の文章中の ア ～ エ に入る語句の組合せとして最も適当なものを，次の①～⑧のうちから 1 つ選べ。

	ア	イ	ウ	エ
①	赤色光	遠赤色光	Pr	光屈性
②	赤色光	遠赤色光	Pr	胚軸や茎の伸長
③	赤色光	遠赤色光	Pfr	光屈性
④	赤色光	遠赤色光	Pfr	胚軸や茎の伸長
⑤	遠赤色光	赤色光	Pr	光屈性
⑥	遠赤色光	赤色光	Pr	胚軸や茎の伸長
⑦	遠赤色光	赤色光	Pfr	光屈性
⑧	遠赤色光	赤色光	Pfr	胚軸や茎の伸長

(1) _____

❓(2) **実験 1** の結果から導かれる，葉緑体の集合反応と逃避反応に必要な光受容体に関する考察としてそれぞれ最も適当なものを，次の①～⑤のうちから 1 つずつ選べ。ただし，同じものを繰り返し選んでもよい。

① 光受容体 X が必要である。

② 光受容体 Y が必要である。

③ 光受容体 X または光受容体 Y のどちらか一方があればよい。

④ 光受容体 X と光受容体 Y の両方がともに必要である。

⑤ 光受容体 X と光受容体 Y のどちらも必要ではない。

(2)集合 _____

逃避 _____

(16 センター追試改)

❹ 植物の環境応答に関する次の文章を読み，下の問いに答えよ。

　被子植物の多くは，日長や温度から季節の変化をとらえて，花芽を形成する。日長の変化は，おもに　ア　を吸収する光受容体であるフィトクロムによって検知されており，長日植物は日長が長くなると花芽を形成し，短日植物は日長が短くなると花芽を形成する。また，一部の植物では，一定期間低温にさらされると花芽形成が促進され，この現象は　イ　とよばれる。花芽形成には，フロリゲンがかかわる。フロリゲンの実体は長年にわたり不明であったが，FT とよばれる　ウ　であることが明らかになった。

(1)　上の文章中の　ア　～　ウ　に入る語句の組合せとして最も適当なものを，次の①～⑧のうちから1つ選べ。

	ア	イ	ウ		ア	イ	ウ
①	緑色光	休眠	mRNA	②	緑色光	休眠	タンパク質
③	緑色光	春化	mRNA	④	緑色光	春化	タンパク質
⑤	赤色光と遠赤色光	休眠	mRNA	⑥	赤色光と遠赤色光	休眠	タンパク質
⑦	赤色光と遠赤色光	春化	mRNA	⑧	赤色光と遠赤色光	春化	タンパク質

(1)＿＿＿＿＿＿＿

⚡(2)　下線部に関して，ある植物aと植物bを図のI～Ⅲに示すような24時間周期の日長条件で栽培し，花芽が形成されるかどうかを調べ，図の右側の結果を得た。次に，図のⅣとⅤの日長条件で栽培した。このとき，推定される花芽形成の結果（　エ　・　オ　）として最も適当なものを，下の①～⑨のうちからそれぞれ1つ選べ。ただし，同じものを繰り返し選んでもよい。なお，花芽形成ありを＋，花芽形成なしを−，I～Ⅲの結果から推定できない場合を？で表すものとする。

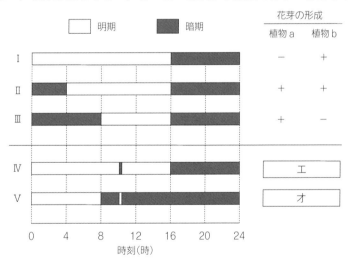

	植物a	植物b		植物a	植物b		植物a	植物b
①	＋	＋	②	＋	−	③	＋	？
④	−	＋	⑤	−	−	⑥	？	＋
⑦	−	？	⑧	？	＋	⑨	？	？

(2)エ＿＿＿＿＿＿

　　オ＿＿＿＿＿＿

（15 センター追試改）

⑤ 植物の生殖と発生に関する次の文章を読み，下の問いに答えよ。

　ある植物種 X は，重複受精を行う。しかし，胚の
う形成において，2 個の助細胞と 1 個の卵細胞は形成
されるが，反足細胞は形成されず，極核は 1 個である。
種 X の助細胞，胚の細胞，胚乳の細胞，精細胞，お
よび子房壁の細胞に含まれる DNA の量を調べたとこ
ろ，右図の結果が得られた。

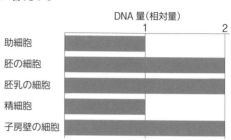

問　種 X における胚のうと，その形成に関する記述
　として適当なものを，次の①〜⑧のうちから 2 つ選べ。

① 減数分裂の第一分裂が起こらない。
② 減数分裂の第二分裂が起こらない。
③ 胚のう細胞が 1 回の核分裂を行って，胚のうが形成される。
④ 胚のう細胞が 2 回の核分裂を行って，胚のうが形成される。
⑤ 胚のう細胞が 3 回の核分裂を行って，胚のうが形成される。
⑥ 極核に含まれる DNA 量は卵細胞に含まれる DNA 量と同じである。
⑦ 極核に含まれる DNA 量は卵細胞に含まれる DNA 量の 2 倍である。
⑧ 極核に含まれる DNA 量は卵細胞に含まれる DNA 量の 3 倍である。

（16 センター追試改）

⑥ 植物の生殖と発生に関する次の文章を読み，下の問いに答えよ。

　動物と植物の<u>配偶子形成</u>と受精のしくみには，共通性がある。特に受精に先立って雄性配偶子が
雌性配偶子にたどり着くのは，動物と植物で共通している。被子植物では，雄性配偶子（精細胞）を
運ぶ花粉管が胚のうの方向に誘引される。植物の雄性配偶子を雌性配偶子に導くしくみを調べるた
め，次の**実験1**を行った。

実験1　被子植物のトレニアの胚珠は次の図1に示すように，胚のうの一部が裸出していて，卵細
　胞，助細胞および中央細胞の一部を顕微鏡で容易に観察できる。花粉管の誘引にかかわるのはど
　の細胞かを調べるため，未受精あるいは受精後の胚のうを含む胚珠を切り出して，卵細胞，助細
　胞または中央細胞のいずれかをレーザー光線で死滅させて観察したところ，次の表1の結果が得ら
　れた。

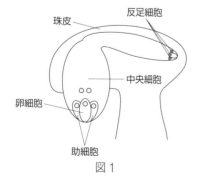

図1

表1

胚のうの種類	死滅させた細胞	花粉管の誘引
未受精の胚のう	なし	あり
	卵細胞	あり
	中央細胞	あり
	助細胞 1 個	あり
	助細胞 2 個	なし
受精後の胚のう	なし	なし

問　**実験1**から得られた結果に関して，花粉管の誘引に必
　要な細胞は何か。また，受精後に誘引活性はどのように変
　化するか。それぞれ答えよ。　（15 センター本試改）

細胞 _____

誘引活性 _____

❼ 植物の生殖と発生に関する次の文章を読み，下の問いに答えよ。

　花の器官は，同心円状の4つの領域（ここでは外側から領域1〜4とよぶ）に形成される。花器官の形成には，クラスA，BおよびCとよばれる3つのクラスの遺伝子が関わっており（以後，A，BおよびCとよぶ），これらの遺伝子の組合せによって各器官の発生が決定されている。このしくみを <u>ABCモデル</u> という。シロイヌナズナでは，花器官に対応するA，BおよびCの発現する領域は，次の図1のようになる。

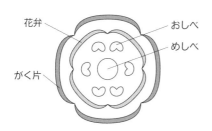
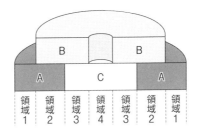

図1

(1)　下線部に関する次の記述①〜⑥のうち，正常な花器官の形成で見られるA，BおよびCの関係の記述として最も適当なものを3つ選べ。

①　Aは，Bと協同して働くことができる。
②　AとBは，互いの働きを抑える（排除する）関係がある。
③　Aは，Cと協同して働くことができる。
④　AとCは，互いの働きを抑える（排除する）関係がある。
⑤　Bは，Cと協同して働くことができる。
⑥　BとCは，互いの働きを抑える（排除する）関係がある。

(2)　植物の中には，図1とは異なり，がく片がないものも存在する。例えばチューリップの花では，領域1にも花弁がつくられて，図2のように花弁が二重になる。チューリップでもABCモデルにしたがって花器官が形成されるとした場合，領域1で働いている遺伝子のクラスに関する記述として最も適当なものを，次の①〜⑧のうちから1つ選べ。

①　Aのみが働いている。　　②　Bのみが働いている。
③　Cのみが働いている。　　④　AおよびBが働いている。
⑤　AおよびCが働いている。　　⑥　BおよびCが働いている。
⑦　A，BおよびCはすべて働いている。
⑧　A，BおよびCはすべて働いていない。

(3)　A，B，Cすべてのクラスの遺伝子に異常がある場合，形成される器官として最も適当なものを，次の①〜⑤のうちから1つ選べ。

①　がくのみからなる器官　　②　花弁のみからなる器官
③　おしべのみからなる器官　　④　めしべのみからなる器官
⑤　葉のみからなる器官

(1) _____

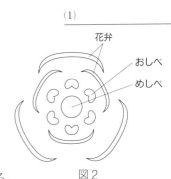

図2

(2) _____

(3) _____

（15センター追試改）

4章　生物の環境応答

38 個体群の性質

1 個体群

個体…個々の生物体。

個体群…ある地域に生息する同種個体の集まり。

生物群集…ある地域に生息・生育するすべての個体群の集まり。

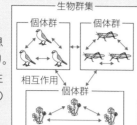

2 個体群の構造

個体群の大きさは，一定空間（面積，体積）あたりの個体数である**個体群密度**や，一定空間あたりの個体群の総重量である**現存量**で表される。個体群の大きさが同じでも，分布のしかたによっては，場所による密度が異なる。

●個体の分布

集中分布	一様分布	ランダム分布
（相互依存関係）	（排他的関係）	（個体間の関係 なし）

3 個体群の調査方法

区画法…一定面積の区画をいくつか設定し，その平均密度から個体数を推定する方法。

標識再捕法…ある個体群の個体を捕獲し，標識をつけて放し，再び捕獲して個体数を推定する方法。

$$全個体数 = \frac{再捕獲した個体数}{再捕獲した標識個体数} \times 戻した標識個体数$$

4 個体群の成長

個体群の個体数の増加を**個体群の成長**といい，これを表したグラフを**成長曲線**という。一般に個体数の増加に伴い，食物や生活空間の不足などの影響により，成長曲線はS字型となる。

●成長曲線

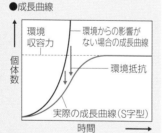

密度効果…個体群密度の変化に伴い，**種内競争**などが起こり，個体の増殖率や形態・行動が変化すること。

相変異…個体群密度の違いによって，個体の形態や行動，生理的性質などが変化すること。

　例 トノサマバッタの孤独相と群生相

最終収量一定の法則…植物の個体群では，密度が高いと個々の植物体は小さくなるが，現存量は密度の違いにかかわらず生育が進むにつれてほぼ一定となる。

ポイントチェック

☐(1)　ある地域に生息する同種個体の集まりを何というか。

☐(2)　ある地域に生息するすべての(1)の集まりを何というか。

☐(3)　(1)における一定空間あたりの個体数を何というか。

☐(4)　一定空間あたりの(1)の総重量を何というか。

☐(5)　個体が集中して分布していることを何というか。

☐(6)　個体が一定の間隔で分布していることを何というか。

☐(7)　個体が不規則に分布していることを何というか。

☐(8)　生息地域に一定面積の区画を設定して個体数を推定する方法を何というか。

☐(9)　捕獲した個体に標識をつけて放し，再び捕獲して個体数を推定する方法を何というか。

☐(10)　(1)の成長を表したグラフを何というか。

☐(11)　(10)のグラフは，環境からの影響がある場合どのような形となるか。

☐(12)　ある環境に存在できる最大の個体数を何というか。

☐(13)　食物などをめぐる同種の個体間の競争を何というか。

☐(14)　(3)の変化が，個体の増殖率などに影響を及ぼすことを何というか。

☐(15)　(3)の違いによって，個体の形態や行動，生理的性質などが変化することを何というか。

☐(16)　植物の(4)が，密度の違いにかかわらず最終的にほぼ一定となることを何というか。

例 題 6 ◆ 個体数の推定 ▶**115**

ある池に生息するコイの個体数を調べるため，50匹を捕獲し，ひれに切り込みを入れて標識し，池に放流した。数日後に再び捕獲を行ったところ，40匹のコイが捕獲され，そのうち8匹に標識されていた。この池に生息するコイの推定個体数をNとすると，N：（ ア ）＝（ イ ）：（ ウ ）が成り立つと考えられる。この式から，池に生息するコイの個体数は，N＝（ エ ）であると推定された。

(1) このようにして個体数を推定する方法を何というか。

(2) 文中の（ ）に入る数字を答えよ。

ここがポイント

下図のように，推定個体数（N）と戻した標識個体数（m）の比は，再捕獲した個体数（c）と再捕獲した標識個体数（r）の比と等しくなると考えられる。このためN：m＝c：rとなり，推定個体数を求める式は下記のようになる。

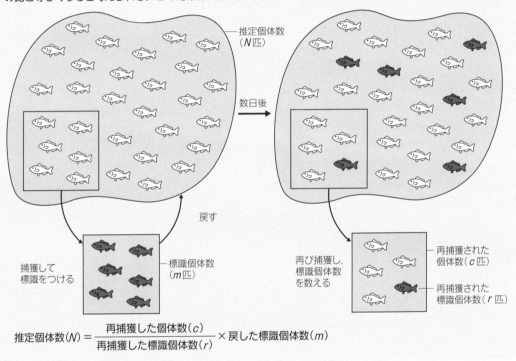

推定個体数（N）＝ $\dfrac{\text{再捕獲した個体数}（c）}{\text{再捕獲した標識個体数}（r）}$ ×戻した標識個体数（m）

◆解法◆

(1) 捕獲した個体に標識をつけてもとの場所に戻し，再び捕獲してその中の標識個体の割合から全個体数を推定する方法を，標識再捕法という。この方法は，生息地域内を活発に移動することの多い動物で用いられ，おもに下記の前提条件が必要である。

・標識をつけても捕獲される確率は変わらない。

・標識をつけても生存率は変わらない。

・調査地において個体の出入りがない。

・調査期間中に死亡や出生がない。

(2) 標識再捕法を用いた場合，推定される全個体数は次の式で求められる。

この池のコイの推定個体数（N）

$= \dfrac{\text{再捕獲した個体数}}{\text{再捕獲した標識個体数}} × \text{戻した標識個体数}$

$= \dfrac{40}{8} × 50$

$= 250$（匹）

答 (1) **標識再捕法**

(2) ア－**50**　　イ－**40**　　ウ－**8**　　エ－**250**

5章 生態と環境

EXERCISE

▶**113 〈個体群〉** 次の文章を読み，下の問いに答えよ。

　ある空間に生息している同種個体の集まりを（　ア　）といい，一定の空間あたりに生息する生物の個体数を（　イ　）という。（　ア　）の個体数は，理想的な条件下では指数関数的に増えていくが，　X　の不足や老廃物の蓄積などで環境が悪くなると，増加速度は遅くなり，やがてほとんど増加しなくなる。
このため，個体数の変化を示したグラフは，多くの場合，（　ウ　）字型の曲線になる。この曲線を（　エ　）という（右図）。このように（　イ　）によって，増殖率などが変化することを（　オ　）という。

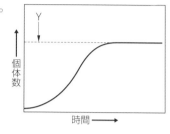

(1)　文中の（　）に入る適語を答えよ。
(2)　文中のXに入る語として適当なものを，次の中からすべて選べ。
　　①　現存量　　②　生活空間　　③　外敵　　④　食物
(3)　図のYに示されるように，同種個体がある環境で存在できる個体数には上限がある。この個体数の上限を何というか。
(4)　下図は，ある地域における個体群の個体の分布を示している。Aは，個体間に相互依存的な関係があり，群れが見られる。Bは，相互に排他的な関係があるため，個体間の距離はほぼ等しい。Cは，個体間に特別な関係は見られず，不規則な分布となっている。A～Cの分布様式の名称をそれぞれ答えよ。

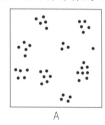
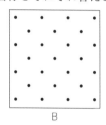
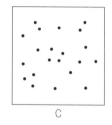

A　　　　　　　　B　　　　　　　　C

▶**114 〈個体数の調査①〉** 次の文章を読み，下の問いに答えよ。

　広さが100 m×100 mの草原に生息するある昆虫の個体数を推定するため，5 m×5 mのA～Hの8つの区画をとり，その中の個体数を調べたところ，下表のようになった。

区画	A	B	C	D	E	F	G	H
個体数	5	3	8	6	4	2	7	5

(1)　このような個体数の推定方法を何というか。
(2)　この昆虫の，5 m×5 mの区画の平均個体数を求めよ。
(3)　この昆虫の，8つの区画の単位面積（1 m²）あたりの平均個体数を求めよ。
(4)　この昆虫の，草原全体の推定個体数を求めよ。

▶**113**

(1) ア
　　イ
　　ウ
　　エ
　　オ
(2)
(3)
(4) A
　　B
　　C

▶**114**

(1)
(2)
(3)
(4)

▶**115〈個体数の調査②〉** 次の文章を読み，下の問いに答えよ。

　ある草原に生息しているハタネズミの生息数を調べるため，草原にわなをしかけ，16匹のネズミを捕獲した。これらのすべての個体に印をつけ，それぞれもとの場所に放し，数日後，同じ場所で再びわなをしかけた。その結果，印のついた個体が4匹，印のついていない個体が14匹，合計18匹が捕獲された。

⑴　このような調査方法を何というか。

⑵　この草原におけるハタネズミの推定個体数を求めよ。

⑶　この調査方法を用いる際の条件や注意点として，**誤っているもの**を次の中から1つ選べ。

① 調査期間中に個体の出生や死亡がない。

② 最初の捕獲と再捕獲の間に十分な期間をあける。

③ 最初の捕獲と再捕獲は同じ方法・場所で，同じ時間に行う。

④ 周囲から調査地への個体の出入りが自由である。

⑤ 調査地内で個体は自由に移動できる。

⑥ 標識や捕獲により，動物の行動や生存率が変わらない。

⑦ 調査期間中に，個体につけた印が消えない。

▶**116〈密度効果〉** 次の文章を読み，下の問いに答えよ。

　同種の個体間で，限られた食物や生活空間をめぐって起こる競争を（　ア　）という。個体群密度が変化すると，(a)個体の発育速度や形態，行動などに変化が見られる。これを（　イ　）といい，多くの場合，密度の増加に伴って資源が不足するため，増殖率は（　ウ　）する。(b)植物の個体群では，密度の高い環境で育った場合，光や栄養分をめぐる（　ア　）が起こり，枯死する個体が多くなる。また，個々の植物体が小さくなる。

⑴　文中の（　）に入る適語を答えよ。

⑵　下線部(a)に関連して，次の文中の（　）に入る適語を，下の①〜⑨から1つずつ選べ。

　個体群密度の違いにより生じる形態や行動の変化を（　エ　）という。トノサマバッタは，通常体色が緑色か淡褐色である。しかし，過密な状態で数世代育つと体色が（　オ　）色っぽく変化する。また，下図の（　カ　）のように，体長に比べてはねが（　キ　）く，後肢が（　ク　）い形態となる。このような形態を（　ケ　）という。

① 白　　② 黒　　③ A　　④ B　　⑤ 長

⑥ 短　　⑦ 群生相　　⑧ 孤独相　　⑨ 相変異

⑶　下線部(b)に関して，植物の個体群では，密度に違いがあっても個体群全体の最終的な現存量はほぼ一定の値となる。この法則を何というか。

▶**115**

⑴ _____

⑵ _____

⑶ _____

▶**116**

⑴ ア _____

　 イ _____

　 ウ _____

⑵ エ _____

　 オ _____

　 カ _____

　 キ _____

　 ク _____

　 ケ _____

⑶ _____

1 個体群の変動

生命表…一定数の卵や子が，発育の各時期でどれだけ生存(死亡)しているかをまとめた表。

生存曲線…生命表をもとに，生存数の変化を示したグラフ。

●生存曲線

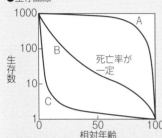

A：初期死亡率が低い（哺乳類など）

B：死亡率がどの年齢でもほぼ一定（鳥類など）

C：初期死亡率が高い（海産無脊椎動物など）

齢構成…個体群の発育段階ごとの個体数の分布のこと。個体群の推移の予測や生物資源の管理の上で重要となる。発育段階ごとの個体数を若い順に下から積み上げ齢構成を図示したものを**年齢ピラミッド**という。

●年齢ピラミッド

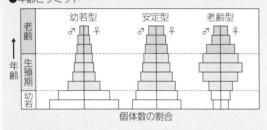

2 個体群内の相互作用

群れ	多数の動物個体がつくる1つの集団。 例 イワシ，サンマ，バッファロー，シマウマ
順位制	群れの個体間に上下の序列(**順位**)があることで，秩序が保たれるしくみ。 例 ニワトリのつつきの順位，ニホンザルの社会構造
縄張り（テリトリー）	動物の行動範囲の中で，同種の他個体を排除し占有する空間。縄張りは，利益(食物や配偶者など)を得られる反面，維持するための労力(巡回や防衛などのコスト)がかかる。 例 アユ，オオカミ
共同繁殖	鳥類や哺乳類などで，子の世話を3個体以上の成体が一緒に行うこと。世話をする成体がその子の遺伝的な親でない場合，その成体を**ヘルパー**とよぶ。 例 オナガ，ハダカデバネズミ，ジャッカル
社会性昆虫	集団(コロニー)が役割の分業によって維持されている昆虫。 例 ミツバチ，アリ，シロアリ

ポイントチェック

- □(1) 一定数の卵や子が，発育の各時期にどれだけ生存しているかをまとめた表を何というか。

- □(2) (1)をもとに個体群の生存数の変化を表したグラフを何というか。

- □(3) 魚類，鳥類，哺乳類のうち，発育初期の死亡率が低いのはどれか。

- □(4) 魚類，鳥類，哺乳類のうち，死亡率がどの年齢でもほぼ一定なのはどれか。

- □(5) 魚類，鳥類，哺乳類のうち，発育初期の死亡率が高いのはどれか。

- □(6) 個体群の発育段階ごとの個体数の分布を何というか。

- □(7) (6)を図示したものを何というか。

- □(8) (7)で，出生率が低く，若齢個体の割合が少ない個体群が示す型を何というか。

- □(9) 多数の動物個体がつくる1つの集団を何というか。

- □(10) (9)における個体間の上下の序列を何というか。

- □(11) 動物の行動範囲の中で，同種の他個体を排除し占有する空間を何というか。

- □(12) 鳥類や哺乳類などで，子の世話を3個体以上の成体が一緒に行うことを何というか。

- □(13) (12)で，世話をする成体がその子の遺伝的な親でない場合，その成体を何とよぶか。

- □(14) 集団(コロニー)が役割の分業によって維持されている昆虫を何というか。

EXERCISE

▶**117〈生存曲線〉** 次の文章を読み，下の問いに答えよ。

　生物種ごとに出生後の各発育段階の生存(死亡)数を示した表を（　ア　）といい，その変化を示したグラフを（　イ　）という。（　イ　）の形は，右図のA〜Cのように大きく3つの型に分けられる。

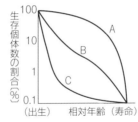

(1)　文中の（　）に入る適語を答えよ。

(2)　次のa〜dの各文は，図のA〜Cのどれを説明したものか。

　　a　産卵数が極めて多い　　　　b　親が子を手厚く保護する

　　c　一生を通じて死亡率がほぼ一定　d　初期死亡率が最も高い

(3)　図のA〜Cにあてはまる生物を，次の中から1つずつ選べ。

　　① ニシン　　② ニホンザル　　③ スズメ

▶**118〈齢構成〉** 右図は，個体群の発育段階ごとの個体数を積み重ねたものである。次の問いに答えよ。

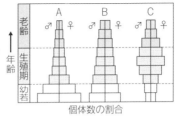

(1)　このような図を何というか。

(2)　A〜Cは，それぞれ何型とよばれるか。

(3)　A〜Cの説明として最も適当なものを，次の中から1つずつ選べ。

　　① 出生率が高く，若齢個体の割合が多い。

　　② 出生率が低く，若齢個体の割合が少ない。

　　③ 各齢の死亡率がほぼ一定で低い。

(4)　A〜Cのうち，将来，個体群が成長すると考えられるものはどれか。

▶**119〈個体群内の相互関係〉** 群れをつくる利点の記述として**誤っているもの**を，次の中からすべて選べ。

　　① 食物を見つけやすい。　　② 食物をめぐる競争から免れる。

　　③ 配偶者を見つけやすい。　④ 捕食者から攻撃を受けにくい。

　　⑤ 捕食者を見つけやすい。　⑥ 病気や寄生虫の害を受けにくい。

▶**120〈個体群内の相互関係〉** 次の文章を読み，下の問いに答えよ。

　縄張りをもつことは，食料や配偶者を確保できる利益がある反面，その維持に労力(コスト)がかかる。図は，縄張りの大きさと利益・労力の関係を模式的に示したものである。

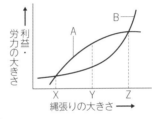

(1)　図で縄張りの大きさと利益の関係を示しているのは，A，Bのどちらか。

(2)　縄張りの大きさが最適となるのは，図のX〜Zのうちどれか。

▶**117**

(1) ア　　　　　　　
　　イ　　　　　　　

(2) a　　　　　b　　　　　
　　c　　　　　d　　　　　

(3) A　　　　　B　　　　　
　　C　　　　　

▶**118**

(1)　　　　　　　

(2) A　　　　　　　
　　B　　　　　　　
　　C　　　　　　　

(3) A　　　　　　　
　　B　　　　　　　
　　C　　　　　　　

(4)　　　　　　　

▶**119**

　　　　　　　

▶**120**

(1)　　　　　　　

(2)

40 個体群間の相互作用

1 個体群間の相互作用

● 2種の個体群 A, B の相互関係

	A	B	相互関係
種間競争	−	−	生活のしかたが似ている2種の個体群間で起こる食物や生活空間をめぐる争い。一方の種が他方の種を駆逐することを**競争的排除**という。同じ資源を利用するため，お互い不利益を受ける。 例 ゾウリムシ(A)とヒメゾウリムシ(B)
被食者－捕食者相互関係	+	−	捕食者(A)は被食者(B)を食べることで利益を受け，被食者は不利益を受ける。 例 オオカミ(A)とヘラジカ(B)
寄生	+	−	寄生者(A)は，宿主(B)に寄生することで利益を受けるが，宿主は不利益を受ける。 例 コマユバチ(A)とチョウの幼虫(B)
相利共生	+	+	お互いが利益を受ける。 例 サンゴ(A)と褐虫藻(B)
片利共生	+	0	片方だけが利益を受ける。 例 コバンザメ(A)とサメ(B)

＋：利益を受ける　−：不利益を受ける　0：影響を受けない

● 種間競争

混合飼育するとゾウリムシが競争排除される。　　混合飼育しても両種は共存する。

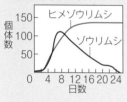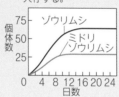

● 被食者と捕食者の個体数の変動(数理モデル)

捕食者	被食者が減少すると食物が減り，捕食者も減少する。	
被食者	捕食者が減少すると被食者は増え始める。	

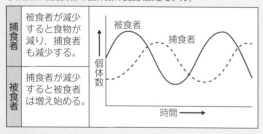

2 生態的地位

　生物の食物や生息場所などの資源利用のしかたを**生態的地位(ニッチ)**という。生態的地位が近い異種個体群間では，資源をめぐって種間競争が起こるが，生息場所や食物を分けあって共存する場合もある(**すみ分け，食い分け**)。

・**基本ニッチ**：1種だけが単独で分布している場合の生態的地位。
・**実現ニッチ**：他種と共存したときに変化した生態的地位。

□(1) 生活のしかたが似ていて，同じ資源を利用する2種の個体群で起こる競争を何というか。

□(2) (1)で，一方の種が他方の種を駆逐することを何というか。

□(3) (1)の具体的な例を1つ答えよ。

□(4) 食う－食われるの関係で，食う側を何というか。

□(5) 食う－食われるの関係で，食われる側を何というか。

□(6) ある種が別の種の体内や体表などで生活し，一方的に利益を受け別の種に不利益を与える関係を何というか。

□(7) (6)で，不利益を受ける側の生物を何というか。

□(8) (6)の具体的な例を1つ答えよ。

□(9) 同じ場所に生息する2種の生物間で，お互いに利益を受ける関係を何というか。

□(10) (9)の具体的な例を1つ答えよ。

□(11) 同じ場所に生息する2種の生物間で，片方のみが利益を受ける関係を何というか。

□(12) (11)の具体的な例を1つ答えよ。

□(13) 生物の食物や生息場所などの資源利用のしかたを何というか。

□(14) (13)の近い2種が，生息場所を分けあうことで共存することを何というか。

□(15) (13)の近い2種が，食物の種類を変えて共存することを何というか。

EXERCISE

▶**121**〈種間関係〉　次のA〜Eの各文は，生物の種間関係について述べたものである。下の問いに答えよ。

A：同じ場所に生息する生物の間に見られる，「食う−食われる」の関係を，（　ア　）−捕食者相互関係という。

B：同じ食物や生息場所などの資源を必要とする異種の個体群間では，共通の資源を求めて争いが起こるので，お互いに不利益を及ぼしあう関係にある。このような争いを（　イ　）という。

C：似たような場所にすむ生物どうしは，少しずつすむ場所をかえる（　ウ　）をすることがある。

D：2種の生物がお互いに利益を受ける関係を（　エ　）という。

E：2種の生物において，一方が利益を受けて，もう一方は利益も不利益も受けない関係を（　オ　）という。

(1)　文中の（　）に入る適語を答えよ。

(2)　A〜Eの各文の生物間の関係に相当する生物の組合せを，次の中から1つずつ選べ。

　　a　イソギンチャクとクマノミ　　b　大型のサメとコバンザメ

　　c　イワナとヤマメ　　　　　　　d　ライオンとシマウマ

　　e　ゾウリムシとヒメゾウリムシ

(3)　Bの関係で，一方の種がもう一方の種を駆逐することを何というか。

(4)　生物群集において，ある個体群の食物や生息場所などの資源利用のしかたを何というか。

▶**122**〈種間競争〉　次の文章を読み，下の問いに答えよ。

植物食性のダニと動物食性のダニを同じ容器内で数か月飼育したところ，右図のような変動が見られた。

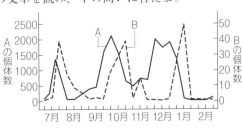

(1)　これら2種類のダニの関係を何というか。

(2)　植物食性のダニの個体数変動を示しているのは，図のAとBのどちらか。

(3)　(2)の判断理由として適当なものを，次の中からすべて選べ。

　① 季節による個体数の増減

　② 縦軸の個体数目盛り

　③ 個体数の変動周期のずれ

　④ 約2か月ごとに増減を繰り返すこと

　⑤ 一般的に栄養段階の低いものの個体数が多いこと

　⑥ 一般的に栄養段階の高いものの個体数が多いこと

▶**121**

(1)　ア
　　　イ
　　　ウ
　　　エ
　　　オ

(2)　A　　　　　　B
　　　C　　　　　　D
　　　E

(3)

(4)

▶**122**

(1)

(2)

(3)

5章　生態と環境

❶ 個体群に関する次の文章を読み，下の問いに答えよ。

　個体群の特徴を知るための重要な尺度として，個体群の大きさや(a)個体群密度がある。池のように生息範囲が限られる場合，個体群の成長に伴って個体群密度は上昇する。その過程は種間競争や(b)種間相互作用の影響を受けることがある。

(1) 下線部(a)に関連して，ある空間に生息可能な生物の数(密度)はさまざまな条件で制限されている。個体数(密度)が増えることのできる上限を何というか。最も適当なものを，次の①〜④のうちから1つ選べ。

① 生態的地位　　② 密度効果
③ 環境収容力　　④ 現存量　　　　　　　　　　　　　　(1)

(2) 下線部(a)に関して，面積が5000 m² の池に生息するクサガメの個体群密度を推定するため，わなを仕掛けてクサガメを捕獲し，甲羅に標識を付けて池に戻した。標識を付けた個体が池全体に分散した後，再びクサガメを捕獲し，得られた全個体数と標識の付いた個体数とを記録した。初めに標識を付けた個体数が100，再捕獲した個体数が120，その中で標識が付いた個体数が4であったとき，この池に生息するクサガメの個体群密度(個体 /m²)を答えよ。ただし，調査の期間中にクサガメの個体数は変化しないものとする。

(2)

(3) 下線部(b)に関して，水槽に1Lの培地を入れて，2種のゾウリムシ(以後，ゾウリムシ X，ゾウリムシ Y とよぶ)を培養した。それぞれの種を単独で培養した場合と，2種を混合して培養した場合とについて，個

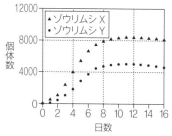

図1　それぞれ単独で培養

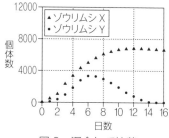

図2　混合して培養

体数の変化を調べたところ，図1・図2の結果が得られた。この結果から導かれる考察として最も適当なものを，次の①〜④のうちから1つ選べ。

① ゾウリムシ X とゾウリムシ Y の間には，種間相互作用がない。
② ゾウリムシ X とゾウリムシ Y は，同じ資源を利用する競争者である。
③ ゾウリムシ X とゾウリムシ Y は，互いに利用し合う共生者である。
④ ゾウリムシ Y はゾウリムシ X を専門に捕食する捕食者である。　　　(3)

(12 琉球大改，16 センター本試改)

❷ 個体群に関する次の文章を読み，下の問いに答えよ。

　個体の重量や体積が増加することを(a)成長といい，新たに生産された個体が成長するにつれて個体群の中でどれだけ生き残るかを示した表を，生命表という。また，生命表をグラフに表したものを生存曲線という。(b)生存曲線の形は種や個体群によってさまざまである。

(1) 下線部(a)に関連して，同じ面積のいくつかの畑にダイズの種子を異なる密度でまいたとき，畑ごとの個体の成長と，個体群全体の重量に関する記述として最も適当なものを，次の①〜⑤のうちから1つ選べ。

① 個体群密度の高い畑ほど，個体は大きく成長するので，個体群全体の最終的な重量は大きくなる。

② 個体群密度の低い畑ほど，個体は大きく成長するので，その個体群全体の最終的な重量は大きくなる。

③ 個体群密度の低い畑ほど，個体は大きく成長するが，どの個体群密度の畑でも，個体群全体の最終的な重量はほぼ等しくなる。

④ 個体群密度の低い畑ほど，個体の成長が抑制されるので，個体群全体の最終的な重量は小さくなる。

⑤ 個体の成長は個体群密度にかかわらずほぼ一定で，個体群密度の高い畑ほど，個体群全体の最終的な重量は大きくなる。

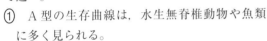

(2) 下線部(b)に関連して，右図は，さまざまな生存曲線を模式的にA型，B型およびC型の3つに大別したものである。それぞれの型の生存曲線に関する次の記述①～④のうち，正しい記述をすべて選べ。

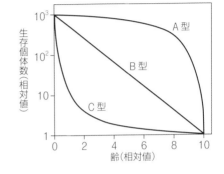

① A型の生存曲線は，水生無脊椎動物や魚類に多く見られる。

② B型の生存曲線は，齢ごとの死亡個体数が一定である生物に見られる。

③ C型の生存曲線をもつ種は，一般に1回の産卵数・産子数が非常に多いものの，多くの個体は生殖齢に達することができない。

④ 生存曲線がどの型になるかは，幼齢時の親の保護と関係が深く，一般に保護が発達している種はA型になり，保護がない種はC型になる。

(2) _____

(3) 次の表1・表2は，新たに生産された1000個体を追跡して得られた，ある2種の生物，種Xと種Yの生命表である。種Xと種Yの生存曲線は，それぞれ上の図のどの型に近いと考えられるか。最も適当なものを1つずつ選べ。

表1　種Xの生命表

年齢	0	1	2	3	4	5	6	7	8	9	10
生存個体数	1000	498	250	124	62	30	16	7	4	2	1

表2　種Yの生命表

年齢	0	1	2	3	4	5	6	7	8
生存個体数	1000	874	749	625	499	377	248	126	1

(3)種X _____

種Y _____

(15 センター本試改)

❸ 個体群に関する次の文章を読み，下の問いに答えよ。

　個体群を構成する個体の間には，さまざまな相互作用が見られる。例えば，同種の個体どうしが集まって，統一的な行動をとることがある。このような集団は群れとよばれる。(a)群れの中の個体は，群れることによって何らかの利益を得ている。反対に，同種の他個体を寄せつけず，積極的に一定の空間を占有することもある。このような空間は(b)縄張りとよばれる。

(1) 下線部(a)に関して，群れる利益として考えられる記述として**誤っているもの**を，次の①〜⑦のうちから2つ選べ。

　① 個体どうしが近くに寄り添うことで，伝染性の病気の蔓延（まんえん）を防ぐことができる。

　② 個体密度が高まるので，交配相手に遭遇する機会が増える。

　③ 他の個体と一緒にいることで，敵に襲われた際に自分が被害にあう確率を減らすことができる。

　④ 多くの個体が同時に警戒することで，敵の接近をいち早く察知できる。

　⑤ 多くの個体で探索することで，食物の多い場所を効率よく見つけることができる。

　⑥ 多くの個体が協力することで，単独では撃退できない敵も撃退することができる。

　⑦ 多くの個体が競争することで，どの個体も成長速度を高めることができる。

(1) ＿＿＿＿＿＿＿

(2) 下線部(b)に関して，縄張りの大きさは，縄張りから得られる利益と，縄張りを維持するためのコストによって決まる。次の図は，最適な縄張りの大きさがどのように決まるかを概念的に示したものである。縄張りの利益とコストを同一の尺度(例えばエネルギー量)で示せるとすると，両者の差が最も大きくなる点が，最適な縄張りの大きさとなる。図において，単位面積あたりの縄張りを維持する

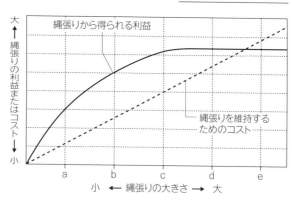

コストが半分になった場合の最適な縄張りの大きさ，および2倍になった場合の最適な縄張りの大きさとして最も適当なものを，次の①〜⑤のうちから1つずつ選べ。

　① a付近　　② b付近　　③ c付近　　④ d付近　　⑤ e付近

(2)半分 ＿＿＿＿＿＿＿

2倍 ＿＿＿＿＿＿＿

(15 センター追試改)

❹ 生物群集に関する次の文章を読み，下の問いに答えよ。

　ある地域に生息する同種個体の集団を個体群とよび，いろいろな個体群の集まりを生物群集とよぶ。生物群集を構成する(a)個体群の間にはさまざまな(b)相互関係が見られるが，動物は他の生物を捕食することによって有機物を得ているため，個体群の間には食うもの(捕食者)と食われるもの(被食者)との関係が数多く成立している。生物群集の中ではある捕食者が他の動物にとっては被食者となるなど，捕食と被食の関係がいくつも連なる食物連鎖が形成されており，(c)捕食者と被食者が1対1の関係だけで存在することは少ない。

なお，動物では被食者が捕食者から身を守る適応として，捕食者が食物としない生物の姿に似せる，　ア　とよばれる現象や，捕食者に発見されにくい，　イ　とよばれる体色をもつこともよく知られている。

(1) 上の文章中の　ア　，　イ　に入る語句をそれぞれ答えよ。

(1)ア _____

イ _____

(2) 下線部(a)に関連して，個体群内にはいくつかの集団をつくって群れで生活するものもいる。群れの中では個体間に序列があり，この個体間の優劣関係を順位という。ニホンザルでは，上位の雄が下位の雄の上に乗り順位を確認する行動をとることが知られている。

背乗りした個体	背乗りされた個体					
A	B	C	D	E	F	G
B		C		E	F	G
C			D	E	F	G
D	B			E	F	G
E					F	G
F						G
G						

表は，あるニホンザルの集団における個体間の背乗り(マウンティング)の関係を示したものである。この集団内の順位として最も適切なものを，次の①〜⑥のうちから1つ選べ。

（上位）　←　順位　→　（下位）　　　　　（上位）　←　順位　→　（下位）
① A＞B＞C＞D＞E＞F＞G　　　② A＞B＝C＞D＞E＞F＞G
③ A＞B＝C＝D＞E＞F＞G　　　④ A＞B＝C＝D＝E＞F＞G
⑤ A＞B＝C＞D＝E＞F＞G　　　⑥ A＞B＞C＞D＞E＞F＝G

(2) _____

(3) 下線部(b)に関して，相利共生の例として最も適当なものを，次の①〜⑤のうちから1つ選べ。

① ミミズが鳥や昆虫などの多くの動物に食べられることで，生態系が維持される。

② 鳥類などで見られるヘルパーは，自らは繁殖せずに，両親の子育てを助ける。

③ ミツバチは，植物の花の蜜や花粉から栄養分を得ており，植物はミツバチに花粉を運んでもらうことによって，受粉が行われる。

④ アリのワーカーは生殖に参加せず，食物の運搬や幼虫の世話などを行う。

⑤ 熱帯多雨林に生息するリスとムササビは，どちらも同じ植物の葉や果実などを食物とするが，リスは昼に，ムササビは夜に活動し，同じ地域で共存している。

(3) _____

(4) 下線部(c)に関連して，コウノシロハダニ(被食者)とカブリダニ(捕食者)の両者を飼育容器に入れ，個体数の変動を調査した。この実験結果の説明として**適当でないもの**を，次の①〜④のうちから1つ選べ。

① 捕食者に捕食されて被食者の個体数は急激に減少し絶滅した。

② 被食者の個体数が減少したため，食物不足によって捕食者の個体数は急激に減少し絶滅した。

③ 被食者の隠れ場所を飼育容器内に設置すると，両者は互いにずれた周期的な個体数の増減を繰り返した。

④ 捕食者の隠れ場所を飼育容器内に設置すると，両者は互いにずれた周期的な個体数の増減を繰り返した。

(4) _____

（08 麻布大改，17 センター追試改）

41 生態系の物質生産

① 生態系

生産者…光合成などにより，無機物から有機物を合成する植物などの生物。

消費者…生産者がつくった有機物を利用して生活する生物。生産者を食べる生物を一次消費者（植物食性動物），一次消費者を食べる生物を二次消費者とよぶ。消費者のうち，動植物の遺体などを無機物に分解する働きをもつ菌類・細菌を**分解者**という。

栄養段階…生態系内の生産者，一次消費者，二次消費者などの，食物連鎖のそれぞれの段階。

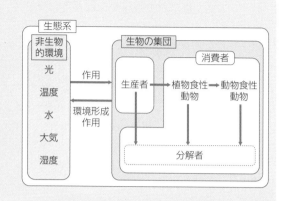

② 生産構造

同化器官…光合成を行う葉などの器官。

非同化器官…光合成をほとんど行わない茎・根・果実などの器官。

一定面積の植生を上から何層かに分け，同化器官と非同化器官の重量と光の強さをそれぞれの層ごとに示したものを**生産構造図**といい，**層別刈取法**によって作成される。

広葉型…広い葉が水平に，茎の上部につくため，光が下層まで届かない。（アカザ，ダイズなど）

イネ科型…細長い葉が斜めに立ち，光は下層まで十分に入る。（チカラシバ，ススキなど）

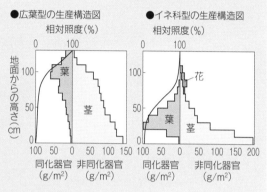

③ 生態系の物質収支

〈生産者の物質収支〉

総生産量…一定時間に生産者が生産した有機物の総量。

呼吸量…一定時間に呼吸で消費される有機物量。

> 純生産量＝総生産量－呼吸量
> 成長量＝純生産量－（枯死量＋被食量）

〈消費者の物質収支〉

摂食量…一定時間に消費者が摂食した有機物量。

> 同化量＝摂食量－不消化排出量
> 生産量＝同化量－呼吸量
> 成長量＝生産量－（死亡・脱落量＋被食量）

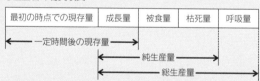

④ 陸上生態系と海洋生態系の物質収支

陸上生態系（森林・草原・荒原）のうち，森林は地球全体の現存量の大部分を占めている。純生産量は熱帯多雨林で最も大きい。水界生態系（海洋・湖沼・河川など）のおもな生産者は植物プランクトンで，光の届く浅海での生産性が高い。生産者の光合成量と呼吸量が等しくなる深さを補償深度という。

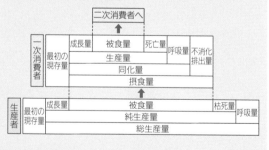

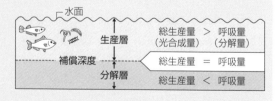

□(1) 生産者，一次消費者，二次消費者など，食物連鎖のそれぞれの段階のことを何というか。

□(2) 消費者のうち，生物の遺体や排出物などの有機物を無機物に分解する過程にかかわる生物を何というか。

□(3) 生産者が光合成などによって無機物から有機物をつくることを何というか。

□(4) 植物の器官のうち，光合成を行う葉などの器官を何というか。

□(5) 植物の器官のうち，光合成を行わない花や果実などの器官を何というか。

□(6) (4)と(5)の垂直的な分布を何というか。

□(7) 一定面積における植生の高さごとの相対照度と，各層にある(4)と(5)の乾燥重量を測定し，(6)を調べる方法を何というか。

□(8) (7)で得られた結果をまとめた図を何というか。

□(9) 草本植物の(6)のうち，葉が植物体の上層に多く分布するのは，広葉型とイネ科型のどちらか。

□(10) 草本植物の(6)のうち，葉が植物体の下層に多く分布するのは，広葉型とイネ科型のどちらか。

□(11) 林床など弱光下で見られるのは，広葉型とイネ科型のどちらか。

□(12) 一定時間・一定面積に生産者が生産した有機物の総量を何というか。

□(13) 一定時間に呼吸によって消費される有機物量を何というか。

□(14) (12)から(13)を引いた量を何というか。

□(15) 生産者の成長量とは，(14)から何を引いた値か。

□(16) 一次消費者に食べられる生産者の有機物量を何というか。

□(17) 消費者が食べた有機物量を何というか。

□(18) 消費者が消化せずに排出した有機物量を何というか。

□(19) (17)から(18)を引いた値を何というか。

□(20) 消費者の生産量とは，同化量から何を引いた値か。

□(21) 森林，草原，荒原の中で，現存量が最も大きいのはどれか。

□(22) 水界生態系におけるおもな生産者は何か。

□(23) 水界生態系において，生産性が高いのは，浅海と深海のどちらか。

□(24) 水界生態系において，生産者の光合成量と呼吸量が等しくなる水深を何というか。

EXERCISE

▶123

▶**123〈植物の生産構造〉** 植物群集内部では，光は吸収されて弱くなる。図のグラフは，ある植物群集について，群集内の高さと，その位置における光の強さとの関係を，1日で最も光が強くなる時刻に測定した結果である。この群集において，葉の密度が最も高いと考えられる群集の高さとして最も適当な数値を，次の中から1つ選べ。

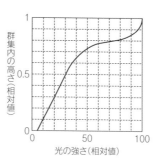

① 0.2 ② 0.4 ③ 0.6 ④ 0.8 ⑤ 1.0

(21 共通テスト改)

▶**124〈生産構造図〉** 図は，草地の植物群集の植物量を地表面から一定間隔の高さで調査し，植物群集の垂直的な空間分布を示したものである。下の問いに答えよ。

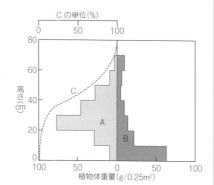

(1) この図を何とよぶか。
(2) 図中のAは植物群集のある器官の重量を示している。このような器官を総じて何とよぶか。
(3) 図中のBは植物群集のある器官の重量を示している。このような器官を総じて何とよぶか。
(4) この図を作成するとき，植物量以外の項目が図中の破線Cで示すように計測される。Cは何を示しているか。
(5) この図を作成するための調査方法を何というか。 (21 新潟大改)

▶**125〈物質収支〉** 図は，ある生態系の生産者，一次消費者，二次消費者の物質収支を示したものである。下の問いに答えよ。

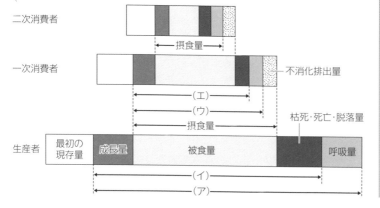

▶123

▶124

(1)

(2)

(3)

(4)

(5)

▶125

(1) ア

イ

ウ

エ

(2) オ

カ

キ

ク

(1) 図中の（　　）に入る適語を答えよ。

(2) 生産者と消費者の成長量は，以下のような式で表される。（　　）に入る適語を答えよ。

生産者の成長量 ＝（　オ　）－｛枯死量＋（　カ　）｝

消費者の成長量 ＝（　キ　）－｛死亡・脱落量＋（　ク　）｝

▶**126〈さまざまな生態系の物質生産〉** 表は地球上のおもな生態系における生産者の現存量と純生産量を示している。下の問いに答えよ。

生態系	地球全体での面積 [10^6 km²]	現存量 [10^{12} kg]	純生産量 [10^{12} kg/年]
海洋	361.0	3.9	55.0
森林	57.0	1700.0	79.9
草原	24.0	74.0	18.9
荒原	50.0	18.5	2.8
農耕地	14.0	14.0	9.1

(1) 表より，地球全体での純生産量が最も多いのはどの生態系か。

(2) 表より，単位現存量あたりの純生産量が最も多いのはどの生態系か。

(3) 森林生態系の中で，単位面積あたりの総生産量が最も多いと考えられるのは，次のうちどれか。

① 夏緑樹林　　② 針葉樹林　　③ 熱帯多雨林

(4) 海洋生態系の物質生産に関する次の文章と図のア〜カに入る適語を答えよ。ただし，図のオとカには不等号の「＜」または「＞」が入る。

　海洋生態系では，生産者である（　ア　）や海藻などが光合成による物質生産を行っている。一定面積あたりで見た場合，海洋生態系の現存量は少ないが，浅海では藻場やサンゴ礁で純生産量が大きく，熱帯多雨林と同程度か，それ以上の値を示す場合もある。

　海洋生態系において物質生産を制限するおもな要因は，光と（　イ　）の量である。生産者の光補償点と等しい光の強さになる水深を（　ウ　）といい，物質生産が行えるのはこれより浅い表層である。また，河川が流れ込む沿岸部や，海底からの（　エ　）がある海域は，（　イ　）が多く，生産者の純生産量が大きくなっている。

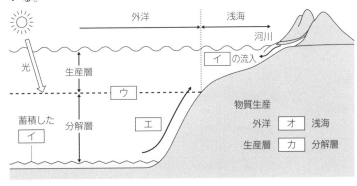

(5) 海洋生態系の現存量が，陸上生態系の現存量と比べて小さい理由を，簡潔に述べよ。

1 炭素循環

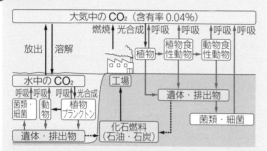

2 窒素循環

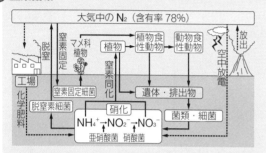

窒素同化…生物が体内で有機窒素化合物を合成する働き。多くの植物は土壌中の NO_3^- や NH_4^+ を窒素源として利用する。

窒素固定…大気中の窒素を NH_4^+ に還元する働き。アゾトバクターやクロストリジウム，根粒菌(マメ科植物に共生)，ネンジュモなどが行う。

脱窒…土壌中の**脱窒素細菌**の働きにより，窒素化合物が窒素(N_2)となって大気中へ戻ること。

3 生態系におけるエネルギーの流れ

エネルギー効率…ある栄養段階とその1つ前の栄養段階の同化量(総生産量)の比。栄養段階が高くなるほどエネルギー効率は高くなる傾向がある。

ポイントチェック

- □(1) 大気中の CO_2 は，何という過程によって植物体内に取り込まれるか。

- □(2) 有機物として植物体内に取り込まれた炭素は，何という過程で CO_2 になり大気中へ放出されるか。

- □(3) 生物が体内で有機窒素化合物を合成する働きを何というか。

- □(4) 大気中の窒素を取り込んで NH_4^+ に還元する働きを何というか。

- □(5) マメ科植物に共生し，(4)を行う細菌を何というか。

- □(6) 細菌の働きで窒素化合物が気体の N_2 となる反応を何というか。

- □(7) 太陽の光エネルギーは光合成により何エネルギーとして生物に取り込まれるか。

- □(8) 生物に取り込まれたエネルギーは最終的に何エネルギーとして大気中に放出されるか。

- □(9) ある栄養段階とその1つ前の栄養段階の同化量(総生産量)の比を何というか。

●植物の窒素同化

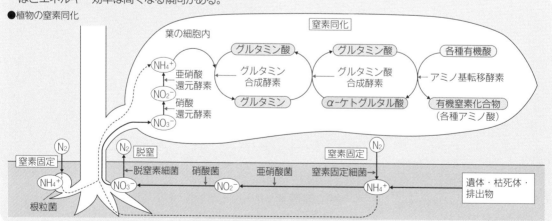

例 題 7 ◆ 生態系内の物質生産とエネルギーの流れ ▶132

表は，ある湖におけるエネルギー収支を示したものである。下の問いに答えよ。

	同化量 (総生産量)	呼吸量	生産量 (純生産量)	被食量	死亡・枯死・ 脱落量	成長量	エネルギー 効率(%)
太陽光 (光エネルギー)	499300	—	—	—	—	—	—
生産者	467.5	ア	369.3	64.3	9.7	295.3	0.1
一次消費者	62.2	18.5	イ	13.9	1.3	ウ	A
二次消費者	13.0	7.5	5.5	0.0	0.0	5.5	B

[単位は J/(cm^2・年)]

(1) 表中のア〜ウに入る数値を答えよ。

(2) 次の式は，生産者のエネルギー効率を求める式である。エとオに入る数値を答えよ。

（　エ　）÷（　オ　）×100÷0.1（%）

(3) 表中の A，B に入る数値を小数第1位まで求めよ。

ここがポイント

生産者の総生産量＝呼吸量＋被食量＋枯死量＋成長量

消費者の同化量＝1つ前の栄養段階の被食量－不消化排出量

　　　　　　　＝呼吸量＋被食量＋死亡・脱落量＋成長量

消費者の生産量＝同化量－呼吸量

$$生産者のエネルギー効率(\%) = \frac{総生産量}{太陽からのエネルギー量} \times 100$$

$$消費者のエネルギー効率(\%) = \frac{その栄養段階の同化量}{1つ前の栄養段階の同化量(総生産量)} \times 100$$

◆解法◆

(1) ア　生産者の総生産量

　　　　＝呼吸量＋被食量＋枯死量＋成長量　より，

　呼吸量＝総生産量－(被食量＋枯死量＋成長量)

　　　＝467.5－(64.3＋9.7＋295.3)＝98.2

　または，純生産量＝総生産量－呼吸量　より，

　　　　　呼吸量＝総生産量－純生産量

　　　　　　　＝467.5－369.3

　　　　　　　＝98.2

　イ　消費者の生産量＝同化量－呼吸量

　　　　　　　　　　＝62.2－18.5

　　　　　　　　　　＝43.7

　ウ　消費者の同化量＝呼吸量＋被食量

　　　　　　　　　　＋死亡・脱落量＋成長量　より，

　成長量＝同化量－(呼吸量＋被食量＋死亡・脱落量)

　　　＝62.2－(18.5＋13.9＋1.3)

　　　＝28.5

(2) 生産者のエネルギー効率は，太陽の入射エネルギーに対する生産者の総生産量の比である。

　生産者のエネルギー効率(%)

　　＝総生産量÷太陽からのエネルギー量×100

　　＝467.5÷499300×100

　　＝0.093…≒0.1

(3) 消費者のエネルギー効率は，その栄養段階と1つ前の栄養段階の同化量(総生産量)の比である。

　消費者のエネルギー効率(%)

　　$= \dfrac{その栄養段階の同化量}{1つ前の栄養段階の同化量(総生産量)} \times 100$

　A　$\dfrac{62.2}{467.5} \times 100 = 13.304\cdots ≒ 13.3$

　B　$\dfrac{13.0}{62.2} \times 100 = 20.900\cdots ≒ 20.9$

答　(1)　ア－98.2　　イ－43.7　　ウ－28.5

　　(2)　エ－467.5　　オ－499300

　　(3)　A－13.3　　　B－20.9

EXERCISE

▶**127 〈炭素の循環〉** 生態系における物質循環について、次の文章を
読み、文中の（　）に入る適語や数値を答えよ。

　　炭素は、生物体をつくる有機物の主要な構成元素であり、生物の
乾燥重量の 40 ～ 50% を占める。生物が利用できる形の炭素は、お
もに（　ア　）中に（　イ　）の形で存在しており、その濃度は約
（　ウ　）% である。この濃度は人間の産業活動や森林の破壊などで
増加する傾向にある。

　　炭素は、植物などの生産者による（　エ　）という働きによって有
機物中に取り込まれ、（　オ　）を通じて生態系の中を移動する。そ
してさまざまな生物の（　カ　）という働きによって、非生物的環境
に戻される。

▶**127**

ア _____

イ _____

ウ _____

エ _____

オ _____

カ _____

▶**128 〈窒素の循環①〉** 生態系における窒素の循環について、下の問
いに答えよ。
(1) 窒素は、生体内を構成する物質のうち何の構成元素となってい
るか。適当なものを次の中から 2 つ選べ。
　① 炭水化物　② タンパク質　③ 脂質　④ 無機塩類　⑤ 核酸
(2) 植物は大気中の窒素を直接利用できない。土壌中の細菌が、大
気中の窒素をアンモニウムイオンに還元する働きを何というか。
(3) (2)の働きをもつ生物を、次の中から 2 つ選べ。
　① 亜硝酸菌　　　　② 根粒菌　　　③ 大腸菌
　④ アゾトバクター　⑤ 硝酸菌
(4) 土壌中の窒素の増加に直接結びつかない行為として適当なもの
を、次の中から 1 つ選べ。
　① レンゲソウの栽培　② 尿素の散布　③ 石灰の散布

▶**128**

(1) _____

(2) _____

(3) _____

(4) _____

▶**129 〈窒素の循環②〉** 右の
図は、陸上生態系における
窒素の循環を模式的に示し
たものである。次の問いに
答えよ。

(1) 無機窒素化合物に該当
する化合物として最も適
当なものを次の中から 2
つ選べ。
　① 硝酸
　② 核酸
　③ アミノ酸
　④ 尿素　⑤ グルタミン酸　⑥ アンモニア
(2) 矢印ア～カのうち、脱窒、窒素固定を示すものをそれぞれすべ
て答えよ。

(21 龍谷大改)

▶**129**

(1) _____

(2) 脱窒 _____

　　窒素固定 _____

▶**130〈植物の窒素同化〉**
図は植物が土壌中の無機窒素化合物を利用する過程を示している。下の問いに答えよ。

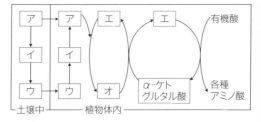

(1) 図のア～オに入る物質を次の中からそれぞれ選べ。
① 硝酸イオン(NO_3^-)　② 亜硝酸イオン(NO_2^-)
③ アンモニウムイオン(NH_4^+)　④ アスパラギン
⑤ アスパラギン酸　⑥ グルタミン酸　⑦ グルタミン

(2) 図のように、生物が体内で有機窒素化合物を合成する働きを何というか。

(3) 一部の生物は、空気中の窒素を取り込んで窒素化合物に還元し利用することができる。このような働きを何というか。また、これを行う生物例を1つあげよ。

▶**131〈生態系におけるエネルギーの流れ〉** 次の文章を読み、文中の（ ）に入る数値を次の中から1つずつ選べ。

ある生態系において、400,000 J/(cm^2・年)の太陽放射エネルギーが地表に届いたとする。生産者のエネルギー効率が0.1%の場合、生産者の総生産量は（ ア ）J/(cm^2・年）となり、そのうちの90%が純生産量と考えられる。次に一次消費者のエネルギー効率が15%であるとすると、一次消費者の同化量は（ イ ）J/(cm^2・年）となり、そのうちの60%が生産量になる。高次の栄養段階である二次消費者のエネルギー効率が20%であるとすると、二次消費者の同化量は（ ウ ）J/(cm^2・年)となり、そのうち成長量、被食量、死滅量の合計は10 J/(cm^2・年)となった。以上の条件の場合、生産者・一次消費者および二次消費者から大気に放出される熱エネルギーは（ エ ）J/(cm^2・年)となる。
① 12　② 60　③ 66　④ 400
(21 信州大改)

▶**132〈エネルギー効率〉** 図は、ある湖沼における各エネルギー量（単位 J/(cm^2・年)）を示している。下の問いに答えよ。

| 二次消費者 | | 5 | 0 | 0 | 5 | 10 | 不消化排出量 |

一次消費者　10　20　5　15　50
最初の現存量　枯死量・死滅量　呼吸量
生産者　250　被食量 100　30　120
成長量
太陽光　光合成に利用されたエネルギー
入射した光エネルギー　500000

(1) 生産者のエネルギー効率を答えよ。
(2) 一次消費者のエネルギー効率を答えよ。
(3) 二次消費者のエネルギー効率を答えよ。
(16 工学院大改)

▶**130**
(1) ア＿＿＿　イ＿＿＿
　　ウ＿＿＿　エ＿＿＿
　　オ＿＿＿
(2)＿＿＿
(3) 働き＿＿＿
　　生物例＿＿＿

▶**131**
ア＿＿＿
イ＿＿＿
ウ＿＿＿
エ＿＿＿

▶**132**
(1)＿＿＿
(2)＿＿＿
(3)＿＿＿

43 生態系と人間生活

1 生物多様性の3つのとらえ方

種の多様性	生物種の多様さのこと。種数の多さと，それぞれの種の個体数のかたよりの少なさで評価される。
遺伝的多様性	同一種内での遺伝子の多様さのこと。
生態系の多様性	ある地域での生態系(森林，草原，海洋，湖沼，河川など)の多様さのこと。

2 生態系のかく乱と生物多様性

自然要因	火山の噴火，大規模な山火事や山崩れ，干ばつ，台風，津波など。
人的要因	**乱獲**…皮革，医薬品などのために生物が過剰に捕獲されること。乱獲により絶滅の危機に瀕している種も多い。 例 トラやサイの乱獲 **外来生物**…人間の活動によって本来の生息地とは異なる場所に移されて定着した生物。日本では，生態系のバランスを崩す外来生物を**特定外来生物**に指定し，飼育や移動などを規制している。 例 オオクチバス，グリーンアノール **地球温暖化**…温室効果ガスにより地球の平均気温が上昇する現象。気温の上昇により，本来の生息場所で生活できなくなることもある。 例 サンゴの白化現象

中規模かく乱説…かく乱の規模が中規模のときに最も種の多様性が高くなるという説。

●サンゴの被度と種数の関係

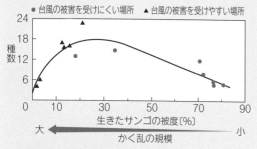

● 台風の被害を受けにくい場所　▲ 台風の被害を受けやすい場所

縦軸: 種数　横軸: 生きたサンゴの被度〔%〕

かく乱の規模　大 ← → 小

絶滅の渦…複数の要因が連動して繰り返され，絶滅が加速される現象。生息地の分断や外来生物によって個体群が小さくなると，近親交配が起こりやすくなり，有害な遺伝子の影響が現れる可能性が高くなる(**近交弱勢**)。

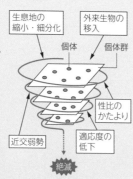

生息地の縮小・細分化　外来生物の移入　個体　個体群　性比のかたより　近交弱勢　適応度の低下　絶滅

ポイントチェック

- □(1) 生物種の多様さを何というか。
- □(2) 同一種内での遺伝子の多様さを何というか。
- □(3) 生物多様性には，(1)，(2)の他にどのようなとらえ方があるか。
- □(4) 生物多様性に影響を及ぼすかく乱のうち，自然要因のものを1つ答えよ。
- □(5) 野生動植物が商業用途などで過剰に捕獲・採取されることを何というか。
- □(6) 人間の活動により，本来の生息地から別の場所に移されて定着した生物を何というか。
- □(7) (6)のうち，生態系のバランスを崩す恐れがあるため飼育や移動が日本の法律で規制されている生物を何というか。
- □(8) (7)の生物例を2つ答えよ。
- □(9) 温室効果ガスにより地球の平均気温が上昇する現象を何というか。
- □(10) (9)の影響で白化現象が問題となっている生物は何か。
- □(11) かく乱の規模が中規模のとき，最も種の多様性が高くなるという説を何というか。
- □(12) 複数の要因が連動して繰り返され，生物の絶滅が加速される現象を何というか。
- □(13) 近親交配により有害な遺伝子の影響が現れる可能性が高くなる現象を何というか。
- □(14) (12)において，絶滅の加速につながる要因として考えられることを，(13)以外で1つ答えよ。

EXERCISE

▶**133〈生物多様性〉** 生物多様性に関する次の文章を読み，（　）に
入る適語を答えよ。

A　河口で見られる干潟には，さまざまな生物が生息している。
→（　ア　）多様性

B　河川は，水温や流速，瀬や淵の形状などが上流から下流へと連
続的に変化して多様な環境を形成しており，さまざまな魚類の生
息場所となっている。→（　イ　）多様性

C　ナミテントウは，個体によって異なる対立遺伝子をもっており，
同一種であってもさまざまな背の模様の個体が存在する。
→（　ウ　）多様性

▶**134〈生物多様性への影響〉** 次の文章を読み，下の問いに答えよ。

生物多様性は，自然現象や人間活動の影響によって変化すること
が知られている。(a)ある程度の規模の影響が一定の頻度で生じるこ
とは，生物多様性を高く維持する要因となりうる。しかし，影響の
規模が大きい場合や，影響の頻度が高い場合には，生物多様性は著
しく低下する。生物多様性が低下すると，(b)人類が生態系から受け
ているさまざまな恩恵も低下するため，(c)生物多様性の保全は人類
にとって重要な課題の1つである。

(1)　下線部(a)のような説を何というか。

🔄(2)　下線部(b)のような恩恵を何というか。

(3)　下線部(c)について，生物多様性の保全に関する文章として適当
なものを，次の中から1つ選べ。

①　日本の絶滅危惧種は動物が多く，植物はあまり深刻ではない。

②　外来生物の移入は，生物多様性の保全に効果的である。

③　別の産地から取り寄せたホタルの幼虫を自然の河川に放流す
ることは，在来生物の多様性に深刻な影響を与えることがある。

④　サンゴの白化現象は，生物多様性という面からは特に重要な
問題ではない。
(15 神奈川大改)

▶**135〈生物多様性の保全〉** 生物多様性の保全に関する次の記述の
うち，**誤っているもの**を1つ選べ。

①　天然記念物や国立公園に指定し，むやみな開発で生態系が破壊
されないようにしている。

②　種の多様性を維持するために積極的に導入している外来生物は，
特定外来生物として指定されている。

③　環境省や地方自治体，学術団体が絶滅の危機にある種のリスト
を公表している。

④　絶滅の危機にある種を人工的に繁殖し，保護している。

⑤　開発を行う際，生態系のバランスが損なわれる恐れがないか調
査・検討が行われている。

▶**133**

ア＿＿＿＿＿＿＿＿＿

イ＿＿＿＿＿＿＿＿＿

ウ＿＿＿＿＿＿＿＿＿

▶**134**

(1)＿＿＿＿＿＿＿＿

(2)＿＿＿＿＿＿＿＿

(3)＿＿＿＿＿＿＿＿

▶**135**

＿＿＿＿＿＿＿＿＿

演習問題 生態系

❶ 生態系に関する次の文章を読み，下の問いに答えよ。

　日本の生物多様性を脅かし，種の絶滅をもたらしている原因の１つに，外来生物の侵入がある。本来その生態系にいなかった生物が，人間が意図してあるいは意図せず偶然持ち込まれることがある。そうした生態系の新たな構成主となった生物を外来生物という。この外来生物が在来生物の生存や繁殖に悪影響を及ぼし，生物多様性の存続を脅かす理由の１つになることもある。陸上の植物では，　ア　のように，他の植物の生長を阻害する化学物質を土壌中に放出し，非生物的環境を変えることで　イ　などの在来生物を排除すると考えられているものもいる。一方，日本から海外に侵出して外来生物となった生物もある。例えば，マメ科のつる植物　ウ　は，緑化や飼料などの目的で北米に導入された。しかし，現在では他の植物の生長を妨げるようになっている。また，　ア　の原産地である北米では，　イ　が外来生物として侵入している。

　こうした，外来生物の影響は，特に島の生態系で強く発揮されることが多い。例えば，奄美大島や沖縄本島に導入された　エ　による捕食は，希少種であるアマミノクロウサギなどの固有種の生存を脅かしていることが知られている。また，小笠原諸島では，　オ　が樹上の固有種の昆虫類を激減させる要因となっていることや，ヤギが植物を摂食することで，生態系の構造に大きな変化が生じていることが報告されている。

　生態系にも多様性があり，異なる生態系には異なる生物群集が成立している。さらに，異なる生態系は，それぞれの間で物質や生物の移動を行うことで，互いに影響を及ぼし合っている。人類はこうした生態系からの直接的/間接的なさまざまな恩恵を受けており，これを生態系サービスとよぶ。

(1) 上の文章中の　ア　〜　オ　に当てはまる最も適当な生物種を，次の①〜⑫から１つずつ選べ。

① オオクチバス　　　　② オオハンゴンソウ
③ セイタカアワダチソウ　④ フイリマングース
⑤ グリーンアノール　　　⑥ ニホンカモシカ
⑦ アメリカザリガニ　　　⑧ ヒシ　　⑨ ヨシノボリの一種
⑩ カンサイタンポポ　　　⑪ クズ　　⑫ ススキ

(1)ア　イ
　ウ　エ
　オ

(2) 下線部は，次の(i)〜(iv)に大別される。それぞれの内容を示すサービスの名称を答えよ。

(ⅰ) 生命の生存の基礎となる場の提供
(ⅱ) 水や材料，燃料などの物質提供
(ⅲ) 病気や害虫の制御，洪水の緩和
(ⅳ) レクリエーションの場などの提供

(22 同志社大改)

(2)(ⅰ)
(ⅱ)
(ⅲ)
(ⅳ)

❷ 溜め池で見られる生物に関する次の文章を読み，下の問いに答えよ。

　西日本を中心に全国各地にある溜め池は，農業に利用する水を確保するうえで重要な役割を担っている。一方で，フナ類・タナゴ類などの魚類，ヌマエビなどの甲殻類，ゲンゴロウ類などの水生昆虫をはじめとして，その地域に古くから生息する水生生物の生息地としての役割もある。そのなかには日本固有の淡水魚であるニッポンバラタナゴなどのように絶滅に瀕する種も見られ，そのような生物のことを　ア　という。環境省などでは，絶滅の危険性の高さを判定して分類した　ア　のリストである　イ　を公表している。

　現在の溜め池は，もともと生息していなかった外国産の生物も見られるようになり，このような生物を外来生物という。(a)例えば，中国原産のタイリクバラタナゴは，外来生物であり，ニッポンバラタナゴに対して，深刻な悪影響を及ぼしている。タイリクバラタナゴは，ニッポンバラタナゴ

164

と交配可能なことが確認されている。

　また，北米原産の外来生物で肉食性のオオクチバスは，溜め池に生息する生物に対して，捕食を通じて甚大な被害を与えている。オオクチバスは生態系に与える影響が特に大きいことから，2005年6月に施行された外来生物法では，(b)特定外来生物に指定されており，各地で駆除が行われている。オオクチバスの雌は1回の産卵で2万個程度の卵をうむので，繁殖力が非常に高いと言える。

　オオクチバスの駆除では，漁具による捕獲や池の水を抜く池干しが行われているほか，人工的に産卵場所を設けて産卵された卵を除去する人工産卵床が用いられている。また，(c)繁殖期の雄の胆汁から抽出する性フェロモンを用いたわな(性フェロモントラップ)も開発されている。

(1)　上の文章中の ア ， イ に当てはまる語句をそれぞれ答えよ。

(1)ア _____

イ _____

(2)　下線部(a)について，タイリクバラタナゴがニッポンバラタナゴに与えると考えられる影響を2つ簡潔に答えよ。

(2)・_____

・_____

(3)　下線部(b)に関して，オオクチバス以外で特定外来種に指定されている種を，動物・植物の中からそれぞれ1種ずつ答えよ。

(3)動物 _____

植物 _____

(4)　下線部(c)に関して，オオクチバスの性フェロモントラップでは，雌のみを効率的に捕獲できることが確認されている。その理由を簡潔に説明せよ。

(4) _____

(5)　オオクチバスの駆除において，性フェロモントラップには，どのような利点があると考えられるか。簡潔に答えよ。

(5) _____

(22 岡山大改)

❸　次の文章を読み，下の問いに答えよ。

　1969年に Buckminster Fuller は Operating Manual for Spaceship Earth という本を出版し，宇宙船地球号という考え方を世界中に広めたが，実際の地球と宇宙船には類似点もあれば相違点もある。国際宇宙ステーション(ISS)には日本を含む世界各国の宇宙飛行士が乗船し，さまざまな活動が行われている。ISS のエネルギー源は太陽光であり，巨大な太陽電池パネルによって電力が供給されている。地球においては，葉緑体の ア にある色素タンパク質複合体によって太陽光が吸収され， イ が電子を放出する。これが，電子伝達系を移動して光合成が行われることで，ほぼすべての生物のエネルギー源となっている。生態系の光合成などの代謝機能による有機物の合成は ウ とよばれる。 ウ は光以外の環境要因によっても大きな影響を受け，陸上生態系ではおもに エ と オ によって決まる。

　一方，海洋生態系の外洋域では， カ の影響が大きい。生態系におけるエネルギーは，光合成する植物から植物食性動物，動物食性動物へと移動していく。

(1)　上の文章中の ア ～ カ に当てはまる語句をそれぞれ答えよ。

(1) ア _____　　イ _____　　ウ _____

エ _____　　オ _____　　カ _____

(2) 1本の植物体のなかで，陽葉と陰葉を生じることがある。陽葉と陰葉があることで，植物にはどのような利点があるか。それぞれの葉の特徴に注意して簡単に答えよ。

(2)

(3) ヒトは地球生態系における雑食性の動物と考えられる。近年，ダイズなどの植物原料から製造された「植物肉」の食品としての利用が世界的に注目されている。生態系のエネルギー効率を考えた場合，牛などの家畜肉から植物肉への切り替えはどのような効果があると予想されるか。簡潔に答えよ。

(3)

(4) 森林では，植物の排出物である落葉は土壌表面で分解されている。森林生態系における落葉の分解と吸収過程について説明した次の文章の キ ～ ス に入る適切な語句を，枠内から1つずつ選び，それぞれ答えよ。

落葉は キ に被食され， ク によって分解されて，含まれていた窒素化合物の一部は ケ になり， コ によって サ に変えられる。 ケ や サ は シ から吸収され ス される。

窒素固定細菌　　硝化細菌　　窒素同化　　　窒素固定　　　光合成
呼吸　　ミミズ　　モグラ　　菌類　　根　　葉　　NH_4^+　　NO_2^-
NO_3^-　　N_2　　O_2

(4)キ

ク

ケ

コ

サ

シ

ス

(5) ISSでは20年以上にわたって宇宙飛行士達が生活し続けており，宇宙飛行士が排泄した汗や尿は装置によって再利用され，食料は地上から補給され，固形排出物は専用容器に詰めて船外へ放出されている。ISSを生態系と考えた場合，次の①～⑤の説明の中から正しいものをすべて選べ。
① ISSの宇宙飛行士は生産者に位置する。
② ISSでは分解者の能力が不足している。
③ ISSの宇宙飛行士は地球の生態系の食物連鎖の一部である。
④ ISSと地球の生態系は，宇宙飛行士や物質を通してのつながりがある。
⑤ ISSのエネルギーは太陽電池によって供給されており，ISS内で循環している。

(22 九州大改)

(5)

❹ 生態系の物質生産に関する次の①～⑤の文章について，正しいものをすべて選べ。ただし，正しいものがない場合はなしと答えよ。
① 純生産量から生産者の被食量を引いたものが，生産者の成長量である。
② 総生産量から生産者の呼吸量を引いたものが，純生産量である。
③ 同化量から一次消費者の呼吸量を引いたものが，一次消費者の被食量である。
④ 一次消費者の摂食量から不消化排出量を引いたものが，同化量である。
⑤ 一次消費者の生産量から成長量と死滅量を引いたものが，二次消費者の摂食量である。

(22 上智大改)

❺ 生態と環境に関する次の文章を読み，下の問いに答えよ。

　生産者は，光合成によって無機物から有機物を生産するとともに，自身の呼吸によって有機物を消費している。総生産量から呼吸量を差し引いたものを，生産者の(a)純生産量という。また，生産者によって生産された有機物の一部は被食によって消費者に利用され，さらに消費者どうしの食う食われるの関係によって高次の消費者へと取り込まれていく。自然の生態系の中では，食う食われるの関係は複雑な網目状になる。これを(b)食物網という。

(1) 下線部(a)に関して，生産者の純生産量を表す式として最も適当なものを，次の①～⑦のうちから1つ選べ。

① 純生産量＝成長量＋被食量＋枯死量　② 純生産量＝成長量＋被食量－枯死量
③ 純生産量＝成長量－被食量＋枯死量　④ 純生産量＝成長量－被食量－枯死量
⑤ 純生産量＝被食量－成長量＋枯死量　⑥ 純生産量＝被食量－成長量－枯死量
⑦ 純生産量＝枯死量－成長量－被食量

(2) 下線部(a)に関連して，次の表は，地球上のおもな生態系における生産者の純生産量と現存量を，有機物の重量で示したものである。表中の ア ～ ウ は，海洋，森林，草原のうち，どの生態系が適当であるか，答えよ。

生態系	純生産量		現存量	
	平均値 (kg/(m²·年))	地球全体 (10^{12} kg/年)	平均値 (kg/m²)	地球全体 (10^{12} kg)
ア	0.79	18.9	3.1	74
農耕地	0.65	9.1	1.0	14
イ	0.15	55.0	0.01	3.9
湿地・湖沼・河川	1.13	4.5	7.5	30.1
ウ	1.40	79.9	29.8	1700

(3) 下線部(b)に関連して，食物網を通して生態系内での物質とエネルギー移動が起こる。生態系内の物質循環とエネルギーの流れに関する記述として最も適当なものを，次の①～⑤のうちから1つ選べ。

① 生態系内の物質の移動は一定方向で，生態系内を循環することはない。
② 動物を食べる動物を一次消費者というのに対し，植物を食べる動物を二次消費者という。
③ 捕食者が捕食により獲得した有機物の量が，捕食者の同化量となる。
④ どの生態系でも，高次の消費者ほど同化量は小さくなる。
⑤ 生態系内を移動したエネルギーは，最終的に化学エネルギーとして大気中に放出される。

(16 センター追試改)

(1)

(2)ア

イ

ウ

(3)

❶ 次の文章を読み，下の問いに答えよ。

キク科の草本Rには，A型株とB型株とがある。両者は遺伝的な性質や形態が異なり，互いに交雑することがない。A型株は病原菌Pに感染することがあるが，B型株は病原菌Pに対する抵抗性をもち，病原菌Pには感染しない。このA型株とB型株とを高密度で混ぜて栽培する**実験1**を行った。

実験1 温室内の2か所の栽培区画のそれぞれに，草本RのA型株とB型株の芽生えを144個体ずつ混ぜて植えた。片方の区画を健全区，もう片方の区画を感染区とし，感染区では病原菌PをA型株に感染させた。両区の個体を同じ環境条件で育成し，十分に成長させたあと，健全区と感染区においてA型株とB型株の個体数と個体の乾燥重量をそれぞれ測定し，図1のように頻度分布としてまとめた。

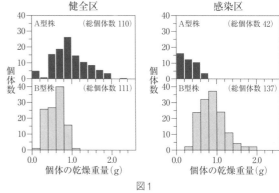

図1

(1) **実験1**の健全区において，A型株とB型株が生産した種子数の総計は，それぞれ約2000個と約200個であった。個体の乾燥重量が同じであれば，A型株とB型株とが生産する種子数は互いに等しいとするとき，草本Rの個体の乾燥重量と個体あたりの種子生産数との関係を示す近似曲線として最も適当なものを，図2中の①〜⑤のうちから1つ選べ。　(1)

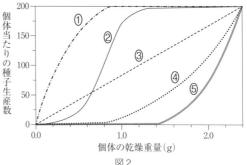

図2

(2) 病原菌の移入前後のオーストラリアにおける草本RのA型種とB型種の状況に関する考察として最も適当なものを，次の①〜⑥のうちから1つ選べ。

① 病原菌Pの移入前には，B型株はA型株が繁茂しない日照条件の悪い農地でのみ生存していたため，個体数の増加が抑えられていた。

② 病原菌Pの移入前には，B型株はA型株との非生物的環境をめぐる競争によって，個体数の増加が抑えられていた。

③ 病原菌Pの移入前には，B型株は同型株どうしの生息場所をめぐる競争によって，個体数の増加が抑えられていた。

④ 病原菌Pの移入後には，B型株はA型株とは異なる生態的地位を占めるようになり，A型株とB型株の両方の個体数が増加した。

⑤ 病原菌Pの移入後には，B型株は病原菌との相利共生の関係になり，A型株に対する競争力を高め，個体数が増加した。

⑥ 病原菌Pの移入後には，A型株の多くの個体が，病原菌に対する抵抗性を獲得し，B型株へ変化することで，B型株の個体数が増加した。

(2)

(22 共通テスト改)

❷ 酵素に関する次の文章を読み，下の問いに答えよ。

解糖系には，フルクトース－6－リン酸(基質)をリン酸化してフルクトース－1,6－リン酸(反応生成物)とする酵素反応が含まれる。この酵素を生体から分離し反応を観察した(図1)。基質を含み酵素を含まない反応液を37℃に保温し，時間0より反応生成物の量を測定した。時間Aに酵素を加え，時間Cに基質を加えたところ，反応生成物の量が図1のように変化した。

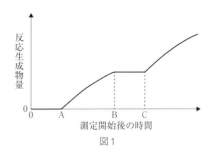
図1

(1) 時間Bに反応生成物量が変化しなくなる理由を説明せよ。

(1)

(2) 時間Cに基質ではなく酵素を加えた場合に反応生成物の量はどのように変化するか，説明せよ。

(2)

(20 岩手大改)

❸ 動物の発生に関する次の文章を読み，下の問いに答えよ。

動物の性が分かれるしくみは多様である。は虫類には，性染色体の種類によって性が決まる種と，産卵後，孵卵中(胚発生中)の温度によって性が決まる種の両方がいる。アメリカアリゲーター(以下，ワニとする)は孵卵中の温度によって性が決まることが知られている。ワニ卵を29℃～35℃の範囲の一定の温度で孵卵すると，雄が産まれる割合は右の図1のようになる。

問 ワニの胚には，その発生段階に応じて1～28の番号がつけられており，発生段階28のあとに孵化する。産卵後から発生段階21まで，30℃または33℃で孵卵した卵を，発生段階21以降，さまざまな温度条件で孵卵し，孵化させた。図2はこのときの孵卵条件と，孵化したワニの雄と雌の数を示したものである。ワニの性決定における発生段階と温度の関係について，図2からわかることを答えよ。

(16 東京都立大改)

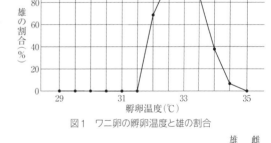
図1 ワニ卵の孵卵温度と雄の割合

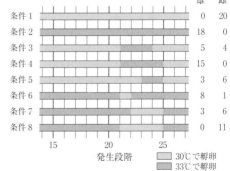
図2 孵卵条件および孵化した個体雄と雌の数

巻末演習 記述・計算問題

❶ 生物の進化に関する次の文章を読み，下の問いに答えよ。

　山口県には和牛の1種である無角和種牛が飼育されている。この種は，有角の在来牛に無角のアパディーン・アンガス種牛を交配させて品種改良が行われた牛である。無角とは角がない，もしくはほんの少し角が生える程度で大きくならないことをさす。角の遺伝子には対立遺伝子である無角遺伝子Pと有角遺伝子pがあり，Pはpに対して顕性である。

(1) ある牛の集団αがいる。この集団には4%の有角牛がいた。この集団で遺伝子型がPpを示す牛は何%いると考えられるか。ただし，角の形質においてハーディ・ワインベルグの法則が成り立つとし，それぞれの対立遺伝子の遺伝子頻度の和は1とする。　(1)

(2) この集団αの角をもつ潜性ホモ接合の個体はすべて淘汰された。この集団の次世代集団βにおける無角遺伝子P，有角遺伝子pそれぞれの遺伝子頻度を，小数第二位を四捨五入して求めよ。　(2)

(3) ある種のヤギにおいても無角遺伝子Pと有角遺伝子pが存在することが知られている。この種のヤギの集団γでは，遺伝子頻度がそれぞれP：0.4，p：0.6であったものが，数十世代後にP：0.1，p：0.9となっていた。また，この種のヤギでは角の遺伝子と同一染色体上に繁殖性を低下させる別の遺伝子変異が存在する。角の遺伝子頻度が変化した理由を，「連鎖」，「自然選択」という語句を用いて説明せよ。

(3)

(22 山口大改)

❷ 代謝に関する下の問いに答えよ。なお，小数第二位を四捨五入し，小数第一位まで求めよ。原子量は H = 1，C = 12，O = 16 とする。

(1) グルコースを基質とした呼吸によって，135 mgの酸素が使われた場合，消費されたグルコースは何mgか。　(1)

(2) 図1は，緑色植物の葉が受ける光の強さ(キロルクス)と二酸化炭素の吸収速度(mg/(100cm²・時))の関係を示したものである(呼吸速度は光の強さが増加するにつれて減少することが知られているが，図1では，呼吸速度は一定であるものとして示している)。この植物の葉300cm²に20キロルクスの光を2時間照射した。このとき光合成により合成されたグルコースは何mgか。なお，光合成産物と呼吸基質はグルコースとする。　(2)

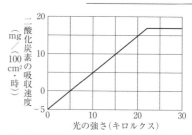

図1　光の強さと二酸化炭素の吸収速度の関係

(3) 酵母菌は酸素のある環境では，呼吸と同時にアルコール発酵を行う。酵母菌がグルコース($C_6H_{12}O_6$)，酸素および水が十分にある条件下で，368 mgの酸素を吸収し，715 mgの二酸化炭素を排出した場合，①アルコール発酵によって生成したエタノール(C_2H_5OH)，②アルコール発酵により消費されたグルコース，③および全体として消費されたグルコースはそれぞれ何mgか。ただし，呼吸およびアルコール発酵の基質はグルコースのみとする。

(3)①

②

③

(22 福岡教育大，21 国立大改)

❸ 植物ホルモンに関する次の文章を読み，下の問いに答えよ。

　ジベレリンは，イネ馬鹿苗病という病気にかかった植物体から見つかった。馬鹿苗病にかかったイネは，葉が顕著に伸長して丈が高くなり，倒れやすくなることから，収量の低下をもたらす。1920年代に馬鹿苗病感染の原因となる糸状菌が明らかにされ，1930年代にはこの生理活性物質も単離・結晶化され，病原菌の学名に由来してジベレリンと名づけられた。ジベレリンは，健全な植物体からも見つかり，種子の発芽促進などの多面的な生理活性を有することが明らかになった。

　馬鹿苗病菌は，液体培地で培養することが可能であった。馬鹿苗病における葉の伸長の原因となる生理活性物質であるジベレリンが，病原菌由来であることを示すために，次の**実験1〜5**を行った。

　実験1　馬鹿苗病菌培養前の液体培地をイネに噴霧し，葉の伸長を観察した。
　実験2　菌培養液から菌体を回収して，イネに塗布し，葉の伸長を観察した。
　実験3　菌培養液から菌体を除去した上清をイネに噴霧し，葉の伸長を観察した。
　実験4　菌培養液から菌体を除去した上清を煮沸した後にイネに噴霧し，葉の伸長を観察した。
　実験5　菌培養液から菌体を除去した上清にタンパク質分解酵素を作用させた後にイネに噴霧し，葉の伸長を観察した。

　実験の結果，**実験3**≒**実験5**＞**実験2**＞**実験4**≒**実験1**の順で葉がより伸長した。

(1) **実験1〜3**の比較から，ジベレリンの性質についてわかることを述べよ。

(2) **実験3〜5**の比較から，ジベレリンの性質についてわかることを述べよ。

(1)

(2)

(20 金沢大改)

❹ 個体群に関する次の文章を読み，下の問いに答えよ。

　アフリカゾウはアフリカの森林やサバンナ，草原に生息する。複数のメスとその幼獣からなる群れを形成し，数百から数千平方キロメートルの広さの行動圏をもつ。このため，アフリカゾウは特定の場所に偏った分布様式を示す。20世紀に入ると干ばつや乱獲によりアフリカゾウは個体数を大きく減らし，レッドリストでは絶滅危惧Ⅱ類に分類されている。一部地域では今も減少傾向にあるものの，1990年代半ば以降，保護策の強化によって個体群の回復が報告されるようになった。

　今回，アフリカの2地点AとBにおいて，アフリカゾウの生息状況を把握するため，それぞれの個体数を区画法と標識再捕法を用いて調べ，表1の結果を得た。

問　表1から，2018年2月および8月のA地点の区画法によるアフリカゾウの推定数が，標識再捕法による推定数よりも高いことがわかった。アフリカゾウの調査には，区画法と標識再捕法のどちらがより正確な推定数を得ることができるか答えよ。さらに，その理由をアフリカゾウの生態も踏まえて簡潔に述べよ。＿＿＿＿＿＿＿＿＿

(21 東京農工大改)

表1　各地域のアフリカゾウの個体群密度（頭 /100 km²）

調査時期	A 地点		B 地点	
	区画法	標識再捕法	区画法	標識再捕法
2018年2月	19.3	11.9	312.6	308.5
2018年5月	11.5	12.8	305.1	310.1
2018年8月	20.9	11.3	309.4	311.9
2018年10月	12.5	11.6	309.2	309.4

理由

❶ 発生に関する次の文章を読み，下の問いに答えよ。

マウスの前肢と後肢やニワトリの翼と脚など，四足(四肢)動物の肢は，肢芽とよばれる膨らみから形成される。肢芽は，胚の前後軸に沿った特定の部位に移動してきた側板由来の細胞が，表皮に覆われて形成される。形成された肢芽は伸長し，外胚葉と中胚葉の相互作用によって，それぞれの部位に特有の肢を形成する。このことを学んだミハルさんとヒデヨさんは，このしくみについて議論した。

ミハル：肢芽がそもそもからだのどこに形成されるかは，どの(a)ホックス(Hox)遺伝子がどの体節で働くかによって決まっているそうだよ。

ヒデヨ：だから，同じ鳥類でも，Hox 遺伝子の発現の場所が異なることで翼が生じる場所が変わるから，首が長いものと短いものとがいるんだね。

ミハル：Hox 遺伝子の発現する場所が変化しなくても，Hox 遺伝子によって直接的または間接的に制御される遺伝子の発現や働きを変えることでも，肢芽が本来とは別の場所に形成されたり，その肢芽が翼や脚を形成したりしそうだよね。

ヒデヨ：それは面白そうだね。そういう論文があるか，図書館で調べてみよう。

ミハルさんとヒデヨさんは，図書館に行って，ニワトリ胚の肢芽で外胚葉と中胚葉の相互作用を変化させた**実験1〜3**を行った論文を見つけた。

実験1 肢芽が途中まで伸長した段階で，肢芽の先端の表皮を除去したところ，肢芽の伸長は停止した。しかし，表皮を除去した肢芽に，肢芽の先端の表皮から分泌されるタンパク質 W を染み込ませた微小なビーズを埋め込んだところ，肢芽は正常に伸長した。

実験2 本来は肢芽を形成しないわき腹の表皮の下に，タンパク質 W を染み込ませた微小なビーズを埋め込んだところ，わき腹に新たな肢芽が形成された。新たに形成された肢芽は，翼になる肢芽の近くにあると翼を，脚になる肢芽の近くにあると脚を形成した。

実験3 翼になる予定の前方の肢芽と脚になる予定の後方の肢芽との間で発現に違いのあるタンパク質をさがしたところ，前方の肢芽の側板由来の細胞から調節タンパク質 X が，後方の肢芽の側板由来の細胞から調節タンパク質 Y が，それぞれ見つかった。**実験2**と同様にわき腹の中間に形成させた新たな肢芽で，調節タンパク質 X または調節タンパク質 Y を発現させたところ，肢芽はそれぞれ翼または脚を形成した。

ヒデヨ：論文を読むと，(b)外胚葉と中胚葉の相互作用が変化することで2対の翼や2対の脚をもつニワトリができるのだから，形態形成の過程は予想以上に柔軟だということが分かるね。そういえば，相互作用が邪魔されて2対の後肢が生えるカエルが，自然界でも見つかっているそうだよ。

ミハル：でも，よく考えたら，**実験3**だけでは，正常発生でからだの前方の肢芽が翼を形成するしくみに，調節タンパク質 X が本当に必要かどうかわからないよね。

ヒデヨ：それを証明するためには，調節タンパク質 X の遺伝子を，ニワトリのからだの ア の肢芽で イ ，その部位で ウ が エ ことを確かめればいいんじゃないかな。

ミハル：なるほどね。次は，(c)肢芽ができるときに，どのあたりの細胞が分裂して増えるか調べる方法を考えてみようよ。

ヒデヨ：(d)正常発生で，わき腹で肢芽が形成されないようにしているしくみにも興味があるね。

(1) 下線部(a)について，次の記述のうち正しいものはどれか。最も適当なものを，次の①〜③のうちからすべて選べ。

① 核に移動してＤＮＡに結合するタンパク質の遺伝子である。

② 連鎖している遺伝子群である。

③ 母性効果遺伝子(母性因子)である。

(1) _____

(2) 下線部(b)について，次の記述のうち，2人の会話と**実験1〜3**の結果とから導かれる考察はどれか。最も適当なものを，次の①〜③のうちからすべて選べ。

① 正常発生において，からだのどこに肢芽を形成するかを最初に決めているのは，Hox 遺伝子を発現する中胚葉である。

② 肢芽の形成と伸長を支えているのは，外胚葉である。

③ からだの前方の肢芽が翼を形成することを決めているのは，からだの前方の外胚葉である。

(2) _____

(3) 2人の会話文にある，　ア　〜　エ　に入る語句の組合せとして最も適当なものを次の①〜⑥のうちから1つ選べ。

	ア	イ	ウ	エ
①	前方	強制的に働かせて	翼	できる
②	前方	働かないようにして	翼	できない
③	前方	働かないようにして	脚	できる
④	後方	強制的に働かせて	翼	できる
⑤	後方	強制的に働かせて	脚	できない
⑥	後方	働かないようにして	脚	できない

(3) _____

(4) 下線部(c)に関連して，ハルミさんは，生体を構成する分子に目印をつけたものを一定時間取り込ませることによって，その時間内に分裂した細胞に目印を蓄積させ，分裂した細胞の場所を調べる方法を考えた。目印をつける分子は，細胞が増殖せずに活発に活動しているだけで蓄積してしまう分子ではなく，必ず細胞分裂に伴って取り込まれる分子でなければならない。目印をつけるべき分子として最も適当なものを，次の①〜④のうちから1つ選べ。

① メチオニン　　　② ウラシルを含む RNA のヌクレオチド

③ チミンを含む DNA のヌクレオチド　　　④ アセチル CoA

(4) _____

(5) 下線部(d)に関連して，ヒデヨさんは，わき腹になる領域の将来体節になる細胞(以下，予定体節細胞)が肢芽の形成を抑えていることを明らかにした論文を見つけた。そのなかで行われた実験とその結果として**適当でないもの**を，次の①〜④のうちから1つ選べ。

① わき腹になる領域の予定体節細胞を死滅させたところ，肢芽になる細胞が盛んに細胞分裂する様子が見られた。

② わき腹になる領域の予定体節細胞を死滅させたところ，肢芽になる領域でタンパク質 W を発現する細胞数が減少した。

③ わき腹になる領域の予定体節細胞を除去し，肢芽になる領域の予定体節細胞に置き換えたところ，発現するタンパク質Wの量が増加した。

④ 肢芽になる領域の予定体節細胞を除去し，わき腹になる領域の予定体節細胞に置き換えたところ，生じた肢芽が小さかった。

(5) _____

(22 共通テスト本試改)

❷ 次の文章を読み，下の問いに答えよ。

　保健の授業で，日本人には，お酒(エタノール)を飲んだときに顔が赤くなりやすい人が，欧米人に比べて多いことを学んだ。このことに興味をもったスミコ，カヨ，ススムの3人は，図書館に行ってその原因について調べてみることにした。

スミコ：この本によると，顔が赤くなりやすいのは，エタノールの中間代謝物であるアセトアルデヒドを分解するアセトアルデヒド脱水素酵素(以下，ALDH)の遺伝子に変異があって，アセトアルデヒドが体内に蓄積されやすいからなんだって。変異型の遺伝子をヘテロ接合やホモ接合でもつ人は，ALDH の活性が正常型のホモ接合の人の2割くらいになったりゼロに近くなったりするらしいよ。

カ　ヨ：ヘテロ接合体は，正常型の表現型になるのが普通だと思っていたけど，違うんだね。ヘテロ接合体の表現型って，どうやって決まるのかな。

ススム：ヘテロ接合体の活性がとても低くなってしまうっていうところが，どうもピンとこないね。僕はヘテロ接合体であっても正常型の遺伝子をもつのだから，そこからできる(a)タンパク質が酵素として働くことで，正常型のホモ接合体の半分になると思うんだけどなあ。(図1)

スミコ：あっ，もしかしたら，ALDH の遺伝子からつくられるポリペプチドは，(b)1本では酵素として働かないんじゃないかな。

図1

ススム：ALDH に関する本を見つけたよ。本当だ，4本の同じポリペプチドが複合体となって働くんだってさ。よし，4本で働くとして計算してみるか。あれれ，(c)4本でもヘテロ接合体の活性は，半分になってしまうぞ。

カ　ヨ：ちょっと待って。私が見つけた文献には，ヘテロ接合体でできる5種類の複合体について詳しく書いてあるよ。(表1)

表1　5種類の複合体

変異ポリペプチドの本数	0	1	2	3	4
存在比	$\frac{1}{16}$	$\frac{4}{16}$	$\frac{6}{16}$	$\frac{4}{16}$	$\frac{1}{16}$
酵素活性(相対値)	100	48	12	5	4
複合体の例	正 正 / 正 正	正 正 / 正 変	変 正 / 正 変	変 変 / 正 変	変 変 / 変 変

カ　ヨ：表1から計算すると，ヘテロ接合体の活性は，正常型のホモ接合体の2割強になるね。たぶん，ススムさんの計算は前提が違っているんだよ。

スミコ：きっと活性のない変異ポリペプチドが，複合体の構成要素となって，活性を阻害しているんだね。二人三脚で走るときに，速い人が遅い人と組むとスピードが遅くなるというのと同じことだよ。ああ，だから，ヘテロ接合の人は，変異型のホモ接合体の表現型に近くなるんだね。

ススム：なるほどね。日本人にお酒を飲んだときに顔が赤くなりやすい人が多いのには，変異ポリペプチドを含む複合体の ALDH の活性と，変異型の遺伝子頻度という生物学的な背景があるんじゃないかな。じゃあ，みんなで(d)変異型の遺伝子頻度を調べてみよう。

(1) 下線部(a)に関連して，細胞でつくられるタンパク質には，ALDHとは異なり，細胞外に分泌されて働くものもある。このようなタンパク質を合成しているリボソームが存在する場所として最も適当なものを，次の①～⑤のうちから1つ選べ。

① 核の内部　　② 細胞膜の表面　　③ ゴルジ体の内部

④ 小胞の内部　　⑤ 小胞体の表面

(2) 下線部(b)に関連して，2本の正常ポリペプチドが集合して初めて働く酵素を考える。このとき，正常ポリペプチドと，集合はできるが複合体の活性に寄与しない変異ポリペプチドがあると仮定する。正常ポリペプチドに対して混在する変異ポリペプチドの割合をさまざまに変化させるとき，予想される酵素活性の変化を表す近似曲線として最も適当なものを，右のグラフ中の①～⑤のうちから1つ選べ。

(1)

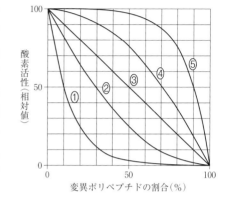

(2)

(3) 下線部(c)について，どのような前提で計算すれば，活性が半分になるか。考え得る前提として適当なものを，次の①～⑤のうちから2つ選べ。

① 複合体の酵素活性は，複合体中の正常ポリペプチドの本数に比例する。

② 複合体の酵素活性は，複合体中の変異ポリペプチドの本数に比例する。

③ 正常ポリペプチドが1本でも入った複合体の酵素活性は，100である。

④ 変異ポリペプチドが1本でも入った複合体は，酵素活性をもたない。

⑤ 変異ポリペプチドは，複合体の構成要素にならない。

(3)

(4) 下線部(d)について，エタノールに浸したパッチシートで皮膚が紅潮するまでの時間の違いによって，その人のALDHの活性の高低を調べることができる。3人が同級生160人の協力を得て調べたところ，次の表2の結果が得られた。表2から推測される変異型のALDH遺伝子の遺伝子頻度として最も適当なものを，次の①～⑥のうちから1つ選べ。

表2

活性が低いかほとんどない	活性が高い
70人	90人

① 0.25　　② 0.33　　③ 0.44

④ 0.56　　⑤ 0.67　　⑥ 0.75

(4)

（18 共通テスト試行調査）

検印欄

年　　組　　番　名前